全国高职高专公共课程"十三五"规划教材

高 等 数 学

（第二版）

王伟伟　尹树国　主　编

毛　娟　赵　龙　副主编

贾明斌　主　审

中国铁道出版社有限公司

CHINA RAILWAY PUBLISHING HOUSE CO., LTD.

内 容 简 介

本书根据教育部制定的"高职高专教育数学课程教学基本要求"和高职高专数学教育改革的最新精神,在经过多轮教学实践的基础上编写而成。针对高职高专数学教学现状,以及高职高专学生的学习基础和学习特点,本书选用简明、实用、易懂的最基本数学知识,采用通俗易懂、简明流畅、精练概括的语言来阐述理论和案例,力争使本书成为简明实用、易学乐学的高职高专数学教材。

本书共七章,主要内容包括函数,极限与连续,导数与微分,积分及应用,多元函数微积分,常微分方程,无穷级数,统计初步。其中统计初步是第二版新编入的内容。

本书适合作为高职高专院校理工类专业的"高等数学"课程的教材,也可作为应用性本科和成人教育相关课程的教材。

图书在版编目(CIP)数据

高等数学/王伟伟,尹树国主编. —2 版. —北京:
中国铁道出版社,2018.8(2022.3重印)
全国高职高专公共课程"十三五"规划教材
ISBN 978-7-113-24572-6

Ⅰ.①高… Ⅱ.①王…②尹… Ⅲ.①高等数学-高等职业教育-教材 Ⅳ.①O13

中国版本图书馆 CIP 数据核字(2018)第 179745 号

书　　名:	高等数学
作　　者:	王伟伟　尹树国

策　　划:	祁　云	编辑部电话:(010)63549458
责任编辑:	祁　云　徐盼欣	
封面设计:	刘　颖	
责任校对:	张玉华	
责任印制:	樊启鹏	

出版发行: 中国铁道出版社有限公司(100054,北京市西城区右安门西街8号)
网　　址: http://www.tdpress.com/51eds/
印　　刷: 三河市宏盛印务有限公司
版　　次: 2015 年 9 月第 1 版　2018 年 8 月第 2 版　2022 年 3 月第 7 次印刷
开　　本: 787 mm×1092 mm　1/16　印张: 15.5　字数: 309 千
印　　数: 9 801~10 800 册
书　　号: ISBN 978 - 7 - 113 - 24572 - 6
定　　价: 39.80 元

第二版前言

本书第一版出版已经三年，在使用过程中，读者提出了一些宝贵的建议。为适应高职高专教育的发展，在保持第一版的框架和特点不变的前提下，我们对部分内容做了修改并增加了部分内容。主要增加了两部分内容：一是组织年轻教师录制微课，为学生自学提供网络教学资源；二是根据毕业生就业单位的建议增加了统计初步知识。

本书共七章，主要内容包括函数、极限与连续，导数与微分，积分及应用，多元函数微积分，常微分方程，无穷级数，统计初步。其中第1～3章为基础必修部分（约用60课时），其余部分为专业选修部分（约用50课时）。本书中带*的为选学内容或选做题目。

本书由王伟伟、尹树国任主编，毛娟、赵龙任副主编，贾明斌教授主审。

具体编写分工为：第1、5章由王伟伟编写，第2章由毛娟编写，第3、6、7章由尹树国编写，第4章由赵龙编写，附录由尹树国、毛娟编写；各章的延伸学习部分由尹树国、王伟伟编写；微课由王伟伟、毛娟、张蕾录制。全书由王伟伟、尹树国统稿。

感谢宋金丽、邱法玉、张蕾、崔家才，崔延海、戴兴波等老师提出的宝贵建议和意见！

由于编者水平有限，加之时间有限，书中不妥与疏漏之处在所难免，敬请广大读者批评指正。

编　者
2018年6月

第一版前言

高等数学的思想和方法广泛应用于科学技术、经营管理、社会经济的各个领域,是高等教育理工科和管理学科各个专业的必修课程。

本书的编写以教育部"高职高专教育高等数学基础课程教学的基本要求"为指导思想,以服务于高职高专人才培养为宗旨,以培养学生的思维能力和基础运算能力为目的,以"必需,够用"为度;体现基础理论知识为根本,公共基础模块和专业模块相结合为特色,兼顾数学理论的完整性和专业对数学的要求。

本书内容有:一元函数微积分(包括函数的极限与连续、导数与微分、导数的应用、不定积分、定积分及其应用),多元函数微积分,微分方程和无穷级数。其中的一元函数微积分为基础模块(约用 60 课时),其余部分为专业选择模块(约用 50 课时)。

本书的编写有如下特点:

1. 结构紧凑、内容精练。书中既保留了高等数学的主要组成部分,又简化了绝大部分的定理证明,精选例题示范,体现职业教育的特点,适应学生的知识层次、理解能力、接受能力。

2. 突出基础,强调应用。书中增加了实例题目,体现数学的应用思想,为学生学习专业课程提供帮助。

3. 层次分明,兼顾两头。书中每章后增加了"延伸学习"的内容,让学有余力的学生能够提高数学学习的积极性。课后练习比较简单有利于更广泛的学生的学习。

4. 文化打头,兴趣助阵。书中增加了"阅读材料",把数学文化和其他相关知识传授给学生,希望培养学生的学习兴趣和加深对数学思想方法的理解。

本书可作为高职高专学院的工科各个专业高等数学课程的使用教材和教学参考书。

本书由尹树国、顾鑫盈任主编,王伟伟、毛娟、赵龙任副主编。贾明斌教授主审。

具体编写分工为:第一章王伟伟、第二章毛娟、第三章尹树国、第四章赵龙、第五章贾明斌、顾鑫盈、第六章顾鑫盈,附录由顾鑫盈、毛娟编写。各章的延伸学习部分由尹树国、顾鑫盈编写。全书由主编统稿。

在编写过程中宋金丽老师、邱法玉老师、张蕾老师、崔家才老师提出了宝贵的建议和意见,在此表示感谢!

由于编者水平有限,加之时间较为仓促,不恰之处在所难免,敬请读者批评指正。

编 者
2015 年 6 月

目　　录

第1章　函数、极限与连续 ……………………………………………… 1

§1.1　函数 ……………………………………………………………… 1

一、集合 ………………………………………………………… 1

二、函数 ………………………………………………………… 3

练习1.1 ………………………………………………………… 8

§1.2　极限 ……………………………………………………………… 10

一、数列的极限 ………………………………………………… 10

二、函数的极限 ………………………………………………… 11

三、无穷小与无穷大 …………………………………………… 14

练习1.2 ………………………………………………………… 15

§1.3　极限的运算 ……………………………………………………… 16

一、极限的四则运算法则 ……………………………………… 16

二、复合函数的极限 …………………………………………… 18

练习1.3 ………………………………………………………… 19

§1.4　两个重要极限与无穷小的比较 ……………………………… 19

一、第一重要极限 ……………………………………………… 19

二、第二重要极限 ……………………………………………… 20

三、无穷小的比较 ……………………………………………… 22

练习1.4 ………………………………………………………… 23

§1.5　函数的连续性 …………………………………………………… 23

一、函数连续性的概念 ………………………………………… 23

二、函数的间断点 ……………………………………………… 25

三、初等函数的连续性 ………………………………………… 26

四、闭区间上连续函数的性质 ………………………………… 26

练习1.5 ………………………………………………………… 27

小结 ……………………………………………………………… 27

自测题1 ………………………………………………………… 28

延伸学习 ………………………………………………………… 29

第2章　导数与微分 …………………………………………………… 34

§2.1　导数概念 ………………………………………………………… 34

一、两个实例 …………………………………………………… 34

二、导数的定义 ………………………………………………… 35

三、导数的几何意义 ·· 37
四、可导与连续的关系 ······································· 37
练习 2.1 ·· 38

§2.2 导数的运算 ··· 38
一、基本初等函数的导数公式 ······························· 38
二、导数的四则运算法则 ····································· 38
三、复合函数的求导法则 ····································· 39
四、隐函数的导数 ··· 40
五、高阶导数 ··· 41
练习 2.2 ·· 42

§2.3 微分 ··· 42
一、引例 ··· 42
二、微分的概念 ··· 43
三、微分的运算 ··· 44
四、微分在近似计算中的应用 ······························· 46
练习 2.3 ·· 46

§2.4 洛必达法则 ··· 46
一、$\dfrac{0}{0}$ 型和 $\dfrac{\infty}{\infty}$ 型未定式 ·································· 46
二、其他类型未定式 ··· 48
练习 2.4 ·· 48

§2.5 函数的单调性与极值 ····································· 49
一、函数的单调性 ··· 49
二、函数的极值 ··· 51
三、函数的最值及应用 ······································· 52
练习 2.5 ·· 54

§2.6 曲线的凹凸性与曲率 ····································· 54
一、曲线的凹凸与拐点 ······································· 54
二、曲率 ··· 56
练习 2.6 ·· 58

小结 ··· 58
自测题 2 ··· 59
延伸学习 ··· 61

第3章 积分及应用 ··· 65
§3.1 不定积分的概念与性质 ··································· 65
一、不定积分的概念 ··· 65
二、不定积分的性质 ··· 66
三、基本积分公式 ··· 67
四、直接积分法 ··· 67

练习 3.1 ·· 68

§3.2　不定积分的换元积分法 ·················· 69
　　一、第一换元积分法 ······················ 69
　　二、第二换元积分法 ······················ 72
　　练习 3.2 ·································· 75

§3.3　不定积分的分部积分法及积分表的使用 ······ 75
　　一、分部积分法 ·························· 75
　　二、积分表的使用 ························ 78
　　练习 3.3 ·································· 79

§3.4　定积分的概念与性质 ···················· 79
　　一、定积分的概念 ························ 79
　　二、定积分的性质 ························ 83
　　练习 3.4 ·································· 85

§3.5　微积分基本定理 ························ 86
　　一、原函数存在定理 ······················ 86
　　二、微积分基本定理 ······················ 87
　　练习 3.5 ·································· 89

§3.6　定积分的换元积分法和分部积分法 ·········· 90
　　一、定积分的换元积分法 ·················· 90
　　二、定积分的分部积分法 ·················· 91
　　练习 3.6 ·································· 91

§3.7　反常积分 ····························· 91
　　一、无穷区间上的反常积分 ················ 92
　　*二、无界函数的反常积分 ················ 94
　　练习 3.7 ·································· 95

§3.8　定积分的应用 ························· 95
　　一、微元法 ···························· 95
　　二、几何应用 ·························· 96
　　*三、定积分的物理应用 ·················· 99
　　练习 3.8 ·································· 102

小结 ·· 102

自测题 3 ······································ 104

延伸学习 ······································ 105

第4章　多元函数微积分 ·························· 110
§4.1　多元函数的基本概念 ···················· 110
　　一、多元函数的概念 ······················ 110
　　二、二元函数的极限 ······················ 112
　　三、二元函数的连续性 ···················· 114
　　练习 4.1 ·································· 114

§4.2 多元函数的偏导数与全微分 ……………………… 116
　一、偏导数的概念 ………………………………… 116
　二、偏导数的计算 ………………………………… 117
　三、高阶偏导数 …………………………………… 118
　四、多元函数的全微分 …………………………… 119
　练习4.2 …………………………………………… 119

§4.3 多元复合函数与隐函数的偏导数 ……………… 120
　一、多元复合函数的偏导数 ……………………… 120
　二、隐函数的偏导数 ……………………………… 121
　练习4.3 …………………………………………… 122

§4.4 多元函数的极值与最值 ………………………… 123
　一、多元函数的极值 ……………………………… 123
　二、多元函数的最值 ……………………………… 125
　练习4.4 …………………………………………… 126

§4.5 二重积分的概念与性质 ………………………… 126
　一、引例 …………………………………………… 126
　二、二重积分的概念 ……………………………… 127
　三、二重积分的性质 ……………………………… 128
　练习4.5 …………………………………………… 129

§4.6 二重积分的计算 ………………………………… 130
　一、直角坐标系下二重积分的计算 ……………… 130
　二、极坐标系下二重积分的计算 ………………… 132
　练习4.6 …………………………………………… 134

小结 ……………………………………………………… 135

自测题4 ………………………………………………… 136

第5章 常微分方程 ……………………………………… 138

§5.1 微分方程的基本概念 …………………………… 138
　一、引例 …………………………………………… 138
　二、微分方程的基本概念 ………………………… 139
　练习5.1 …………………………………………… 140

§5.2 一阶微分方程 …………………………………… 142
　一、可分离变量的微分方程 ……………………… 142
　二、一阶线性微分方程 …………………………… 143
　*三、齐次型微分方程 …………………………… 146
　练习5.2 …………………………………………… 147

§5.3 二阶常系数线性微分方程 ……………………… 147
　一、二阶常系数线性齐次微分方程 ……………… 147
　二、二阶常系数线性非齐次微分方程 …………… 150
　练习5.3 …………………………………………… 152

§5.4 微分方程的简单应用……………………………………… 154
　　　一、可分离变量微分方程应用举例 ……………………… 154
　　　二、一阶线性微分方程应用举例 ………………………… 156
　　　三、二阶常系数线性微分方程应用举例 ………………… 156
　　　练习 5.4 …………………………………………………… 157
小结 …………………………………………………………… 158
自测题 5 ……………………………………………………… 159
延伸学习 ……………………………………………………… 160

第6章 无穷级数 ……………………………………………… 165
§6.1 常数项级数的概念与性质 ……………………………… 165
　　　一、常数项级数的概念 …………………………………… 165
　　　二、收敛级数的基本性质 ………………………………… 167
　　　练习 6.1 …………………………………………………… 169
§6.2 数项级数及其审敛法 …………………………………… 170
　　　一、正项级数及其审敛法 ………………………………… 170
　　　二、交错级数及其审敛法 ………………………………… 174
　　　三、任意项级数及其审敛法 ……………………………… 175
　　　练习 6.2 …………………………………………………… 177
§6.3 幂 级 数 ………………………………………………… 178
　　　一、幂级数的基本概念 …………………………………… 178
　　　二、幂级数的收敛性 ……………………………………… 179
　　　三、幂级数的和函数 ……………………………………… 181
　　　四、函数的幂级数展开 …………………………………… 182
　　　练习 6.3 …………………………………………………… 184
§6.4 傅里叶级数 ……………………………………………… 185
　　　一、傅里叶级数的概念 …………………………………… 185
　　　二、函数展开为傅里叶级数 ……………………………… 187
　　　练习 6.4 …………………………………………………… 191
小结 …………………………………………………………… 191
自测题 6 ……………………………………………………… 192

第7章 统 计 初 步 …………………………………………… 194
§7.1 总体与样本 ……………………………………………… 194
　　　一、总体与样本 …………………………………………… 194
　　　二、数据的整理和概率分布 ……………………………… 195
　　　三、统计量 ………………………………………………… 196
　　　练习 7.1 …………………………………………………… 197
§7.2 常用统计量的分布 ……………………………………… 197
　　　一、样本均值 $\bar{x}$ 的分布 ………………………………… 197

二、T 变量与 t 分布 ·················· 198

三、χ^2 变量及其分布 ·················· 199

练习 7.2 ·················· 200

§7.3 参 数 估 计 ·················· 201

一、参数的点估计 ·················· 201

二、参数的区间估计 ·················· 202

练习 7.3 ·················· 204

§7.4 假 设 检 验 ·················· 205

一、假设检验的思想方法 ·················· 205

二、几种常见的检验方法 ·················· 206

练习 7.4 ·················· 208

小结 ·················· 209

自测题 7 ·················· 210

附录 A 初等数学常用公式 ·················· 212

附录 B 积分表 ·················· 215

附录 C 标准正态分布函数数值表 ·················· 223

附录 D t 分布表 ·················· 225

附录 E χ^2 分布临界值表 ·················· 227

练习和自测题参考答案 ·················· 229

参考文献 ·················· 237

第 1 章

函数、极限与连续

【学习目标与要求】

1. 理解初等函数的概念,掌握基本初等函数的图像及性质;会求函数的定义域,会判别函数的奇偶性;能用函数及其图像性质解决简单的实际问题.

2. 了解反函数的求法及几种数学模型.

3. 理解极限、连续的概念;会分析判断函数的极限是否存在,会讨论函数的连续性.

4. 掌握极限运算方法;会求各种类型的极限.

函数是高等数学中最基本的概念之一. 本章将在中学代数关于函数知识的基础上进一步讨论函数,引进本书主要讨论的初等函数.

极限与连续也是高等数学的基本概念. 高等数学中的其他基本概念可用极限概念来表达,且解析运算(微分法、积分法)都可用极限运算来描述,所以掌握极限概念与极限运算是很重要的. 函数的连续性与函数的极限密切相关,本章介绍函数连续性概念和连续函数的重要性质.

§1.1 函 数

在我们的周围,变化无处不在. 可以用数学有效地描述生活中许多变化着的现象. 事实上,任何一个变化着的现象都涉及以一定方式相互关联着的几个变量. 可以说,一个量的变化本身就意味着这个量是随着其他量的变化而变化的. 变量之间的依赖关系通常是用函数关系来描述的. 本节主要介绍函数的基本概念和性质.

一、集合

1. 集合及运算

定义 1.1 (1)集合定义.

人们常常研究某些事物组成的全体,例如一班学生、一批产品、全体正整数等,这些事物组成的全体都是集合,或者说,某些指定的对象集在一起就成为一个**集合**. 集合简称集,通常用大写的拉丁字母表示,如 $A,B,C,P,Q,\cdots$. 构成集合的每个事物或者对象叫做这个集合的**元素**,通常用小写的拉丁字母表示,如 $a,b,c,p,q,\cdots$.

(2)常用数集及记法.

非负整数集(自然数集):全体非负整数的集合,记作 $\mathbf{N}=\{0,1,2,\cdots\}$.

正整数集:非负整数集内排除 0 的集合,记作 $\mathbf{N}^*=\{1,2,3,\cdots\}$.

整数集:全体整数的集合,记作 $\mathbf{Z}=\{0,\pm1,\pm2,\cdots\}$.

有理数集:全体有理数的集合.记作 $\mathbf{Q}=\{$整数与分数$\}$.

实数集:全体实数的集合,记作 $\mathbf{R}=\{$数轴上所有点所对应的数$\}$.

(3)元素对于集合的隶属关系.

属于:如果 a 是集合 A 的元素,就说 a 属于 A,记作 $a\in A$.

不属于:如果 a 不是集合 A 的元素,就说 a 不属于 A,记作 $a\notin A$.

(4)集合中元素的特性.

确定性:按照明确的判断标准给定一个元素,或者属于某个集合,或者不属于该集合,不能模棱两可.

互异性:集合中的元素没有重复.

无序性:集合中的元素没有一定的顺序(通常用正常的顺序写出).

(5)集合运算.

子集:如果集合 A 的任意一个元素都是集合 B 的元素(若 $a\in A$ 则 $a\in B$),则称集合 A 为集合 B 的子集,记为 $A\subseteq B$ 或 $B\supseteq A$;如果 $A\subseteq B$,并且 $A\neq B$,则集合 A 称为集合 B 的真子集,记为 $A\subsetneqq B$ 或 $B\supsetneqq A$.

集合的相等:如果集合 A,B 同时满足 $A\subseteq B,B\supseteq A$,则 $A=B$.

补集:设 $A\subseteq S$,由 S 中不属于 A 的所有元素组成的集合称为 S 的子集 A 的补集,记为 $\complement_S A$.

交集:一般地,由所有属于集合 A 且属于 B 的元素构成的集合,称为 A 与 B 的交集,记作 $A\cap B$.

并集:一般地,由所有属于集合 A 或者属于 B 的元素构成的集合,称为 A 与 B 的并集,记作 $A\cup B$.

例 1 设 $A=\{1,2,3,4\}$,$B=\{3,4,5,6\}$,则 $A\cup B=\{1,2,3,4,5,6\}$,$A\cap B=\{3,4\}$.

例 2 设 A 为某单位会英语的人的集合,B 为会日语的人的集合,则 $A\cup B$ 表示会英语或会日语的人的集合,$A\cap B$ 表示既会英语又会日语的人的集合.

2. 区间与邻域

(1)区间.

设 a 和 b 都是实数,且 $a<b$. 数集 $\{x\mid a<x<b\}$ 称为开区间,记作 (a,b),即 $(a,b)=\{x\mid a<x<b\}$,a 和 b 称为开区间 (a,b) 的端点. 数集 $\{x\mid a\leqslant x\leqslant b\}$ 称为闭区间,记作 $[a,b]$,即 $[a,b]=\{x\mid a\leqslant x\leqslant b\}$,$a$ 和 b 称为闭区间 $[a,b]$ 的端点.

类似地定义:$[a,b)=\{x\mid a\leqslant x<b\}$,$(a,b]=\{x\mid a<x\leqslant b\}$. $[a,b)$ 和 $(a,b]$ 都称为半开半闭区间.

数 $b-a$ 称为以上区间的长度. 长度有限的区间为有限区间.

同样定义无限区间:$[a,+\infty)=\{x\mid x\geqslant a\}$,$(a,+\infty)=\{x\mid x>a\}$,$(-\infty,b)=\{x\mid x<b\}$,$(-\infty,b]=\{x\mid x\leqslant b\}$,$(-\infty,+\infty)=\{x\mid -\infty<x<+\infty\}=\mathbf{R}$(实数集).

（2）邻域.

设 a,δ 为两个实数，$\delta>0$，则不等式 $|x-a|<\delta$ 的解集称为点 a 的 δ 邻域. 点 a 称为该邻域的中心，δ 称为该邻域的半径. 它是以 a 为中心以 δ 为半径的开区间 $(a-\delta,a+\delta)$.

若把邻域 $(a-\delta,a+\delta)$ 中的中心点 a 去掉，就称它为点 a 的去心 δ 邻域，可表示为 $(a-\delta,a)\bigcup(a,a+\delta)$，或 $0<|x-a|<\delta$.

二、函数

1. 函数的概念

定义 1.2　设 x,y 是两个变量，D 是一个给定的非空数集. 若对于每一个数 $x\in D$，按照某一确定的对应法则 f，变量 y 都有唯一确定的值与之对应，那么就称 y 是 x 的**函数**，记作

$$y=f(x), \quad x\in D.$$

其中，x 称为**自变量**，y 称为**因变量**；自变量 x 的取值范围 D 称为函数的**定义域**，因变量的变化范围称为函数的**值域**.

函数的定义域和对应法则称为函数的两个要素. 判断两个函数相同，即看两个函数定义域和对应法则是否相同，而与其变量用什么字母表示无关，如 $y=x^2,s=t^2$ 为同一个函数；而 $y=\ln x^2,y=2\ln x$ 不同.

若一个函数用一个数学式子给出，则定义域是指使表达式有意义的一切实数组成的集合. 例如，若函数表达式中有分式，则分母一定不等于零；若函数表达式中有偶次根，则根号内的变量不能为负值；若函数表达式中有对数，则真数只能为正值；等等.

例如，函数 $f(x)=\sqrt{x-2}$ 的定义域是 $D=\{x\,|\,x-2\geqslant0\}=\{x\,|\,x\geqslant2\}=[2,+\infty)$.

在实际问题时，还应结合实际意义确定函数的定义域.

例如，正方形的面积 S 是边长 x 的函数 $S=x^2$，边长值不可能为负值和零值，所以其定义域为 $D=\{x\,|\,x>0\}=(0,+\infty)$.

函数的表示方法有解析法、图像法、列表法. 最常用的是解析法.

扫码看案例

2. 函数的特性

（1）单调性.

设函数 $y=f(x),x\in I$，若对任意两点 $x_1,x_2\in I$，当 $x_1<x_2$ 时，总有 ① $f(x_1)<f(x_2)$，则称函数 $f(x)$ 在 I 上是**单调增加**的，区间 I 称为**单调增加区间**；② $f(x_1)>f(x_2)$，则称函数 $f(x)$ 在 I 上是**单调减少**的，区间 I 称为**单调减少区间**.

单调增加的函数和单调减少的函数统称单调函数，单调增加区间和单调减少区间统称单调区间.

单调增加函数的图形是沿 x 轴正向逐渐上升的，如图 1.1 所示；单调减少函数的图形是沿 x 轴正向逐渐下降的，如图 1.2 所示.

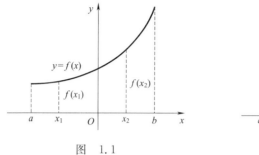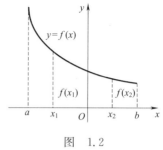

图 1.1　　　　　　　　　　　图 1.2

(2)奇偶性.

设函数 $y=f(x)$ 的定义域关于原点对称,如果对于定义域内的 x 都有 ① $f(-x)=f(x)$,则称函数 $f(x)$ 为**偶函数**;② $f(-x)=-f(x)$,则称函数 $f(x)$ 为**奇函数**.偶函数的图像关于 y 轴对称,如图 1.3 所示;奇函数的图像关于原点对称,如图 1.4 所示.如果函数 $f(x)$ 既不是奇函数也不是偶函数,则称为**非奇非偶函数**.

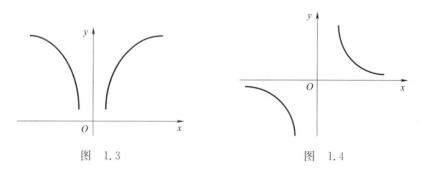

图 1.3　　　　　　　　　　　图 1.4

例如,$f(x)=x,f(x)=x^3,f(x)=\sin x$ 为奇函数;$f(x)=x^2,f(x)=\cos x$ 为偶函数.

例 3　判别函数 $f(x)=\ln\dfrac{1-x}{1+x}$ 的奇偶性.

解　函数的定义域为 $\dfrac{1-x}{1+x}>0$,即 $-1<x<1$,又

$$f(-x)=\ln\frac{1-(-x)}{1+(-x)}=\ln\frac{1+x}{1-x}=\ln\left(\frac{1-x}{1+x}\right)^{-1}=-\ln\frac{1-x}{1+x}=-f(x),$$

所以函数 $f(x)=\ln\dfrac{1-x}{1+x}$ 为奇函数.

(3)有界性.

设函数 $y=f(x),x\in D$,如果存在一个正数 M,使得对任意 $x\in D$,均有 $|f(x)|\leqslant M$ 成立,则称函数 $f(x)$ 在 D 上是**有界**的;如果这样的 M 不存在,则称函数 $f(x)$ 在 D 上是**无界**的.有界函数 $y=f(x)$ 的图像夹在 $y=-M$ 和 $y=M$ 两条直线之间.

例如,函数 $y=\sin x$,对任意的 $x\in(-\infty,+\infty)$,存在正数 $M=1$,恒有 $|\sin x|\leqslant 1$ 成立,所以函数 $y=\sin x$ 在 $(-\infty,+\infty)$ 内是有界的.

又如,函数 $y=x^2$,对任意的 $x\in(-\infty,+\infty)$,不存在一个这样的正数 M,使 $|x^2|\leqslant M$ 恒成立,所以函数 $y=x^2$ 在 $(-\infty,+\infty)$ 内是无界的.

(4)周期性.

设函数 $y=f(x),x\in D$,如果存在常数 $T\neq 0$,对任意 $x\in D$,且 $x+T\in D$,$f(x+T)=f(x)$ 恒成立,则称函数 $y=f(x)$ 为周期函数,称 T 是它的一个周期.通常所说函数的周期是指其最小正周期.

例如,$y=\sin x$,$y=\cos x$,周期 $T=2\pi$;$y=\tan x$,周期 $T=\pi$.

3. 反函数

(1)反函数的概念.

定义 1.3 设函数 $y=f(x),x\in D,y\in M$(D 是定义域,M 是值域).若对于任意一个 $y\in M$,D 中都有唯一确定的 x 与之对应,这时 x 是以 M 为定义域的 y 的函数,称它为 $y=f(x)$ 的**反函数**,记作 $x=f^{-1}(y),y\in M$.

习惯上往往用字母 x 表示自变量,用字母 y 表示函数.为了与习惯一致,将反函数 $x=f^{-1}(y),y\in M$ 的变量对调字母 x,y,改写成 $y=f^{-1}(x),x\in M$,称 $y=f(x)$ 为直接函数.

今后凡不特别说明,函数 $y=f(x)$ 的反函数都是这种改写过的 $y=f^{-1}(x),x\in M$ 形式.

在同一直角坐标系下,$y=f(x),x\in D$ 与反函数 $y=f^{-1}(x),x\in M$ 的图形关于直线 $y=x$ 对称.

(2)反函数存在性及求法.

定理 1.1 单调函数必有反函数,且单调增加(减少)函数的反函数也是单调增加(减少)的.

例如,函数 $y=x^2$ 在定义域 $(-\infty,+\infty)$ 上没有反函数(它不是单调函数),但在 $[0,+\infty)$ 上存在反函数.由 $y=x^2,x\in[0,+\infty)$,求得 $x=\sqrt{y},y\in[0,+\infty)$,再对调字母 x,y,得其反函数为 $y=\sqrt{x}$,$x\in[0,+\infty)$.它们的图像关于直线 $y=x$ 对称,如图 1.5 所示.

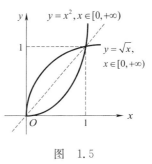

图 1.5

求函数 $y=f(x)$ 的反函数可以按以下步骤进行:

①从方程 $y=f(x)$ 中解出唯一的 x,并写成 $x=f^{-1}(y)$;

②将 $x=f^{-1}(y)$ 中的字母 x,y 对调,得到函数 $y=f^{-1}(x)$,这就是所求函数的反函数.

4. 复合函数

在实际问题中,两个变量间的联系有时不是直接的,而是通过另一个变量联系起来的.这样的函数就是复合函数.一般地,有如下定义:

定义 1.4 设两个函数 $y=f(u),u=\varphi(x)$,与 x 对应的 u 值能使 $y=f(u)$ 有定义,将 $u=\varphi(x)$ 代入 $y=f(u)$,得到函数 $y=f(\varphi(x))$.这个新函数 $y=f(\varphi(x))$ 叫做由 $y=f(u)$ 和 $u=\varphi(x)$ 复合而成的**复合函数**,$u=\varphi(x)$ 称为**内层函数**,$y=f(u)$ 称为**外层函数**,u 称为**中间变量**.

例如，函数 $y=\sin u$ 与 $u=x^2+1$ 可以复合成复合函数 $y=\sin(x^2+1)$.

复合函数不仅可以由两个函数经过复合而成，而且可以由多个函数相继进行复合而成. 例如，函数 $y=u^2,u=\ln v,v=2x$ 可以复合成复合函数 $y=\ln^2(2x)$.

注意：不是任何两个函数都能复合成复合函数. 由定义可知，只有当内层函数 $u=\varphi(x)$ 的值域与外层函数 $y=f(u)$ 的定义域的交集非空时，这两个函数才能复合成复合函数. 例如，函数 $y=\ln u$ 和 $u=-x^2$ 就不能复合成一个复合函数. 因为内层函数 $u=-x^2$ 的值域是 $(-\infty,0]$，而外层函数 $y=\ln u$ 的定义域是 $(0,+\infty)$，显然，$(0,+\infty)\bigcap(-\infty,0]=\varnothing$，函数 $y=\ln(-x^2)$ 无意义.

例 4　指出下列复合函数的复合过程.

(1) $y=\sin e^x$；　　(2) $y=\ln\ln x$；　　(3) $y=\tan^2\dfrac{x}{2}$.

解　(1) 令 $u=e^x$，则 $y=\sin u$. 所以 $y=\sin e^x$ 是由 $y=\sin u$ 与 $u=e^x$ 复合而成的；

(2) 令 $u=\ln x$，则 $y=\ln u$. 所以 $y=\ln\ln x$ 是由 $y=\ln u$ 与 $u=\ln x$ 复合而成的；

(3) 令 $v=\dfrac{x}{2}$，$u=\tan v$，则 $y=u^2$. 所以 $y=\tan^2\dfrac{x}{2}$ 是由 $y=u^2$，$u=\tan v$，$v=\dfrac{x}{2}$ 复合而成的.

5. 初等函数

(1) 基本初等函数.

常函数、幂函数、指数函数、对数函数、三角函数、反三角函数统称基本初等函数.

为了便于应用，下面就其图像和性质作简要的复习，见表 1.1.

扫码看案例

表　1.1

序号	函　数	图　像	性　质
1	幂函数 $y=x^a,a\in\mathbf{R}$		在第一象限，$a>0$ 时函数单调增加；$a<0$ 时函数单调减少 共性：都过点 $(1,1)$
2	指数函数 $y=a^x$ $(a>0$ 且 $a\neq1)$		$a>1$ 时函数单调增加；$0<a<1$ 时函数单调减少 共性：过 $(0,1)$ 点，以 x 轴为渐近线

续表

序号	函　数	图　像	性　质
3	对数函数 $y=\log_a x$ （$a>0$ 且 $a\neq1$）		$a>1$ 时函数单调增加； $0<a<1$ 时函数单调减少 共性：过 $(1,0)$ 点，以 y 轴为渐近线
4	三角函数 正弦函数 $y=\sin x$		奇函数，周期 $T=2\pi$， 有界. $|\sin x|\leqslant1$
	余弦函数 $y=\cos x$		偶函数，周期 $T=2\pi$， 有界. $|\cos x|\leqslant1$
	正切函数 $y=\tan x$		奇函数，周期 $T=\pi$， 无界
	余切函数 $y=\cot x$		奇函数，周期 $T=\pi$， 无界
5	反三角函数 反正弦函数 $y=\arcsin x$		$x\in[-1,1]$，$y\in$ $\left[-\dfrac{\pi}{2},\dfrac{\pi}{2}\right]$，奇函数，单 调增加，有界
	反余弦函数 $y=\arccos x$		$x\in[-1,1]$，$y\in[0,\pi]$， 单调减少，有界

扫码看案例

续表

序号	函 数	图 像	性 质
5	反三角函数	反正切函数 $y=\arctan x$	$x\in(-\infty,+\infty),y\in\left(-\dfrac{\pi}{2},\dfrac{\pi}{2}\right)$,奇函数,单调增加,有界,$y=\pm\dfrac{\pi}{2}$ 为两条水平渐近线
		反余切函数 $y=\operatorname{arccot} x$	$x\in(-\infty,+\infty),y\in(0,\pi)$,单调减少,有界,$y=0,y=\pi$ 为两条水平渐近线

(2)初等函数.

定义 1.5 由基本初等函数经过有限次四则运算和有限次复合运算所构成的并能用一个式子表示的函数,称为**初等函数**.

例如,函数 $f(x)=2^{\sqrt{x}}\ln(2x+5)$,$g(x)=\sqrt{\sin 2x}+\mathrm{e}^{\arctan 3x}$ 等都是初等函数.

6. 分段函数与隐函数

(1)分段函数.

函数用解析法表示时,可能会出现对于自变量的某一部分数值,对应法则用某一解析式,对于另一部分数值用另一解析式,这种函数称为**分段函数**.分段函数的定义域是各段取值范围的并集.

例如,$f(x)=\begin{cases}x+1 & \text{当}-1<x<1\text{时} \\ 3x^2-2 & \text{当}\ 1\leqslant x\leqslant 2\text{时}\end{cases}$ 是分段函数,其定义域为 $D=(-1,1)\bigcup[1,2]=(-1,2]$.

(2)显函数与隐函数.

一个函数如果能用 x 的具体表达式表示,则称此函数为**显函数**,如 $y=2x+3$,$y=\mathrm{e}^{3x}$ 等是显函数;如果函数是通过方程来确定的,即函数 $y=f(x)$ 隐藏在方程 $F(x,y)=0$ 中,则称此函数为**隐函数**,如由方程 $x+y^3=1$,$x^2+y^3-\mathrm{e}^{x+y}=3\sin y$ 等确定的函数为隐函数.

练 习 1.1

1. 求定义域.

(1)$y=\sqrt{2x+4}$;　　　　　　　　(2)$y=\dfrac{1}{x-3}+\sqrt{16-x^2}$;

(3)$y=\ln(x^2-2x-3)$.

2.求反函数.

(1) $y=x^3-1$；　　　　　　　　　　(2) $y=\dfrac{1-x}{1+x}$；

(3) $y=\sqrt{x+1}$.

【阅读材料】

第三次数学危机——"理发师悖论"

自相矛盾的悖论,是数学史上一直困扰着数学家的难题之一.20世纪英国著名哲学家、数学家罗素曾经提出过一个著名的悖论——"理发师悖论".其内容如下所示.西班牙的塞维利亚有一个理发师,这位理发师有一条极为特殊的规定:他只给那些"不给自己刮胡子"的人刮胡子.理发师这个拗口的规定,对于除他自己以外的别人,并没有什么难理解的地方.但是回到他自己这里,问题就麻烦了.如果这个理发师不给自己刮胡子,那么按照规定,他就应该给自己刮胡子;可是他给自己刮胡子的话,按照规定他又不应该给自己刮胡子.因此,这位理发师无论是否给自己刮胡子,都不符合自己的那条规定.罗素还提出过与"理发师悖论"相似的几个悖论,数学上将这些悖论统称"罗素悖论"或者"集合论悖论".为什么又叫"集合论悖论"呢? 因为"罗素悖论"都可以用集合论中的数学语言来描述,归结成一种说法就是:某一非空全集中,有这样一个确定的集合,这个集合中"只有不属于这个集合的元素".那么,全集中的某一个指定元素,和这个确定集合之间是什么关系呢? 不难分析,如果这个元素属于这个集合,那么根据这个集合的定义,这个元素就应该是"不属于这个集合"的元素;可如果这个元素"不属于这个集合",那么根据这个集合的定义,这个元素就应该在这个集合中,即属于这个集合.这就是说,全集中的每一个元素,与这个确定集合之间都不存在确定的包含关系,这无疑是讲不通的.自从康托尔创立了数学领域中的"集合论",用集合论中的观点来诠释各个数学概念之间的逻辑关系,真可谓是"天衣无缝".因此,集合论被誉为"数学大厦的基石".然而"罗素悖论"的发现,证明了集合论中竟然存在自相矛盾的悖论,这足以暴露集合论本身的缺陷.

"罗素悖论"在20世纪数学理论中引起了轩然大波."数学大厦的基石"竟然出现了明显的"裂缝",那么人类耗费数千年心血建立起来的"数学殿堂",会不会倒塌呢? 一时间,数学界众说纷纭,悲观者甚至因此把当代数学比作"建立在沙滩上的庞然大物".这就是数学史上著名的"第三次数学危机".

危机产生后,数学家纷纷提出自己的解决方案.1908年策梅罗(Zemelo)采用把集合论公理化的方法来消除悖论,即为集合论建立新的原则,这些原则一方面必须足够狭窄,以保证排除矛盾;另一方面又必须充分广阔,以使康托尔集合论中一切有价值的内容得以保存下来.后来经过其他数学家的改进,演变为ZF或ZFS系统.冯•诺依曼等开辟的集合论的另一公理化的NBG系统也克服了悖论,但也仍存在一些问题.以后加上哥德尔(K.Godel)、科恩(Cohen)等的努力,到1983年建立了公理化集合论,即要求集合必须满足ZFG公理系统中的十条公理限制,成功地排除了集合论中的悖论.

§1.2 极　　限

一、数列的极限

引例　我国战国时代的哲学家庄周在《庄子·天下篇》中有这样的记载："一尺之锤，日取其半，万世不竭".此话的意思是：一根一尺长的棍子，第一天取去一半，第二天取去剩下的一半，以后每天都取去剩下的一半，这个过程可以无限地进行下去.我们用数学语言来描述，就是第一天剩下 $\dfrac{1}{2}$，第二天剩下 $\dfrac{1}{2}\times\dfrac{1}{2}$ $=\dfrac{1}{2^2}$，第三天剩下 $\dfrac{1}{2^2}\times\dfrac{1}{2}=\dfrac{1}{2^3}$，…，第 n 天剩下 $\dfrac{1}{2^{n-1}}\times\dfrac{1}{2}=\dfrac{1}{2^n}$，…，很显然，每一天剩下的数构成一个数列：

$$\frac{1}{2},\frac{1}{2^2},\frac{1}{2^3},\cdots,\frac{1}{2^n},\cdots.$$

进一步观察，当天数 n 无限增大时，那个一尺长的棍子所剩无几了，即所剩下的长度 $\dfrac{1}{2^n}$ 无限趋近于零.我们把天数 n 无限增大时，长度 $\dfrac{1}{2^n}$ 无限趋近于零，记为

$$n\to\infty（读作 n 趋于无穷大）时，\frac{1}{2^n}\to0（读作\frac{1}{2^n}趋近于零）.$$

类似地，观察下列数列的变化趋势.

数列(1) $\left\{\dfrac{1}{n}\right\}$：$1,\quad\dfrac{1}{2},\quad\dfrac{1}{3},\quad\cdots,\quad\dfrac{1}{n},\quad\cdots.$

数列(2) $\{3\}$：$3,\quad3,\quad3,\quad\cdots,\quad3,\quad\cdots.$

数列(3) $\{(-1)^n\}$：$-1,\quad1,\quad-1,\quad1,\quad\cdots,\quad(-1)^n,\cdots.$

数列(4) $\left\{\dfrac{1+(-1)^n}{n}\right\}$：$0,\quad1,\quad0,\quad\dfrac{1}{2},\quad0,\quad\dfrac{1}{3},\quad\cdots.$

数列(5) $\{n^2\}$：$1,\quad4,\quad9,\quad\cdots,\quad n^2,\quad\cdots.$

通过分析可以得知，数列(1)、数列(4)无限趋近于 0；数列(2)无限趋近于 3.数列(3)总是在 -1 和 1 之间跳动；数列(5)当 n 逐渐增大时，$y_n=n^2$ 也越来越大，变化趋势是趋于无穷大.

对数列的这一现象，我们给出如下定义：

定义 1.6　对于数列 $\{y_n\}$，当 n 无限增大($n\to\infty$)时，y_n 无限趋近于一个确定的常数 A，则称 A 为 n **趋于无穷大时数列 $\{y_n\}$ 的极限**（或称**数列收敛**于 A），记作

$$\lim_{n\to\infty}y_n=A\quad 或\quad y_n\to A\,(n\to\infty).$$

此时也称数列 $\{y_n\}$ 的极限存在；否则，称数列 $\{y_n\}$ 的极限不存在（或称数列是发散的）.

根据定义，上面引例中给出的数列 $\left\{\dfrac{1}{2^n}\right\}$，它的极限是 0，记作 $\lim\limits_{n\to\infty}\dfrac{1}{2^n}=0.$

扫码看案例

$y_n = n^2$ 的变化趋势是趋于无穷大,这时也说数列 $\{n^2\}$ 的极限是无穷大,记为 $\lim\limits_{n\to\infty} n^2 = \infty$.

例 1　讨论数列 $y_n = q^n$ 的极限情况.

解　当 $q = 1$ 时,$y_n = 1$,所以 $\lim\limits_{n\to\infty} y_n = 1$;

当 $q = -1$ 时,由上述数列(3)可知,$\lim\limits_{n\to\infty} y_n = \lim\limits_{n\to\infty}(-1)^n$ 不存在;

当 $|q| < 1$ 时,当 $n \to \infty$ 时,$y_n = q^n \to 0$,所以 $\lim\limits_{n\to\infty} y_n = \lim\limits_{n\to\infty} q^n = 0$;

当 $|q| > 1$ 时,当 $n \to \infty$ 时,$y_n = q^n$ 的绝对值是趋于无穷大的,所以 $\lim\limits_{n\to\infty} y_n = \lim\limits_{n\to\infty} q^n = \infty$(不存在).

综上讨论,$\lim\limits_{n\to\infty} q^n = \begin{cases} 0 & \text{当 } |q| < 1 \\ 1 & \text{当 } q = 1 \\ \text{不存在} & \text{当 } q = -1 \\ \infty & \text{当 } |q| > 1 \end{cases}$.

二、函数的极限

1. 当 x 的绝对值无限增大(记为 $x \to \infty$)**时函数 $f(x)$ 的极限**

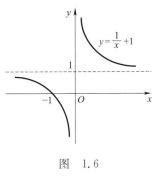

数列是一种特殊形式的函数,把数列极限的定义推广,可以给出函数极限的定义.例如,函数 $f(x) = \dfrac{1}{x} + 1$,当 $x \to \infty$ 时,$f(x)$ 无限趋近于常数 1,如图 1.6 所示.

当 $x \to \infty$ 时,$f(x) = \dfrac{1}{x} + 1 \to 1$,称常数 1 为 $x \to \infty$ 时函数 $f(x) = \dfrac{1}{x} + 1$ 的极限,记为

$$\lim_{x\to\infty}\left(\frac{1}{x} + 1\right) = 1.$$

图　1.6

一般地,我们给出如下定义.

定义 1.7　设函数 $y = f(x)$,当 x 的绝对值无限增大($x \to \infty$)时,函数 $f(x)$ 无限趋近于一个确定的常数 A,则称常数 A 为**当 $x \to \infty$ 时函数 $f(x)$ 的极限**.记作

$$\lim_{x\to\infty} f(x) = A \quad \text{或} \quad f(x) \to A(x\to\infty).$$

此时也称极限 $\lim\limits_{x\to\infty} f(x)$ 存在;否则,称极限 $\lim\limits_{x\to\infty} f(x)$ 不存在.

需要说明的是,这里的 $x \to \infty$,指的是 x 沿着 x 轴向正负两个方向趋于无穷大.x 取正值且无限增大,记为 $x \to +\infty$,读作 x 趋于正的无穷大;x 取负值且绝对值无限增大,记为 $x \to -\infty$,读作 x 趋于负的无穷大.$x \to \infty$ 同时包含 $x \to +\infty$ 和 $x \to -\infty$.

根据定义 1.7,不难得出下列极限:

(1) $\lim\limits_{x\to\infty} \dfrac{1}{x} = 0$;

(2) $\lim_{x\to\infty}c=c$ （c 为常数）.

在研究实际问题的过程中，有时只需考察 $x\to+\infty$ 或 $x\to-\infty$ 时函数 $f(x)$ 的极限情形，因此，只需将定义 1.7 中的 $x\to\infty$ 分别换成 $x\to+\infty$ 或 $x\to-\infty$，即可得到 $x\to+\infty$ 或 $x\to-\infty$ 时函数 $f(x)$ 的极限定义，分别记作：

$$\lim_{x\to+\infty}f(x)=A \quad 或 \quad \lim_{x\to-\infty}f(x)=A.$$

注意：极限 $\lim_{x\to\infty}f(x)$ 存在的充分必要条件是 $\lim_{x\to+\infty}f(x)$ 与 $\lim_{x\to-\infty}f(x)$ 都存在且相等，即

$$\lim_{x\to\infty}f(x)=A\Leftrightarrow\lim_{x\to+\infty}f(x)=A=\lim_{x\to-\infty}f(x). \qquad (1.1)$$

例 2 考察极限 $\lim_{x\to\infty}\arctan x$ 与 $\lim_{x\to\infty}e^x$ 是否存在？

解 如表 1.1 所示，因为

$\lim_{x\to+\infty}\arctan x=\dfrac{\pi}{2}$，$\lim_{x\to-\infty}\arctan x=-\dfrac{\pi}{2}$，而 $\lim_{x\to+\infty}\arctan x\neq\lim_{x\to-\infty}\arctan x$，所以 $\lim_{x\to\infty}\arctan x$ 不存在；

同理，因为 $\lim_{x\to-\infty}e^x=0$，$\lim_{x\to+\infty}e^x=+\infty$，所以 $\lim_{x\to\infty}e^x$ 不存在.

极限 $\lim_{x\to\infty}f(x)=A$ 的几何意义：若极限 $\lim_{x\to\infty}f(x)=A$（$\lim_{x\to+\infty}f(x)=A$ 或 $\lim_{x\to-\infty}f(x)=A$）存在，则称直线 $y=A$ 为曲线 $y=f(x)$ 的水平渐近线. 例如，如图 1.6 所示，因为极限 $\lim_{x\to\infty}\left(\dfrac{1}{x}+1\right)=1$，所以直线 $y=1$ 是曲线 $y=\dfrac{1}{x}+1$ 的水平渐近线. 又如，$\lim_{x\to+\infty}\arctan x=\dfrac{\pi}{2}$，$\lim_{x\to-\infty}\arctan x=-\dfrac{\pi}{2}$，所以直线 $y=-\dfrac{\pi}{2}$ 与 $y=\dfrac{\pi}{2}$ 是曲线 $y=\arctan x$ 的两条水平渐近线.

2. 当 $x\to x_0$（读作 x 趋近于 x_0）时函数 $f(x)$ 的极限

首先考察当 x 无限趋近于 1 时，函数 $f(x)=2x+1$ 的变化趋势.

如图 1.7 所示，可以直观地看出，当 x 从左、右两侧无限地趋近于 1 时，函数 y 从下、上两侧无限地趋近于 3，即当 $x\to 1$ 时，$f(x)=2x+1\to 3$. 称 3 为 $x\to 1$ 时函数 $f(x)=2x+1$ 的极限，记作

$$\lim_{x\to 1}(2x+1)=3.$$

一般地，我们给出如下定义.

定义 1.8 设函数 $y=f(x)$，当 x 无限地趋近于 x_0（但 $x\neq x_0$）时，函数 $f(x)$ 无限地趋近于一个确定的常数 A，则称 A 为当 $x\to x_0$ 时函数 $f(x)$ 的极限. 记作

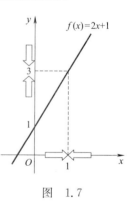

图 1.7

$$\lim_{x\to x_0}f(x)=A \quad 或 \quad f(x)\to A(x\to x_0).$$

此时也称极限 $\lim_{x\to x_0}f(x)$ 存在；否则，称极限 $\lim_{x\to x_0}f(x)$ 不存在.

由定义 1.8，易得下列函数的极限：

(1) $\lim_{x\to x_0}x=x_0$；

(2) $\lim_{x\to x_0}c=c$ （c 为常数）.

由于 $x \to x_0$ 同时包含了 $\begin{cases} x \to x_0^- & (\text{从 } x_0 \text{ 的左侧接近于 } x_0) \\ x \to x_0^+ & (\text{从 } x_0 \text{ 的右侧接近于 } x_0) \end{cases}$ 两种情况,分

开讨论有如下定义.

定义 1.9 如果自变量 x 仅从小于(或大于)x_0 的一侧趋近于 x_0 时,函数 $f(x)$ 无限趋近于一个确定的常数 A,则称 A 为当 $x \to x_0$ **时函数** $f(x)$ **的左(右)极限**,记作

$$\lim_{\substack{x \to x_0^- \\ (x \to x_0^+)}} f(x) = A.$$

扫码看案例

根据定义 1.8 和定义 1.9,极限 $\lim_{x \to x_0} f(x)$ 与它的左右极限 $\lim_{\substack{x \to x_0^- \\ (x \to x_0^+)}} f(x) = A$ 有

如下关系:

极限 $\lim_{x \to x_0} f(x)$ 存在且等于 A 的充分必要条件是左极限 $\lim_{x \to x_0^-} f(x)$ 与右极限

$\lim_{x \to x_0^+} f(x)$ 都存在且等于 A,即

$$\lim_{x \to x_0} f(x) = A \Longleftrightarrow \lim_{x \to x_0^-} f(x) = \lim_{x \to x_0^+} f(x) = A. \tag{1.2}$$

例 3 考察下列函数当 $x \to 1$ 时,极限 $\lim_{x \to 1} f(x)$ 是否存在.

(1) $f(x) = \dfrac{x^2 - 1}{x - 1}$;　　(2) $f(x) = \begin{cases} x & \text{当 } x \leqslant 1 \\ 2x - 1 & \text{当 } x > 1 \end{cases}$;

(3) $f(x) = \begin{cases} 2x & \text{当 } x < 1 \\ 0 & \text{当 } x = 1 \\ x^2 & \text{当 } x > 1 \end{cases}$.

解 (1) 因为 $f(x) = \dfrac{x^2 - 1}{x - 1} = x + 1$(当 $x \neq 1$ 时),所以

$$\lim_{x \to 1} f(x) = \lim_{x \to 1} \frac{x^2 - 1}{x - 1} = \lim_{x \to 1} (x + 1) = 2.$$

(2) 该函数为分段函数,$x = 1$ 为分段点,必须分别考察它的左右极限情况.

$$\left. \begin{array}{l} \text{左极限 } \lim_{x \to 1^-} f(x) = \lim_{x \to 1^-} x = 1 \\ \text{右极限 } \lim_{x \to 1^+} f(x) = \lim_{x \to 1^+} (2x - 1) = 1 \end{array} \right\} \Rightarrow \lim_{x \to 1^-} f(x) = \lim_{x \to 1^+} f(x) = 1,$$

所以

$$\lim_{x \to 1} f(x) = 1.$$

(3) 该函数也为分段函数,$x = 1$ 是分段点.

因为左极限 $\lim_{x \to 1^-} f(x) = \lim_{x \to 1^-} 2x = 2$,　右极限 $\lim_{x \to 1^+} f(x) = \lim_{x \to 1^+} x^2 = 1$,左、右

极限都存在但不相等,即 $\lim_{x \to 1^-} f(x) \neq \lim_{x \to 1^+} f(x)$,所以极限 $\lim_{x \to 1} f(x)$ 不存在.

说明:

(1) 极限 $\lim_{x \to x_0} f(x)$ 是否存在,与函数 $f(x)$ 在 $x = x_0$ 处是否有定义无关;

（2）函数 $f(x)$ 在 $x = x_0$ 点处的左右两侧解析式不相同时，考察极限 $\lim\limits_{x \to x_0} f(x)$，必须先考察它的左、右极限. 分段函数的分段点处的极限问题，就属于这种情况.

三、无穷小与无穷大

1. 无穷小无穷大的概念

定义 1.10 极限为零的变量称为**无穷小量**，简称**无穷小**.

也可以这样描述：在自变量的某种变化过程中，变量 $f(x)$ 的极限值是零，则称变量 $f(x)$ 为在该变化过程中的无穷小. 例如，因为极限 $\lim\limits_{x \to \infty} \dfrac{1}{x} = 0$，所以变量 $\dfrac{1}{x}$ 是 $x \to \infty$ 时的无穷小；因为极限 $\lim\limits_{x \to 0} \sin x = 0$，所以变量 $\sin x$ 是 $x \to 0$ 时的无穷小；因为极限 $\lim\limits_{x \to 1}(x-1) = 0$，所以变量 $x-1$ 是 $x \to 1$ 时的无穷小.

值得注意的是：

（1）一个变量是否为无穷小，除了与变量本身有关外，还与自变量的变化趋势有关. 例如，变量 $y = x - 1$，当 $x \to 1$ 时为无穷小；而当 $x \to 2$ 时，$y \to 1$，极限是一个非零常数. 因而，不能笼统地称某一变量为无穷小，必须明确指出变量在何种变化过程中是无穷小.

（2）在实数中，因为 0 的极限是 0，所以数 0 是无穷小，除此之外，即使绝对值很小很小的常数也不是无穷小.

有了无穷小的概念，自然会联想到无穷大的概念.

定义 1.11 绝对值无限增大的变量称为**无穷大量**，简称**无穷大**.

即若 $\lim f(x) = \infty$，则称 $f(x)$ 为该变化趋势下的无穷大.

例如，由图 1.8 所示，当 $x \to 1$ 时，$f(x) = \dfrac{1}{x-1}$ 是无穷大，即

$$\lim_{x \to 1} \frac{1}{x-1} = \infty.$$

从几何上看，当 $x \to 1$ 时，曲线 $y = \dfrac{1}{x-1}$ 向上向下都无限延伸且越来越接近直线 $x = 1$. 通常称直线 $x = 1$ 是曲线 $f(x) = \dfrac{1}{x-1}$ 的竖直渐近线.

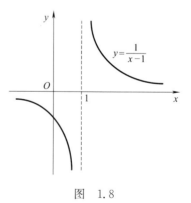

图 1.8

再如，因为 $\lim\limits_{x \to \infty} x^2 = \infty$，所以当 $x \to \infty$ 时变量 x^2 是无穷大.

与无穷小类似，一个变量是否为无穷大，与自变量的变化过程有关. 不能笼统地说某一变量为无穷大，必须明确指出变量在何种变化过程中是无穷大；也不能把一个绝对值很大的常数说成无穷大.

由上例不难看出，**在同一变化过程中，无穷大的倒数是无穷小，非零的无穷小的倒数是无穷大**.

2. 无穷小与函数极限的关系

定理 1.2 $\lim\limits_{x \to x_0} f(x) = A \Leftrightarrow f(x) = A + \alpha$，其中 $\lim\limits_{x \to x_0} \alpha = 0$.

即具有极限的函数与它的极限值之间相差的仅仅是一个无穷小量.

在此不予以证明. 另外该定理对 $x \to \infty$ 时也是成立的.

3. 无穷小的性质

对同一变化过程中的无穷小与有界函数，它们具有下列性质：

性质 1 有限个无穷小的代数和是无穷小.

性质 2 有限个无穷小的乘积是无穷小.

性质 3 有界函数与无穷小的乘积是无穷小.

推论 常数与无穷小的乘积是无穷小.

例 4 求极限 $\lim\limits_{x \to 0} x \sin \dfrac{1}{x}$

解 当 $x \to 0$ 时，x 是无穷小，而 $\left| \sin \dfrac{1}{x} \right| \leqslant 1$，因此，$x \sin \dfrac{1}{x}$ 仍为无穷小，故

$$\lim\limits_{x \to 0} x \sin \dfrac{1}{x} = 0.$$

练 习 1.2

1. 填空题.

(1) $\lim\limits_{n \to \infty} \dfrac{(-1)^n}{n} = $_____，$\lim\limits_{n \to \infty} \dfrac{1}{3^n} = $_____，$\lim\limits_{n \to \infty} e^{\frac{1}{n}} = $_____，

$\lim\limits_{n \to \infty} \left(\dfrac{3}{2} \right)^n = $_____，$\lim\limits_{n \to \infty} \dfrac{n+1}{n} = $_____，$\lim\limits_{n \to \infty} \pi = $_____；

(2) $\lim\limits_{x \to 0} \dfrac{x}{x} = $_____，$\lim\limits_{x \to 0} \dfrac{|x|}{x} = $_____，$\lim\limits_{x \to \infty} \dfrac{x^2}{x^2 + 1} = $_____.

2. 设函数 $f(x) = \begin{cases} |x| & 当 x < 0 \\ \dfrac{x}{2} & 当 0 \leqslant x < 1 \\ x^2 & 当 x \geqslant 1 \end{cases}$，试讨论：在 (1) $x = 0$ 处；(2) $x = 1$

处函数 $f(x)$ 的极限是否存在.

【阅读材料】

兔子能追上乌龟吗?

关于龟兔赛跑问题，早在公元前 5 世纪中叶的古希腊，著名哲学家芝诺就曾经有过一种论证：跑得最快的兔子永远追不上跑得最慢的乌龟. 乌龟和兔子赛跑，乌龟提前跑了一段——不妨设为 100 m，而兔子的速度比乌龟快得多——不妨设兔子的速度为乌龟的 10 倍，这样当兔子跑了 100 m 到乌龟的出发点时，乌龟向前跑了 10 m；当兔子再追了这 10 m 时，乌龟又向前跑了 1 m ……如此继续下去，因为追赶者必须首先到达被追赶者的原来位置，所以被追赶者总是在追赶者的前面，由此得出兔子永远追不上乌龟.

这显然与人们在生活中的实际情况是不相符合的.

实际上，兔子需要追赶的全部路程为 $100+10+1+\dfrac{1}{10}+\dfrac{1}{100}+\cdots\cdots$这是一个等比数列，易求它的和为 $111.1\cdots$. 兔子将在离起点 $111.1\cdots$m 处追上乌龟.

古希腊人之所以被这个问题困惑了 2000 多年，主要是他们将运动中的无限过程与"无限时间"混为一谈. 一个无限过程固然需要无限个时间段，但这无限个时间段之总和却可以是一个"有限值". 这个问题说明古希腊人已经发现了"无穷小量"与"很小的量"这两个概念间的矛盾. 这个矛盾只有人们掌握了极限知识之后，才能真正地了解. 世界是真实而公平地存在着的. 对每个人来说，有限的生命过程中，面对着一个无限的宇宙，而需要用一生的时间去追求的真理又是有限和无限的统一. 我们应当辩证地看问题，灵活地运用各种科学的思维方式，正确运用有限和无限的概念，去解决有限和无限的问题. 这些，似乎又重新回归到了哲学的高度.

§1.3 极限的运算

一、极限的四则运算法则

定理 1.3（四则运算法则） 设在同一变化过程中，$\lim f(x)=A$，$\lim g(x)=B$，则：

(1) $\lim[f(x)\pm g(x)]=\lim f(x)\pm\lim g(x)=A\pm B$.

(2) $\lim[f(x)\cdot g(x)]=\lim f(x)\cdot\lim g(x)=AB$.

特别有

（ⅰ）$\lim[Cf(x)]=C\lim f(x)=CA$ （C 为常数）；

（ⅱ）$\lim[f(x)]^n=[\lim f(x)]^n=A^n$ （n 为正整数）.

(3) $\lim\dfrac{f(x)}{g(x)}=\dfrac{\lim f(x)}{\lim g(x)}=\dfrac{A}{B}$ （其中 $B\neq 0$）.

极限符号 $\lim$ 的下边不表明自变量的变化过程，意思是说对 $x\to x_0$ 或 $x\to\infty$ 所建立的结论都成立.

说明：①运用法则求极限时，参与运算的函数必须有极限，否则将会得到错误的结论；

②法则(1)和(2)均可以推广到有限个函数的情形.

例 1 求 $\lim\limits_{x\to 2}(x^2-2x+3)$.

解 根据法则(1)和(2).

$$\lim_{x\to 2}(x^2-2x+3)=\lim_{x\to 2}x^2-\lim_{x\to 2}2x+\lim_{x\to 2}3=\lim_{x\to 2}x^2-2\lim_{x\to 2}x+3$$
$$=(\lim_{x\to 2}x)^2-2\times 2+3=2^2-2\times 2+3=3.$$

由此例可知，当 $x\to x_0$ 时，多项式 $a_0x^n+a_1x^{n-1}+\cdots+a_{n-1}x+a_n$ 的极限值就是这个多项式在点 x_0 处的函数值，即

$$\lim_{x\to x_0}(a_0x^n+a_1x^{n-1}+\cdots+a_{n-1}x+a_n)=a_0x_0^n+a_1x_0^{n-1}+\cdots+a_{n-1}x_0+a_n.$$

例 2 求 $\lim\limits_{x\to 2}\dfrac{2x+1}{x^2+5}$.

扫码看案例

解　$\lim\limits_{x\to 2}\dfrac{2x+1}{x^2+5}=\dfrac{\lim\limits_{x\to 2}(2x+1)}{\lim\limits_{x\to 2}(x^2+5)}=\dfrac{2\times 2+1}{2^2+5}=\dfrac{5}{9}.$

对于有理分式函数 $F(x)=\dfrac{p(x)}{q(x)}$,其中 $p(x),q(x)$ 均为 x 的多项式,并且

$\lim\limits_{x\to x_0}q(x)\neq 0$ 时,要求 $\lim\limits_{x\to x_0}F(x)=\lim\limits_{x\to x_0}\dfrac{p(x)}{q(x)}$,只需将 $x=x_0$ 代入即可.

以上例题在进行极限运算时,都直接使用了极限的运算法则.但有些函数做极限运算时,不能直接使用法则.

例3　求 $\lim\limits_{x\to 2}\dfrac{2x+1}{x^2-4}.$

分析　当 $x\to 2$ 时,分母的极限为零,在这里不能直接运用商的极限法则.

解　因为 $\lim\limits_{x\to 2}(2x+1)=5\neq 0$,故 $\lim\limits_{x\to 2}\dfrac{x^2-4}{2x+1}=0$,由无穷小与无穷大的关系得

$$\lim\limits_{x\to 2}\dfrac{2x+1}{x^2-4}=\infty.$$

例4　求 $\lim\limits_{x\to 2}\dfrac{x-2}{x^2-4}.$

解　$\lim\limits_{x\to 2}\dfrac{x-2}{x^2-4}=\lim\limits_{x\to 2}\dfrac{x-2}{(x+2)(x-2)}$（不能写成 $\dfrac{\lim\limits_{x\to 2}(x-2)}{\lim\limits_{x\to 2}(x^2-4)}$）

$=\lim\limits_{x\to 2}\dfrac{1}{x+2}=\dfrac{1}{4}.$

扫码看案例

例5　求 $\lim\limits_{x\to 0}\dfrac{\sqrt{x+9}-3}{x}.$

解　$\lim\limits_{x\to 0}\dfrac{\sqrt{x+9}-3}{x}=\lim\limits_{x\to 0}\dfrac{(x+9)-9}{x(\sqrt{x+9}+3)}=\lim\limits_{x\to 0}\dfrac{1}{\sqrt{x+9}+3}=\dfrac{1}{6}.$

当分子分母的极限均为零时,这类极限称为 $\dfrac{0}{0}$ 型未定式,不能直接运用商的极限法则.先要对函数进行变形整理(分解因式或者有理化).当 $x\to a$ 时,必有 $x\neq a$,所以可以先约去零因式 $x-a$(极限为零的因式称为零因式),化为非 $\dfrac{0}{0}$ 型未定式再求极限.

例6　求 $\lim\limits_{x\to\infty}\dfrac{4x^2+1}{3x^2+5x-2}.$

解　$\lim\limits_{x\to\infty}\dfrac{4x^2+1}{3x^2+5x-2}=\lim\limits_{x\to\infty}\dfrac{4+\dfrac{1}{x^2}}{3+\dfrac{5}{x}-\dfrac{2}{x^2}}=\dfrac{4+0}{3+0-0}=\dfrac{4}{3}.$

例7　求 $\lim\limits_{x\to\infty}\dfrac{4x+1}{3x^2+5x-2}.$

解　$\lim\limits_{x\to\infty}\dfrac{4x+1}{3x^2+5x-2}=\lim\limits_{x\to\infty}\dfrac{\dfrac{4}{x}+\dfrac{1}{x^2}}{3+\dfrac{5}{x}-\dfrac{2}{x^2}}=\dfrac{0+0}{3+0-0}=0.$

例 8　求 $\lim\limits_{x\to\infty}\dfrac{2x^3+3x}{3x^2+5}$.

解　$\lim\limits_{x\to\infty}\dfrac{2x^3+3x}{3x^2+5}=\lim\limits_{x\to\infty}\dfrac{2x+\dfrac{3}{x}}{3+\dfrac{5}{x^2}}=\infty$.

当分子分母的极限均为 ∞ 时,这类极限称为 $\dfrac{\infty}{\infty}$ 型未定式. 一般采用分子、分母同除以分母中变化最快的量(即分母的最高方幂)的方法来转化,使分母的极限存在并且不为零,然后运用法则运算.

综上可得结论:

$$\lim_{x\to\infty}\frac{a_0x^n+a_1x^{n-1}+\cdots+a_n}{b_0x^m+b_1x^{m-1}+\cdots+b_m}=\begin{cases}\dfrac{a_0}{b_0}&\text{当 }n=m\\0&\text{当 }n<m\\\infty&\text{当 }n>m\end{cases}\quad(n,m\in\mathbf{N}).\quad(1.3)$$

例 9　求 $\lim\limits_{x\to1}\left(\dfrac{1}{1-x}-\dfrac{2}{1-x^2}\right)$.

解　$\lim\limits_{x\to1}\left(\dfrac{1}{1-x}-\dfrac{2}{1-x^2}\right)=\lim\limits_{x\to1}\dfrac{1+x-2}{1-x^2}=-\lim\limits_{x\to1}\dfrac{1}{1+x}=-\dfrac{1}{2}$.

此类极限称为 $\infty-\infty$ 型未定式,不能直接运用和差的极限法则,需要将函数变形.

例 10　求 $\lim\limits_{x\to+\infty}x(\sqrt{1+x^2}-x)$.

解　$\lim\limits_{x\to+\infty}x(\sqrt{1+x^2}-x)=\lim\limits_{x\to+\infty}\dfrac{x(\sqrt{1+x^2}-x)(\sqrt{1+x^2}+x)}{\sqrt{1+x^2}+x}$

$$=\lim_{x\to+\infty}\frac{x}{\sqrt{1+x^2}+x}=\lim_{x\to+\infty}\frac{1}{\sqrt{\dfrac{1}{x^2}+1}+1}=\frac{1}{2}.$$

此题属于 $0\cdot\infty$ 型未定式,需要将函数变形.

例 11　求 $\lim\limits_{x\to\infty}\dfrac{\sin x}{x}$.

解　把 $\dfrac{\sin x}{x}$ 看作 $\sin x$ 与 $\dfrac{1}{x}$ 的乘积. 当 $x\to\infty$ 时 $\dfrac{1}{x}$ 为无穷小,而 $|\sin x|\leqslant1$,根据无穷小与有界量的乘积仍为无穷小,得

$$\lim_{x\to\infty}\frac{\sin x}{x}=0.$$

二、复合函数的极限

定理 1.4(复合函数的极限)　设函数 $y=f(\varphi(x))$ 是 $y=f(u)$ 与 $u=\varphi(x)$ 复合而成的复合函数. 若 $\lim\limits_{u\to u_0}f(u)=A$,$\lim\limits_{x\to x_0}\varphi(x)=u_0$,则 $\lim\limits_{x\to x_0}f(\varphi(x))=A$.

特别地,当 $\lim\limits_{u\to u_0}f(u)=f(u_0)$,$\lim\limits_{x\to x_0}\varphi(x)=u_0$ 时,极限 $\lim\limits_{x\to x_0}f(\varphi(x))=f(u_0)$,此时又可写为 $\lim\limits_{x\to x_0}f(\varphi(x))=f(\lim\limits_{x\to x_0}\varphi(x))$,即在一定条件下可以交换函

数与极限的运算次序.

例 12 求 $\lim\limits_{x\to 0}e^{\sin x}$.

解 因为 $\lim\limits_{x\to 0}\sin x=0$，$\lim\limits_{u\to 0}e^{u}=e^{0}=1$，所以

$$\lim_{x\to 0}e^{\sin x}=e^{\lim\limits_{x\to 0}\sin x}=e^{0}=1.$$

扫码看案例

练 习 1.3

求下列极限.

(1) $\lim\limits_{x\to 2}\dfrac{x^{2}-4}{x-2}$;　　　　　(2) $\lim\limits_{x\to 0}\dfrac{x}{\sqrt{x+4}-2}$;

(3) $\lim\limits_{x\to\infty}\dfrac{3x^{3}-2x^{2}+5}{2x^{3}+3x}$;　　(4) $\lim\limits_{x\to\infty}\dfrac{2x+1}{x^{2}-3}$;

(5) $\lim\limits_{x\to 2}\left(\dfrac{1}{x-2}-\dfrac{4}{x^{2}-4}\right)$.

§1.4 两个重要极限与无穷小的比较

一、第一重要极限

$$\lim_{x\to 0}\frac{\sin x}{x}=1. \tag{1.4}$$

因为 $\dfrac{\sin x}{x}$ 是偶函数，即 $\dfrac{\sin(-x)}{-x}=\dfrac{\sin x}{x}$，所以，只需讨论 $x\to 0^{+}$ 时的情形.

计算 $\dfrac{\sin x}{x}$，见表 1.2.

扫码看案例

表 1.2

x	$\dfrac{\sin x}{x}$	x	$\dfrac{\sin x}{x}$
1	0.841 471	0.02	0.999 933
0.3	0.985 067	0.01	0.999 983
0.2	0.993 347	0.009	0.999 986
0.1	0.998 334	0.000 5	0.999 999
0.05	0.999 583	…	…

由表容易看出，当 $x(x>0)$ 取值越接近于 0，则相应的 $\dfrac{\sin x}{x}$ 的取值越接近于 1，从直观上得到 $\lim\limits_{x\to 0}\dfrac{\sin x}{x}=1$.

例 1 求 $\lim\limits_{x\to 0}\dfrac{\sin 3x}{x}$.

解 令 $3x=u$，则当 $x\to 0$ 时，$u\to 0$，所以

$$\lim_{x\to 0}\frac{\sin 3x}{x}=\lim_{x\to 0}\left(\frac{\sin 3x}{3x}\times 3\right)=3\lim_{u\to 0}\frac{\sin u}{u}=3\times 1=3.$$

在这里有必要强调一下，第一重要极限具有两个特征：

(1)它是$\dfrac{0}{0}$型；

(2)分子记号 sin 后面的表达式与分母的表达式形式上完全相同.

今后只要遇到符合上述两个特征的极限，可以不引入中间变量，直接使用下面的公式即可. 也就是说，将极限$\lim\limits_{x\to 0}\dfrac{\sin x}{x}=1$中的自变量$x$换成$x$的函数$\varphi(x)$，公式仍然成立，即

$$\lim_{x\to a}\frac{\sin \varphi(x)}{\varphi(x)}=1 \quad (x\to a \text{ 时 } \varphi(x)\to 0).$$

例 2　求$\lim\limits_{x\to 0}\dfrac{\tan x}{x}$.

解　$\lim\limits_{x\to 0}\dfrac{\tan x}{x}=\lim\limits_{x\to 0}\left(\dfrac{\sin x}{x}\cdot\dfrac{1}{\cos x}\right)=1\times 1=1.$

例 3　求$\lim\limits_{x\to 0}\dfrac{1-\cos x}{x^2}$.

解　$\lim\limits_{x\to 0}\dfrac{1-\cos x}{x^2}=\lim\limits_{x\to 0}\dfrac{2\sin^2\dfrac{x}{2}}{x^2}=\lim\limits_{x\to 0}\dfrac{2\sin^2\dfrac{x}{2}}{4\left(\dfrac{x}{2}\right)^2}=\dfrac{1}{2}.$

例 4　求$\lim\limits_{x\to 1}\dfrac{\sin (x^2-1)}{x-1}$.

解　$\lim\limits_{x\to 1}\dfrac{\sin (x^2-1)}{x-1}=\lim\limits_{x\to 1}\left[\dfrac{\sin (x^2-1)}{x^2-1}\cdot(x+1)\right]$

$=\lim\limits_{x\to 1}\dfrac{\sin (x^2-1)}{x^2-1}\cdot\lim\limits_{x\to 1}(x+1)=1\times 2=2.$

例 5　求$\lim\limits_{x\to 0}\dfrac{\sin 3x}{\tan 5x}$.

解　$\lim\limits_{x\to 0}\dfrac{\sin 3x}{\tan 5x}=\lim\limits_{x\to 0}\left(\dfrac{\sin 3x}{3x}\cdot\dfrac{5x}{\tan 5x}\cdot\dfrac{3}{5}\right)=1\times 1\times\dfrac{3}{5}=\dfrac{3}{5}.$

二、第二重要极限

极限$\lim\limits_{n\to\infty}\left(1+\dfrac{1}{n}\right)^n=e$ 称为第二重要极限.

数 e 是一个无理数，e＝2.718 281 828 459 …. 它是一个十分重要的常数，无论在科学技术中，还是在经济领域都有许多应用. 例如，树木的增长规律、人口增长的模型、物品的衰减模型以及复利问题等，都要用到它.

首先将数列$\left(1+\dfrac{1}{n}\right)^n$的值列成表（见表 1.3），观察其变化规律.

表　1.3

n	1	2	3	4	5	10	100	1 000	10^4	10^5	10^6	…
$\left(1+\dfrac{1}{n}\right)^n$	2	2.250	2.370	2.441	2.488	2.594	2.705	2.717	2.718	2.718 268	2.718 280	…

由表 1.3 可见，这个数列是单调增加的，其速度是越来越慢，趋于稳定. 即

极限 $\lim\limits_{n\to\infty}\left(1+\dfrac{1}{n}\right)^n$ 是存在的(理论上不再给予证明),通常用字母 e 表示这个极限值,即

$$\lim_{n\to\infty}\left(1+\frac{1}{n}\right)^n=\mathrm{e}. \tag{1.5}$$

扫码看案例

第二重要极限具有两个特征:

(1)当 n 无限增大时,函数 $\left(1+\dfrac{1}{n}\right)^n$ 呈 1^∞ 型;

(2)括号内是 1 加一个极限为零的变量,第一项是 1,第二项是括号外指数的倒数.

例 6 求 $\lim\limits_{n\to\infty}\left(1+\dfrac{2}{n}\right)^n$.

解 因为 $n\to\infty$ 时,$\dfrac{2}{n}\to0$,所以

$$\lim_{n\to\infty}\left(1+\frac{2}{n}\right)^n=\lim_{n\to\infty}\left(1+\frac{2}{n}\right)^{\frac{n}{2}\times2}=\lim_{n\to\infty}\left[\left(1+\frac{2}{n}\right)^{\frac{n}{2}}\right]^2=\left[\lim_{n\to\infty}\left(1+\frac{2}{n}\right)^{\frac{n}{2}}\right]^2=\mathrm{e}^2.$$

通常,使用第二重要极限公式求极限时,不需要引入中间变量,只需将指数的变量凑成底中第二项的倒数与一个常数(或极限存在的变量)的乘积.

实际上,极限 $\lim\limits_{n\to\infty}\left(1+\dfrac{1}{n}\right)^n=\mathrm{e}$ 可以推广到函数 $\left(1+\dfrac{1}{x}\right)^x$,即

$$\lim_{x\to\infty}\left(1+\frac{1}{x}\right)^x=\mathrm{e}.$$

如果令 $t=\dfrac{1}{x}$,当 $x\to\infty$ 时,$t\to0$,则有公式

$$\lim_{t\to0}(1+t)^{\frac{1}{t}}=\mathrm{e}.$$

综上所述,符合上述两个特征的极限均为 e,即

$$\lim_{x\to a}\left(1+\frac{1}{\varphi(x)}\right)^{\varphi(x)}=\mathrm{e}\quad(\lim_{x\to a}\varphi(x)=\infty),$$

或

$$\lim_{x\to a}(1+\varphi(x))^{\frac{1}{\varphi(x)}}=\mathrm{e}\quad(\lim_{x\to a}\varphi(x)=0).$$

例 7 求 $\lim\limits_{x\to\infty}\left(1-\dfrac{1}{x}\right)^x$.

解 $\lim\limits_{x\to\infty}\left(1-\dfrac{1}{x}\right)^x=\lim\limits_{x\to\infty}\left(1-\dfrac{1}{x}\right)^{-x\times(-1)}=\lim\limits_{x\to\infty}\left[\left(1-\dfrac{1}{x}\right)^{-x}\right]^{-1}=\mathrm{e}^{-1}.$

例 8 求 $\lim\limits_{x\to0}(1+3x)^{\frac{1}{x}}$.

解 $\lim\limits_{x\to0}(1+3x)^{\frac{1}{x}}=\lim\limits_{x\to0}(1+3x)^{\frac{1}{3x}\times3}=\lim\limits_{x\to0}\left[(1+3x)^{\frac{1}{3x}}\right]^3=\mathrm{e}^3.$

例 9 求 $\lim\limits_{x\to\infty}\left(\dfrac{x+1}{x-3}\right)^x$.

解 $\lim\limits_{x\to\infty}\left(\dfrac{x+1}{x-3}\right)^x=\lim\limits_{x\to\infty}\left(\dfrac{1+\dfrac{1}{x}}{1-\dfrac{3}{x}}\right)^x=\dfrac{\lim\limits_{x\to\infty}\left(1+\dfrac{1}{x}\right)^x}{\lim\limits_{x\to\infty}\left(1-\dfrac{3}{x}\right)^{-\frac{x}{3}\times(-3)}}=\dfrac{\mathrm{e}}{\mathrm{e}^{-3}}=\mathrm{e}^4.$

三、无穷小的比较

极限为零的变量为无穷小量,而不同的无穷小趋近于零的"快慢"是不同的.例如,当 $x\to 0$ 时,x^2,x^3 都是无穷小,很显然 $x^3\to 0$ 比 $x^2\to 0$ 快.为了刻画这种快慢程度,我们引入无穷小阶的概念.

定义 1.12 设 α 和 β 是同一变化过程中的两个无穷小,即 $\lim\alpha=0,\lim\beta=0$,且 $\alpha\neq 0$.

(1)若 $\lim\dfrac{\beta}{\alpha}=0$,则称 β 是 α 的**高阶的无穷小**,记为 $\beta=o(\alpha)$;

(2)若 $\lim\dfrac{\beta}{\alpha}=\infty$,则称 β 是 α 的**低阶的无穷小**;

(3)若 $\lim\dfrac{\beta}{\alpha}=C\neq 0$,则称 β 与 α 是**同阶无穷小**.

特别地,当 $C=1$,即 $\lim\dfrac{\beta}{\alpha}=1$ 时,称 β 与 α 是**等价无穷小**.记为 $\alpha\sim\beta$,读作 α 等价于 β.

例 10 当 $x\to 0$ 时,比较下列各组无穷小.

(1)$1-\cos 2x$ 与 x^2;　　(2)$\ln(1+x)$ 与 x.

解 (1)因为 $\lim\limits_{x\to 0}\dfrac{1-\cos 2x}{x^2}=\lim\limits_{x\to 0}\dfrac{2\sin^2 x}{x^2}=2$,

所以,当 $x\to 0$ 时,$1-\cos 2x$ 与 x^2 是同阶无穷小.

(2)因为 $\lim\limits_{x\to 0}\dfrac{\ln(1+x)}{x}=\lim\limits_{x\to 0}\dfrac{1}{x}\ln(1+x)=\lim\limits_{x\to 0}\ln(1+x)^{\frac{1}{x}}=\ln e=1$,

所以,当 $x\to 0$ 时,$\ln(1+x)\sim x$.

等价无穷小具有一条很重要的性质:

定理 1.5(等价无穷小的替换性质) 在自变量的同一变化过程中,若 α,α',β,β' 均为无穷小,且 $\alpha\sim\alpha'$,$\beta\sim\beta'$,则 $\lim\dfrac{\alpha}{\beta}=\lim\dfrac{\alpha'}{\beta'}$.

在极限的运算中,若能用上该定理,则将简化计算.

为了使读者尽快地掌握和使用这一性质,下面给出一些常用的等价无穷小.

当 $x\to 0$ 时,(1)$\sin x\sim x$;　　(2)$\tan x\sim x$;　　(3)$\arcsin x\sim x$;

(4)$1-\cos x\sim\dfrac{1}{2}x^2$;　(5)$\ln(1+x)\sim x$;　　(6)$e^x-1\sim x$;

(7)$\sqrt[n]{1+x}-1\sim\dfrac{1}{n}x$.

例 11 求 $\lim\limits_{x\to 0}\dfrac{e^{\sin x}-1}{\ln(1+2x)}$.

解 当 $x\to 0$ 时,$\sin x\to 0$,$e^{\sin x}-1\sim\sin x\sim x$,$\ln(1+2x)\sim 2x$,所以

$$\lim\limits_{x\to 0}\dfrac{e^{\sin x}-1}{\ln(1+2x)}=\lim\limits_{x\to 0}\dfrac{\sin x}{2x}=\lim\limits_{x\to 0}\dfrac{x}{2x}=\dfrac{1}{2}.$$

例 12 求 $\lim\limits_{x\to 0}\dfrac{\tan x-\sin x}{\sin^3 x}$.

扫码看案例

解 因为当 $x \to 0$ 时，$\sin x \sim x$，$\tan x \sim x$，$1 - \cos x \sim \dfrac{1}{2}x^2$，所以

$$\lim_{x \to 0} \frac{\tan x - \sin x}{\sin^3 x} = \lim_{x \to 0} \frac{\tan x(1 - \cos x)}{\sin^3 x} = \lim_{x \to 0} \frac{x \cdot \dfrac{x^2}{2}}{x^3} = \frac{1}{2}.$$

一般地，在运用等价无穷小代换时，不能用于和差运算. 例如，

$$\lim_{x \to 0} \frac{\tan x - \sin x}{\sin^3 x} = \lim_{x \to 0} \frac{x - x}{x^3} = 0,$$

显然，这种解法是错误的.

练 习 1.4

求下列极限.

(1) $\lim\limits_{x \to 0} \dfrac{\sin 5x}{3x}$；

(2) $\lim\limits_{x \to 0} \dfrac{3x}{\tan 2x}$；

(3) $\lim\limits_{x \to 0} \dfrac{\tan 3x}{\sin 2x}$；

(4) $\lim\limits_{x \to 0}(1 + 3x)^{\frac{2}{x}}$；

(5) $\lim\limits_{x \to \infty}\left(1 - \dfrac{1}{2x}\right)^x$；

(6) $\lim\limits_{x \to \infty}\left(\dfrac{x+2}{x-1}\right)^x$；

(7) $\lim\limits_{x \to 0} \dfrac{\ln(1 - 2x)}{\sin 3x}$；

(8) $\lim\limits_{x \to 0} \dfrac{(e^{3x} - 1)\tan x}{1 - \cos 2x}$.

§1.5 函数的连续性

与函数的极限概念密切联系的另一基本概念是函数的连续性. 连续性是函数的重要性态之一，它反映了人们所观察到的许多自然现象的共同特性. 例如，生物的连续生长，流体的连续流动，以及气温的连续变化等. 本节将根据极限概念来给出函数连续性的定义，并讨论连续函数的性质和初等函数的连续性.

一、函数连续性的概念

如图 1.9 所示，如果曲线 $y = f(x)$ 在区间 $[a, b]$ 上由点 A 到点 B 能一笔画出来，则称这条曲线为连续曲线.

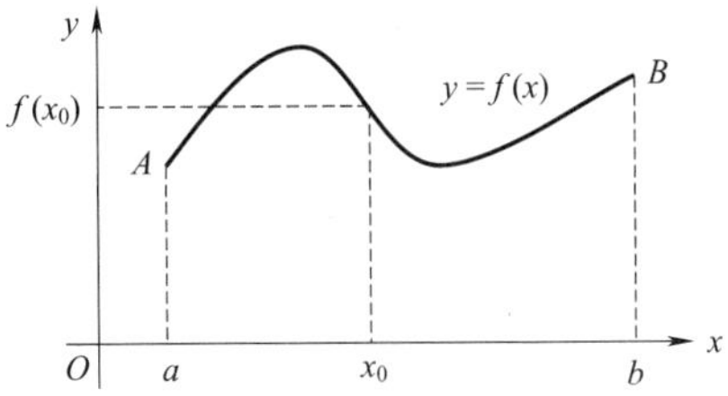

设变量 u 从它的初值 u_0 改变到终值 u_1，终值与初值之差 $u_1 - u_0$ 称为变量 u 在 u_0 点处的增量（或该变量），记作

$$\Delta u = u_1 - u_0.$$

图 1.9

注意：增量 Δu 可以是正的、负的，也可以为零.

对函数 $y = f(x)$，当自变量 x 在 x_0 处有增量 Δx，即 x 是由 x_0 变到 $x_0 + \Delta x$ 时，此时函数 $f(x)$ 相应地从 $f(x_0)$ 变到 $f(x_0 + \Delta x)$，则 $f(x_0 + \Delta x) - f(x_0)$ 称为函数 $f(x)$ 在 x_0 处的相应增量，记作 Δy，即

$$\Delta y = f(x_0 + \Delta x) - f(x_0).$$

定义 1.13（点连续） 设函数 $y=f(x)$ 在点 x_0 的某邻域内有定义，若当自变量 x 在点 x_0 处的增量 $\Delta x \to 0$ 时，相应地函数增量 $\Delta y \to 0$，即 $\lim\limits_{\Delta x \to 0} \Delta y = 0$，则称函数 $y=f(x)$ **在点 x_0 处连续**，如图 1.10 所示.

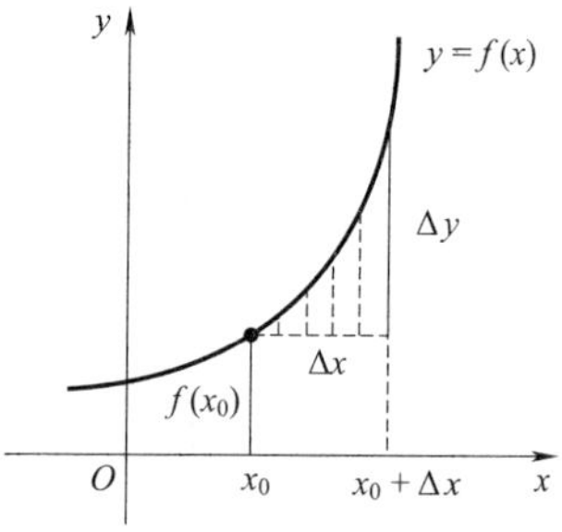

若记 $x = x_0 + \Delta x$，则 $\Delta x = x - x_0$，显然，当 $\Delta x \to 0$ 时，$x \to x_0$，所以极限 $\lim\limits_{\Delta x \to 0} \Delta y = \lim\limits_{\Delta x \to 0} [f(x_0 + \Delta x) - f(x_0)] = 0$

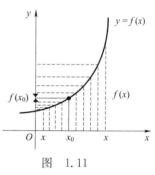

图 1.10

可以改写为

$$\lim_{x \to x_0} [f(x) - f(x_0)] = 0,$$

即

$$\lim_{x \to x_0} f(x) = f(x_0). \tag{1.6}$$

因此，函数 $y=f(x)$ 在点 x_0 处连续又可如下表述.

定义 1.14 设函数 $y=f(x)$ 在点 x_0 的某邻域内有定义，若极限 $\lim\limits_{x \to x_0} f(x) = f(x_0)$，则称**函数 $y=f(x)$ 在点 x_0 处连续**，如图 1.11 所示.

由定义 1.14 可知，函数 $y=f(x)$ 在点 x_0 处连续必须满足三个条件：

(1) 函数值 $f(x_0)$ 存在；(2) 极限 $\lim\limits_{x \to x_0} f(x)$ 存在；(3) $\lim\limits_{x \to x_0} f(x) = f(x_0)$.

图 1.11

例 1 设函数 $f(x) = \begin{cases} \dfrac{x^2-1}{x-1} & \text{当 } x \neq 1 \\ 3 & \text{当 } x = 1 \end{cases}$，试讨论 $f(x)$ 在点 $x=1$ 处是否连续.

解 由题设知，$f(1) = 3$，又 $\lim\limits_{x \to 1} f(x) = \lim\limits_{x \to 1} \dfrac{x^2-1}{x-1} = \lim\limits_{x \to 1} (x+1) = 2$，但 $\lim\limits_{x \to 1} f(x) = 2 \neq f(1)$，所以函数 $f(x)$ 在点 $x=1$ 处不连续.

有时需要讨论函数 $y=f(x)$ 在点 x_0 处的左极限与右极限情形.

如果左极限 $\lim\limits_{x \to x_0^-} f(x) = f(x_0)$，就称函数 $y=f(x)$ 在点 x_0 处**左连续**；

如果右极限 $\lim\limits_{x \to x_0^+} f(x) = f(x_0)$，就称函数 $y=f(x)$ 在点 x_0 处**右连续**.

根据定义 1.13 不难推导出，函数 $y=f(x)$ 在点 x_0 处连续的充要条件是函数 $y=f(x)$ 在点 x_0 处既左连续也右连续.

扫码看案例

例 2 讨论函数 $f(x) = \begin{cases} 2x+1 & \text{当 } x \leqslant 1 \\ x^2+2 & \text{当 } x > 1 \end{cases}$ 在 $x=1$ 处的连续性.

解 因为 $f(1) = 2 \times 1 + 1 = 3$，又

$$\lim_{x \to 1^-} f(x) = \lim_{x \to 1^-} (2x+1) = 3 = f(1),$$

函数 $f(x)$ 在 $x=1$ 处左连续;又
$$\lim_{x \to 1^+} f(x) = \lim_{x \to 1^+} (x^2+2) = 3 = f(1),$$
函数 $f(x)$ 在 $x=1$ 处右连续,所以函数 $f(x)$ 在 $x=1$ 处连续.

如果函数 $y=f(x)$ 在开区间 (a,b) 内的每一点都连续,则称函数 $f(x)$ 在区间 (a,b) 内连续;如果函数 $y=f(x)$ 在开区间 (a,b) 内连续,且在左端点 a 处右连续,右端点 b 处左连续,则称函数 $f(x)$ 在闭区间 $[a,b]$ 上连续. 此时称函数 $f(x)$ 为区间 (a,b)(或 $[a,b]$)上的连续函数.区间 (a,b)(或 $[a,b]$)称为函数的连续区间.

二、函数的间断点

定义 1.15(间断点) 如果曲线 $y=f(x)$ 不能一笔画出来,在 x_0 点处断开,则称这条曲线不连续,$x=x_0$ 点为**曲线 $y=f(x)$ 的间断点**.即定义 1.14 中的三个条件至少有一条不满足的点称为间断点.

间断点主要分为两类:

(1)x_0 左、右极限都存在,即 $\lim\limits_{x \to x_0^-} f(x)$,$\lim\limits_{x \to x_0^+} f(x)$ 都存在,称 x_0 为第一类间断点.

①若 $\lim\limits_{x \to x_0^-} f(x) = \lim\limits_{x \to x_0^+} f(x)$,即极限 $\lim\limits_{x \to x_0} f(x)$ 存在,但 $\lim\limits_{x \to x_0} f(x) \neq f(x_0)$,或者极限 $\lim\limits_{x \to x_0} f(x) = A$ 存在但 $f(x_0)$ 无意义,则称点 x_0 为函数 $f(x)$ 的可去间断点.

②若 $\lim\limits_{x \to x_0^-} f(x) \neq \lim\limits_{x \to x_0^+} f(x)$,则称点 x_0 为函数 $f(x)$ 的跳跃间断点.

(2)$\lim\limits_{x \to x_0^-} f(x)$,$\lim\limits_{x \to x_0^+} f(x)$ 至少有一个不存在,称 x_0 为第二类间断点.

第二类间断点中,若 $\lim\limits_{x \to x_0^-} f(x) = \infty$(或 $\lim\limits_{x \to x_0^+} f(x) = \infty$),则称点 x_0 为 $f(x)$ 的无穷间断点.此时直线 $x=x_0$ 为曲线 $y=f(x)$ 的竖直渐近线.

例 3 设函数 $f(x) = \begin{cases} 0 & \text{当 } x \leqslant 0 \\ x+1 & \text{当 } x > 0 \end{cases}$,求间断点,并说明其类型.

扫码看案例

解 这里 $\lim\limits_{x \to 0^-} f(x) = 0$,$\lim\limits_{x \to 0^+} f(x) = \lim\limits_{x \to 0^+} (x+1) = 1$,显然
$$\lim_{x \to 0^-} f(x) \neq \lim_{x \to 0^+} f(x).$$
所以 $x=0$ 是跳跃间断点.

例如,函数 $f(x) = \sin\dfrac{1}{x}$,因为 $\lim\limits_{x \to 0} \sin\dfrac{1}{x}$ 不存在,所以 $x=0$ 是它的第二类间断点.

例 4 设函数 $f(x) = \dfrac{x^2+x-2}{x^2-1}$,求间断点,并说明其类型.

解 因为 $x = \pm 1$ 时函数没有意义,所以 $x = \pm 1$ 为它的间断点;又因为
$$\lim_{x \to 1} f(x) = \lim_{x \to 1} \frac{x^2+x-2}{x^2-1} = \lim_{x \to 1} \frac{x+2}{x+1} = \frac{3}{2},$$

$$\lim_{x \to -1} f(x) = \lim_{x \to -1} \frac{x^2 + x - 2}{x^2 - 1} = \lim_{x \to -1} \frac{x+2}{x+1} = \infty,$$

所以,$x=1$ 是 $f(x)$ 的可去间断点,$x=-1$ 是 $f(x)$ 的无穷间断点.

三、初等函数的连续性

可以证明,**基本初等函数在其定义域内都是连续的**.

定理 1.6(四则运算法则) 如果函数 $f(x)$,$g(x)$ 在 x_0 点连续,则 $f(x) \pm g(x)$,$f(x) \cdot g(x)$,$\dfrac{f(x)}{g(x)}(g(x_0) \neq 0)$ 在 x_0 处也连续.

定理 1.7(复合函数的连续性) 如果函数 $u=g(x)$ 在点 x_0 连续,$g(x_0)=u_0$,而且函数 $y=f(u)$ 在点 u_0 连续,则复合函数 $y=f(g(x))$ 在 x_0 点连续,即

$$\lim_{x \to x_0} f(g(x)) = f(g(x_0)).$$

定理 1.8(反函数的连续性) 设函数 $y=f(x)$ 在某区间上连续,且单调增加(减少),则它的反函数 $y=f^{-1}(x)$ 在对应的区间上连续且单调增加(减少).

定理 1.9(初等函数的连续性) 初等函数在其定义区间上连续.

该定理为求初等函数的极限提供了一个简便的方法,只要 x_0 是初等函数 $f(x)$ 定义区间内的一点,则

$$\lim_{x \to x_0} f(x) = f(x_0),$$

即将函数的极限运算转化为求函数值的问题.

例如,极限 $\lim\limits_{x \to 1} e^{x^2+1}$,因为 $x=1 \in D=(-\infty, +\infty)$,所以

$$\lim_{x \to 1} e^{x^2+1} = e^{1^2+1} = e^2.$$

四、闭区间上连续函数的性质

闭区间上连续函数具有下列定理.

定理 1.10(最值定理) 若函数 $f(x)$ 在闭区间 $[a,b]$ 上连续,则 $f(x)$ 在 $[a,b]$ 上必能取得最大值和最小值. 也就是说存在 $x_1, x_2 \in [a,b]$ 使 $f(x_1)=M$,$f(x_2)=m$,且对任意的 $x \in [a,b]$,都有

$$m \leqslant f(x) \leqslant M.$$

如图 1.12 所示.

需要强调的是,函数在闭区间 $[a,b]$ 上连续是其具有最大最小值的充分条件,但不必要;另外,开区间上的连续函数不一定有最大值和最小值. 例如,$y=x$ 在区间 $(0,1)$ 上就没有最大最小值.

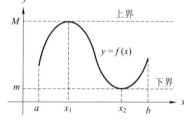

图 1.12

定理 1.11(有界定理) 若函数 $f(x)$ 在闭区间 $[a,b]$ 上连续,则 $f(x)$ 在 $[a,b]$ 上有界,如图 1.12 所示.

函数在闭区间 $[a,b]$ 上连续是其有界的充分条件而不必要. 开区间上的连续函数不一定有界.

定理 1.12(介值定理) 若函数 $f(x)$ 在闭区间 $[a,b]$ 上连续,m 和 M 分别

为 $f(x)$ 在 $[a,b]$ 上的最小值和最大值,则对于任何介于 m 和 M 的常数 c,(a,b) 内至少存在一点 ξ,使得 $f(\xi)=c$,如图 1.13 所示.

推论(零点定理) 若函数 $f(x)$ 在闭区间 $[a,b]$ 上连续,$f(a) \cdot f(b) < 0$,则在 (a,b) 内至少存在一点 ξ,使得 $f(\xi)=0$,如图 1.14 所示.

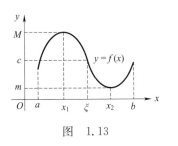

图 1.13

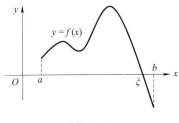

图 1.14

例 5 证明方程 $e^{2x}-x-2=0$ 至少有一个小于 1 的正实根.

证 设 $f(x)=e^{2x}-x-2$,区间 $[a,b]=[0,1]$,显然函数 $f(x)$ 在闭区间 $[0,1]$ 上连续.

又因为 $f(0)=-1<0$,$f(1)=e^2-3>0$,$f(0)f(1)<0$,根据零点定理,则至少存在一点 $\xi \in (0,1)$,使 $f(\xi)=0$.

故方程 $e^{2x}-x-2=0$ 至少有一个小于 1 的正实根.

基于零点定理,得到求函数零点近似解的一种计算方法——二分法,即:对于在区间 $[a,b]$ 上连续,且满足 $f(a) \cdot f(b) < 0$ 的函数 $f(x)$,通过不断地把函数 $f(x)$ 的零点所在的区间二等分,使区间的两个端点逐步逼近零点,进而得到零点近似值的方法.

练 习 1.5

1.填空题.

(1)设函数 $f(x)$ 在 x_0 点处连续,且 $f(x_0)=2$,则 $\lim\limits_{x \to x_0}[3f(x)+2]=$ _____;

(2)函数 $f(x)=\dfrac{x+5}{x^2+4x-5}$ 的连续区间是_____,其间断点是_____,其中可去间断点是_____,无穷间断点是_____.

2.设函数 $f(x)=\begin{cases} \dfrac{\sin kx}{2x} & 当\ x<0 \\[2mm] (2x+3)^2 & 当\ x\geqslant 0 \end{cases}$,求常数 k 为何值时该函数为连续函数.

小 结

一、主要知识点

函数、基本初等函数、初等函数、极限、无穷小与无穷大、无穷小的比较、函数连续性与间断点.

二、主要数学思想和方法

1. 函数思想:是用运动和变化的观点、集合与对应的思想,去分析和研究数学问题中的数量关系,建立函数关系或构造函数,去分析问题、转化问题,从而使问题获得解决.

2. 极限思想:是指用极限概念分析问题和解决问题的一种数学思想,是近代数学的一种重要思想.简单地说,极限思想即用无限逼近的方式从有限中认识无限,用无限去探求有限,从近似中认识精确,用极限去逼近准确,从量变中认识质变的思想.

三、主要题型及解法

1. 求函数定义域.

2. 求复合函数的复合过程.

3. 求极限:四则运算法则;$\frac{0}{0}$ 型先消去分子分母中共同的零因子,$\frac{\infty}{\infty}$ 型同除以分母中变化最快的量;复合函数的极限;两个重要极限;有界量与无穷小的乘积仍为无穷小;等价无穷小的替换;函数的连续性定义.

4. 求函数在一点处的连续性:利用连续的定义验证.

5. 求函数的间断点及间断点类型:初等函数的间断点处在使得函数无意义的点;分段函数的间断点可能在分断点处.根据间断点处左右极限的情况对间断点进行分类.

自 测 题 1

一、填空题

1. 函数 $y = e^{\sin 2x}$ 是由_____、_____、_____复合而成的;

2. 函数 $y = \ln(1 - x^2)$ 的定义域是_____(用区间表示);

3. 函数 $y = x^2 - \cos x$ 是_____(奇、偶、非奇非偶?)函数;

4. 极限 $\lim\limits_{x \to 0}(1 - 3x)^{\frac{1}{x}+5} =$ _____;

5. 设函数 $f(x) = \begin{cases} \dfrac{\sin ax}{3x} & \text{当 } x < 0 \\ b & \text{当 } x = 0 \\ \dfrac{3\ln(1+x)}{x} & \text{当 } x > 0 \end{cases}$ 在 $x = 0$ 处连续,则常数 $a =$ _____,
$b =$ _____;

6. 函数 $f(x) = \dfrac{x^2 - 1}{x^2 - 2x - 3}$ 的间断点有_____,其中_____是可去间断点,_____是无穷间断点;

7. 若 $x \to 0$ 时,无穷小 $\alpha = e^{Ax} - 1$ 与 $\beta = \sin 2x$ 等价,则 $A =$ _____.

二、选择题

1. 下列函数中不能复合成复合函数的一组是(　　).

A. $y=u^2$ 与 $u=-3x^2+2$ 　　　　B. $y=\sqrt{u}$ 与 $u=-3x^2+2$

C. $y=\ln u$ 与 $u=-2-x^2$ 　　　　D. $y=\sin u$ 与 $u=-3x^2-2$

2. 设 $y=\dfrac{\sqrt{9-x^2}}{\ln(x+2)}$，则函数 y 的定义域为(　　　).

A. $(-2,3]$ 　　　　B. $(-2,-1)\bigcup(-1,3]$

C. $[-3,3]$ 　　　　D. $(-2,1)\bigcup(1,3]$

3. 函数 $f(x)=x^2\sin x$ 是(　　　).

A. 奇函数 　　B. 偶函数 　　C. 有界函数 　　D. 周期函数

4. 函数 $y=\dfrac{x-1}{x+1}$ 的反函数为(　　　).

A. $y=\dfrac{x-1}{x+1}$ 　　B. $y=\dfrac{1-x}{1+x}$ 　　C. $y=\dfrac{x+1}{x-1}$ 　　D. $y=\dfrac{1+x}{1-x}$

5. 设 $f(x)=\dfrac{|x-1|}{x-1}$，则 $\lim\limits_{x\to 1}f(x)$ 是(　　　).

A. 等于零 　　B. 等于1 　　C. 等于-1 　　D. 不存在

6. 下列式子错误的是(　　　).

A. $\lim\limits_{x\to 0}x\sin\dfrac{1}{x}=0$ 　B. $\lim\limits_{x\to\infty}x\sin\dfrac{1}{x}=0$ 　C. $\lim\limits_{x\to\infty}\dfrac{\sin x}{x}=0$ 　D. $\lim\limits_{x\to 0}\dfrac{\sin x}{x}=1$

三、计算题

1. $\lim\limits_{x\to\infty}\left(\dfrac{x-3}{x+2}\right)^x$；　　　　　2. $\lim\limits_{x\to -3}\dfrac{x^2+x-6}{x^2-9}$；

3. $\lim\limits_{x\to 2}\left(\dfrac{4}{x^2-4}-\dfrac{1}{x-2}\right)$；　　　4. $\lim\limits_{x\to 0}\dfrac{(e^{3x}-1)\sin 2x}{\ln(1+x^2)}$.

延 伸 学 习

一、几个特殊函数

1. 符号函数

$$y=\operatorname{sgn} x=\begin{cases}1 & \text{当 } x>0 \\ 0 & \text{当 } x=0. \\ -1 & \text{当 } x<0\end{cases}$$

定义域 $D=(-\infty,+\infty)$，值域 $R=\{-1,0,1\}$.

对于任何实数 x，都有

$$x=|x|\cdot\operatorname{sgn} x.$$

2. 取整函数

设 x 为任一实数，不超过 x 的最大整数称为 x 的取整部分，记作 $[x]$. 例如，$[1.2]=1,[-1.01]=-2,[3]=3,[\pi]=3$. 把 x 看成自变量，称 $y=[x]$ 为取整函数，其义域为定义域 $D=(-\infty,+\infty)$，值域 $\mathbf{R}=\mathbf{Z}$(整数).

二、函数奇偶性的讨论与应用

例 1　$f(x)$ 在 $[-2,2]$ 上是偶函数，在 $[-2,0]$ 上的表达式为 $f(x)=2x^2+x$，求 $f(x)$.

解 在 $[0,2]$ 上取 x，则 $-x \in [-2,0]$，故 $f(-x)=2(-x)^2+(-x)=2x^2-x$，所以 $f(x)=f(-x)=2x^2-x$。因此

$$f(x)=\begin{cases}2x^2+x & \text当 -2\leqslant x\leqslant 0 \\ 2x^2-x & \text当 0<x\leqslant 2\end{cases}.$$

例 2 $f(x)$ 是 $[-5,5]$ 上的奇函数且 $f(1)=a$，$f(x+2)-f(x)=f(2)$，求 $f(2)$。

解 代入 $x=-1$，$f(1)-f(-1)=f(2)$，又 $-f(1)=f(-1)$，所以 $f(2)=2f(1)=2a$。

三、极限的严格定义

数列极限定义中说"当 n 无限增大时，数列的项 y_n 无限趋近于一个确定的常数 A"。怎样理解"无限趋近于"的意义？实际上，y_n 无限趋近于常数 A，也可用 $|y_n-A|$ 越来越小趋近于 0 来度量，例如，$\lim\limits_{n\to\infty}\dfrac{n+1}{n}=1$，由于 $|y_n-1|=\left|\dfrac{n+1}{n}-1\right|=\dfrac{1}{n}$，当 n 越来越大时，$\dfrac{1}{n}$ 越来越小趋近于 0，即 $|y_n-1|$ 可以小于任意给定的小正数。如果给定小正数 0.01，要使 $\dfrac{1}{n}<0.01$，只要 $n>100$，即从 101 项就能使不等式 $|y_n-1|<0.01$ 成立。如果给定小正数 0.001，要使 $\dfrac{1}{n}<0.001$，只要 $n>1\,000$，即从 1 001 项就能使不等式 $|y_n-1|<0.001$ 成立。也即是说不论给定的小正数 ε 多么小，总存在一个正整数 N，使得当 $n>N$ 时，不等式 $|y_n-1|<\varepsilon$ 都成立。这是极限的严格数学定义。

数列极限定义：设数列 $\{y_n\}$，如果存在一个常数 A，对于任意给定的小正数 ε，总存在一个正整数 N，使得当 $n>N$ 时，不等式 $|y_n-A|<\varepsilon$ 都成立。则称 A 为 n 趋于无穷大时数列 $\{y_n\}$ 的极限（或称数列收敛于 A），记作

$$\lim_{n\to\infty}y_n=A \quad \text或 \quad y_n\to A\ (n\to\infty).$$

对于函数的极限，同样可以把"函数 $f(x)$ 无限地趋近于一个确定的常数 A"，用 $|y_n-A|$ 越来越小趋近于 0 来度量。

例如，$\lim\limits_{x\to 1}\dfrac{x^2-1}{x-1}=2$，由于 $|f(x)-2|=|x-1|$，当 $x\to 1$ 时，$|x-1|$ 越来越小趋近于 0，即 $|f(x)-2|$ 可以小于任意给定的小正数。如果给定小正数 0.01，要使 $|f(x)-2|<0.01$，只要 $|x-1|<0.01$ 即可，也就是当 $|x-1|<0.01$ 时就有 $|f(x)-2|<0.01$ 成立。如果给定小正数 0.001，要使 $|f(x)-2|<0.001$，只要 $|x-1|<0.001$ 即可，也就是当 $|x-1|<0.001$ 时就有 $|f(x)-2|<0.001$ 成立。即不论给定的小正数 ε 多么小，总存在一个正数 δ，使得当 $|x-1|<\delta$ 时，不等式 $|f(x)-2|<\varepsilon$ 都成立。

函数极限定义：设函数 $f(x)$ 在 x_0 某一空心邻域内有定义，如果存在一个常数 A，对于任意给定的小正数 ε，总存在一个正数 δ，使得当 $|x-x_0|<\delta$ 时，不等式 $|f(x)-A|<\varepsilon$ 都成立，则称 A 为 $x\to x_0$ 时函数 $f(x)$ 的极限，记作

$$\lim_{x\to x_0}f(x)=A \quad \text或 \quad f(x)\to A\ (x\to x_0).$$

四、数列极限存在的两个准则

准则 1 如果数列 $\{x_n\}$，$\{y_n\}$，$\{z_n\}$ 满足条件：(1)存在 $n_0 \in \mathbf{N}$，当 $n > n_0$ 时，有 $x_n \leqslant y_n \leqslant z_n$；(2) $\lim\limits_{n\to\infty} x_n = A$，$\lim\limits_{n\to\infty} z_n = A$，那么 $\{y_n\}$ 有极限且 $\lim\limits_{n\to\infty} y_n = A$. 称为"夹逼准则".

例 3 求极限 $\lim\limits_{n\to\infty} \sqrt[n]{1+2^n+3^n+4^n}$.

解 因为 $4^n < 1+2^n+3^n+4^n < 4 \cdot 4^n$，所以 $4 < \sqrt[n]{1+2^n+3^n+4^n} < 4 \cdot 4^{\frac{1}{n}}$，显然当 $n \to \infty$ 时，$\dfrac{1}{n} \to 0$，$4^{\frac{1}{n}} \to 1$，由夹逼准则得

$$\lim\limits_{n\to\infty} \sqrt[n]{1+2^n+3^n+4^n} = 4.$$

准则 2 单调有界数列必有极限.

分开说：单调增加有上界的数列有极限；单调减少有下界的数列有极限.

例 4 求证 $\sqrt{2}$，$\sqrt{2+\sqrt{2}}$，$\sqrt{2+\sqrt{2+\sqrt{2}}}$，$\cdots$ 的极限存在，并求它的极限.

证 $y_1 = \sqrt{2}$，$y_2 = \sqrt{2+\sqrt{2}}$，$y_3 = \sqrt{2+\sqrt{2+\sqrt{2}}}$，$\cdots$，显见 $y_{n+1} = \sqrt{y_n + \sqrt{2}}$，则数列单调增加；

由 $y_1 = \sqrt{2} < 2$，$y_2 = \sqrt{2+\sqrt{2}} < \sqrt{2+2} = 2$，$y_3 = \sqrt{2+y_2} < \sqrt{2+2} = 2$，$\cdots$，显见 $y_{n+1} = \sqrt{2+y_n} < \sqrt{2+2} = 2$，则数列有上界.

由准则 2，数列有极限.

设 $\lim\limits_{n\to\infty} y_n = A$，对 $y_{n+1} = \sqrt{y_n + \sqrt{2}}$ 即有 $A = \sqrt{A + \sqrt{2}}$，解得 $A = 2$，就是 $\lim\limits_{n\to\infty} y_n = 2$.

五、极限的计算

1. 极限四则运算法则运用的前提

在运用极限四则运算法则时首先要求设在同一变化过程中，两个函数都有极限，即 $\lim f(x) = A$，$\lim g(x) = B$ 都成立. 否则就不能用法则.

例如，求 $\lim\limits_{x\to 0} x\sin\dfrac{1}{x}$ 就不能用极限的四则运算法则，因为当 $x \to 0$ 时 $\dfrac{1}{x} \to \infty$，$\sin\dfrac{1}{x}$ 无极限.

正确解法是运用无穷小的性质，x 是无穷小，$\left|\sin\dfrac{1}{x}\right| \leqslant 1$ 是有界量，那么 $x\sin\dfrac{1}{x}$ 是无穷小，可以直接写出 $\lim\limits_{x\to 0} x\sin\dfrac{1}{x} = 0$.

2. 复合函数极限运算交换运算顺序的条件

求复合函数的极限，当外层函数的极限等于函数值时，即 $\lim\limits_{u\to u_0} f(u) = f(u_0)$，$\lim\limits_{x\to x_0} \varphi(x) = u_0$ 才可以交换极限和复合函数的运算顺序 $\lim\limits_{x\to x_0} f(\varphi(x)) = f(\lim\limits_{x\to x_0}(\varphi(x))) = f(u_0)$.

例如，$\lim\limits_{x\to\infty} e^{\frac{1}{x}} = e^{\lim\limits_{x\to\infty} \frac{1}{x}} = e^0 = 1.$

又如，$\lim\limits_{x \to 0} \ln \dfrac{\sin x}{x} = \ln \lim\limits_{x \to 0} \dfrac{\sin x}{x} = \ln 1 = 0$.

六、关于第一重要极限的证明

因为 $\dfrac{\sin x}{x}$ 是偶函数，即 $\dfrac{\sin(-x)}{-x} = \dfrac{\sin x}{x}$，当 x 改变符号时，其值不变，所以我们只需讨论 $x \to 0^+$ 时的情形. 如图 1.15 所示，在单位圆内，设圆心角 $\angle BOA = x \left(0 < x < \dfrac{\pi}{2}\right)$，过点作圆的切线与 OB 的延长线交于 D，则 $BC = \sin x$，$AD = \tan x$，$OA = OB = 1$.

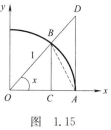

图 1.15

由图 1.15 可知 $S_{\triangle OAB} < S_{\text{扇} OAB} < S_{\triangle OAD}$，即得 $\dfrac{1}{2} \sin x < \dfrac{1}{2} x < \dfrac{1}{2} \tan x$，所以 $1 < \dfrac{x}{\sin x} < \dfrac{1}{\cos x}$，从而 $\cos x < \dfrac{\sin x}{x} < 1$. 由于 $\lim\limits_{x \to 0^+} \cos x = 1$，根据夹逼定理，可得 $\lim\limits_{x \to 0^+} \dfrac{\sin x}{x} = 1$，则 $\lim\limits_{x \to 0^-} \dfrac{\sin x}{x} = \lim\limits_{x \to 0^+} \dfrac{\sin x}{x} = 1$，所以 $\lim\limits_{x \to 0} \dfrac{\sin x}{x} = 1$.

七、几个等价无穷小的证明

当 $x \to 0$ 时，有 $\arcsin x \sim x$；$\ln(1+x) \sim x$；$e^x - 1 \sim x$.

对于 $\arcsin x \sim x$，设 $\arcsin x = t$，则 $\sin t = x$，当 $x \to 0$ 时 $t \to 0$，则
$$\lim\limits_{x \to 0} \dfrac{\arcsin x}{x} = \lim\limits_{t \to 0} \dfrac{t}{\sin t} = 1；$$
对于 $\ln(1+x) \sim x$，
$$\lim\limits_{x \to 0} \dfrac{\ln(1+x)}{x} = \lim\limits_{x \to 0} \dfrac{1}{x} \ln(1+x)$$
$$= \lim\limits_{x \to 0} \ln(1+x)^{\frac{1}{x}} = \ln \lim\limits_{x \to 0} (1+x)^{\frac{1}{x}}$$
$$= \ln e = 1；$$
对于 $e^x - 1 \sim x$，设 $e^x - 1 = t$，则 $x = \ln(1+t)$，当 $x \to 0$ 时 $t \to 0$，则
$$\lim\limits_{x \to 0} \dfrac{e^x - 1}{x} = \lim\limits_{t \to 0} \dfrac{t}{\ln(1+t)} = 1.$$

八、如何使有可去间断点的函数连续

可去间断点有两种情况，即有极限无定义，和有极限有定义但是极限值不等于函数值. 对于第一种情况需要补充定义使之连续，对于第二种情况需要修改点定义使之连续.

例如，$y = \dfrac{x^2 - 1}{x - 1}$ 在 $x = 1$ 点处无定义有极限 $\lim\limits_{x \to 1} \dfrac{x^2 - 1}{x - 1} = 2$，给 $x = 1$ 补充定义 $f(1) = 2$，函数变为 $y = \begin{cases} \dfrac{x^2 - 1}{x - 1} & \text{当 } x \neq 1 \\ 2 & \text{当 } x = 1 \end{cases}$，则函数在 $x = 1$ 点处连续，补充定义后的函数实际成了 $y = x + 1 (x \in \mathbf{R})$.

又如，$y = \begin{cases} 2x & \text{当 } x < 1 \\ 1 & \text{当 } x = 1, \\ -2x + 4 & \text{当 } x > 1 \end{cases}$

在 $x=1$ 点处有定义 $f(1)=1$，又

$$\lim_{x \to 1^-} 2x = \lim_{x \to 1^+}(-2x+4)=2,$$

即 $\lim\limits_{x \to 1} f(x)=2$，将 $x=1$ 点处的函数值修改为 $f(1)=2$，函数变为

$$y=\begin{cases} 2x & \text{当 } x<1 \\ 2 & \text{当 } x=1, \\ -2x+4 & \text{当 } x>1 \end{cases}$$

或记为

$$y=\begin{cases} 2x & \text{当 } x \leqslant 1 \\ -2x+4 & \text{当 } x>1 \end{cases},$$

$$y=\begin{cases} 2x & \text{当 } x<1 \\ -2x+4 & \text{当 } x \geqslant 1 \end{cases}.$$

第 2 章

导数与微分

【学习目标与要求】

1. 理解导数、微分的概念,掌握初等函数的导数与微分的计算.

2. 理解洛必达法则并运用求极限.

3. 掌握函数的单调性及凹凸性的判断,会求函数的极值及曲线的拐点.

4. 能够解决实际中的简单的求最值问题.

研究导数理论,求函数的导数与微分的方法及其应用的科学称为微分学.

本章将从实际问题出发,引入导数与微分的概念,讨论其计算方法,并介绍导数的应用.

§2.1 导数概念

一、两个实例

1. 曲线切线的斜率

设曲线的方程为 $y = f(x)$,求曲线上任意一点处切线的斜率.

如图 2.1 所示,设 $M_0(x_0, y_0)$ 为曲线 $y = f(x)$ 上的任意一点,在曲线上再取 M_0 附近的一个点 $M(x_0 + \Delta x, y_0 + \Delta y)$,作曲线的割线 $M_0 M$,当点 M 沿曲线向 M_0 靠近时,割线 $M_0 M$ 绕点 M_0 转动,当点 M 无限靠近点 M_0 时 $(M \rightarrow M_0)$,割线 $M_0 M$ 的极限位置 $M_0 T$ 叫做曲线 $y = f(x)$ 在点 M_0 处的切线.

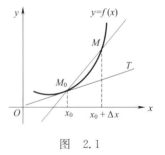

图　2.1

设割线 $M_0 M$ 的倾斜角为 φ,切线 $M_0 T$ 的倾斜角为 α,则割线 $M_0 M$ 的斜率为

$$\tan \varphi = \frac{\Delta y}{\Delta x} = \frac{f(x_0 + \Delta x) - f(x_0)}{\Delta x}.$$

当 $M \rightarrow M_0$ 时,$\Delta x \rightarrow 0$,割线 $M_0 M \rightarrow$ 切线 $M_0 T$,$\varphi \rightarrow \alpha$,则切线 $M_0 T$ 的斜率为

$$k = \tan \alpha = \lim_{\varphi \rightarrow \alpha} \tan \varphi = \lim_{\Delta x \rightarrow 0} \frac{\Delta y}{\Delta x} = \lim_{\Delta x \rightarrow 0} \frac{f(x_0 + \Delta x) - f(x_0)}{\Delta x} \quad （若存在的话）.$$

以上过程:先作割线,求出割线的斜率,然后通过取极限,从割线过渡到切线,从而求得切线斜率.

2. 变速直线运动的瞬时速度

若物体做匀速直线运动,以 t 表示经历的时间,s 表示所走过的路程,则运动的速度

$$v = \frac{\text{所走路程}}{\text{经历时间}} = \frac{s}{t}.$$

现假设物体做变速直线运动,所走过的路程 s 是经历时间 t 的函数,其运动方程为 $s = f(t)$.

问题:已知物体做变速直线运动,运动方程为 $s = f(t)$. 要确定物体在时刻 t_0 速度.

为此,可取临近于 t_0 的时刻 $t = t_0 + \Delta t$,在 Δt 这一段时间内,物体走过的路程为

$$\Delta s = f(t_0 + \Delta t) - f(t_0),$$

物体运动的平均速度是

$$\bar{v} = \frac{\Delta s}{\Delta t} = \frac{f(t_0 + \Delta t) - f(t_0)}{\Delta t}.$$

用 Δt 这一段时间内的平均速度表示物体在时刻 t_0 的运动速度,这是近似值;显然,Δt 越小,即时刻越接近于时刻 t_0,其近似程度越好.

现令 $\Delta t \to 0$,平均速度 $\bar{v}$ 的极限自然就是物体在时刻 t_0 运动的瞬时速度

$$v(t_0) = \lim_{\Delta t \to 0} \frac{\Delta s}{\Delta t} = \lim_{\Delta t \to 0} \frac{f(t_0 + \Delta t) - f(t_0)}{\Delta t}.$$

以上的过程:先在局部范围内求平均速度,然后通过取极限,由平均速度过渡到瞬时速度.

上面研究了平面曲线的切线的斜率和变速直线运动的速度,虽然它们的具体意义不同,但是从数学结构上看,却有完全相同的形式. 在自然科学和工程领域内,还有许多其他量(如电流强度、线密度等)也具有这种形式,即函数的增量与自变量增量之比(当自变量增量趋于零时)的极限. 事实上,研究这种形式的极限不仅是解决科学技术等各种实际问题的需要,而且对于数学中许多问题的探讨不可缺少. 为此,对于这种共性的抽象引出函数的导数概念.

二、导数的定义

1. 定义

定义 2.1 设函数 $y = f(x)$ 在点 x_0 的某邻域内有定义,当自变量 x 在 x_0 处取得增量 Δx 时,相应的函数取得增量 $\Delta y = f(x_0 + \Delta x) - f(x_0)$,如果当 $\Delta x \to 0$ 时,比值 $\frac{\Delta y}{\Delta x}$ 极限存在,则称函数 $y = f(x)$ **在点 x_0 处可导**,并称此极限值为**函数 $f(x)$ 在 x_0 处的导数**,记为 $f'(x_0)$ 或 $y'|_{x=x_0}$ 或 $\frac{dy}{dx}|_{x=x_0}$ 或 $\frac{df}{dx}|_{x=x_0}$,即

$$f'(x_0) = \lim_{\Delta x \to 0} \frac{\Delta y}{\Delta x} = \lim_{\Delta x \to 0} \frac{f(x_0 + \Delta x) - f(x_0)}{\Delta x}. \tag{2.1}$$

如果 $\lim_{\Delta x \to 0} \frac{\Delta y}{\Delta x}$ 不存在,则称 $f(x)$ 在 x_0 处不可导.

扫码看案例

在上面的定义中,若记 $x=x_0+\Delta x$,则 $f'(x_0)=\lim\limits_{x\to x_0}\dfrac{f(x)-f(x_0)}{x-x_0}$.

若函数 $y=f(x)$ 在开区间 I 内的每点都可导,就称函数 $f(x)$ 在开区间 I 内**可导**.这时,对于任意 $x\in I$,都对应着 $f(x)$ 的一个确定的导数值.这样就构成了一个新的函数,这个函数叫做原函数 $f(x)$ 的**导函数**,简称**导数**,记作 $f'(x)$ 或 y' 或 $\dfrac{\mathrm{d}y}{\mathrm{d}x}$ 或 $\dfrac{\mathrm{d}f}{\mathrm{d}x}$.

由于导数本身是极限,而极限存在的充分必要条件是左右极限存在且相等,因此 $f'(x_0)$ 存在的充分必要条件是左、右极限

$$f'_-(x_0)=\lim\limits_{\Delta x\to 0^-}\frac{f(x_0+\Delta x)-f(x_0)}{\Delta x}\quad 及 \quad f'_+(x_0)=\lim\limits_{\Delta x\to 0^+}\frac{f(x_0+\Delta x)-f(x_0)}{\Delta x}$$

都存在且相等.这两个极限分别称为函数 $f(x)$ 在点 x_0 的**左导数和右导数**,记作 $f'_-(x_0)$ 和 $f'_+(x_0)$.即有下面的结论

$$f'(x_0)=A\Leftrightarrow f'_-(x_0)=A=f'_+(x_0).$$

2. 用定义求导数举例

用导数的定义求函数的导数,一般分三步进行:

(1)求函数的改变量:$\Delta y=f(x+\Delta x)-f(x)$;

(2)计算比值:$\dfrac{\Delta y}{\Delta x}=\dfrac{f(x+\Delta x)-f(x)}{\Delta x}$;

(3)求比值的极限:$y'=\lim\limits_{\Delta x\to 0}\dfrac{\Delta y}{\Delta x}=\lim\limits_{\Delta x\to 0}\dfrac{f(x+\Delta x)-f(x)}{\Delta x}$.

熟练以后,(2),(3)可以合为一步.

例 1 求 $y=x^2$ 的导数 y',并求 $y'|_{x=2}$.

解 先求函数的导数.对任意点 x,设自变量的改变量为 Δx.

函数的改变量 $\Delta y=(x+\Delta x)^2-x^2=2x\Delta x+(\Delta x)^2$;

计算比值 $\dfrac{\Delta y}{\Delta x}=\dfrac{2x\Delta x+(\Delta x)^2}{\Delta x}=2x+\Delta x$;

求极限 $y'=\lim\limits_{\Delta x\to 0}\dfrac{\Delta y}{\Delta x}=2x$.

由导函数再求指定点的导数值:$y'|_{x=2}=2x|_{x=2}=4$.

可以证明,幂函数 $y=x^a$(α 为任意实数)的导数公式为

$$(x^a)'=\alpha x^{a-1}.$$

例 2 求 $y=\sin x$ 的导数.

解 求函数的改变量 $\Delta y=\sin(x+\Delta x)-\sin x$;

计算比值 $\dfrac{\Delta y}{\Delta x}=\dfrac{\sin(x+\Delta x)-\sin x}{\Delta x}=\dfrac{2\sin\dfrac{\Delta x}{2}\cos\left(x+\dfrac{\Delta x}{2}\right)}{\Delta x}$;

求极限 $(\sin x)'=\lim\limits_{\Delta x\to 0}\dfrac{\Delta y}{\Delta x}=\lim\limits_{\Delta x\to 0}\dfrac{\sin\dfrac{\Delta x}{2}}{\dfrac{\Delta x}{2}}\cdot\lim\limits_{\Delta x\to 0}\cos\left(x+\dfrac{\Delta x}{2}\right)=\cos x$.

同理可得 $(\cos x)'=-\sin x$.

类似可由定义法推得：

$$(a^x)' = a^x \ln a;$$

$$(\log_a x)' = \frac{1}{x} \log_a e = \frac{1}{x \ln a} (a > 0, a \neq 1);$$

$$(C)' = 0.$$

三、导数的几何意义

由本节第一个实例知，函数 $y = f(x)$ 在点 x_0 的导数 $f'(x_0)$ 在几何上**表示曲线 $y = f(x)$ 在 $(x_0, f(x_0))$ 的切线斜率**，由此可分别得到曲线在该点的切线方程和法线方程．

切线方程：$y - f(x_0) = f'(x_0)(x - x_0)$；

法线方程：$y - f(x_0) = -\dfrac{1}{f'(x_0)}(x - x_0), \quad f'(x_0) \neq 0.$

若 $f'(x_0) = 0$，则切线平行于 x 轴，法线平行于 y 轴．

例 3 求曲线 $y = \cos x$ 在点 $\left(\dfrac{\pi}{3}, \dfrac{1}{2}\right)$ 处的切线方程和法线方程．

扫码看案例

解 由 $(\cos x)' = -\sin x$，知 $y'|_{x=\frac{\pi}{3}} = -\sin x|_{x=\frac{\pi}{3}} = -\dfrac{\sqrt{3}}{2}.$

故所求切线方程为：

$$y - \frac{1}{2} = -\frac{\sqrt{3}}{2}\left(x - \frac{\pi}{3}\right);$$

法线方程为：

$$y - \frac{1}{2} = \frac{2\sqrt{3}}{3}\left(x - \frac{\pi}{3}\right).$$

四、可导与连续的关系

若函数 $y = f(x)$ 在点 x_0 可导，由导数定义 $\lim\limits_{\Delta x \to 0} \dfrac{\Delta y}{\Delta x}$ 存在，所以，$\lim\limits_{\Delta x \to 0} \Delta y = \lim\limits_{\Delta x \to 0}\left(\dfrac{\Delta y}{\Delta x} \cdot \Delta x\right) = 0$，由连续的定义知 $y = f(x)$ 在点 x_0 连续，即有以下结论．

若函数 $f(x)$ 在点 x_0 可导，则它在点 x_0 必连续．

需要注意的是，上述结论反之则不成立，即函数 $f(x)$ 在点 x_0 连续，只是它在点 x_0 可导的必要条件而不是充分条件．

例如，函数 $y = |x|$ 在 $x = 0$ 处连续，但是不可导．

事实上，$\lim\limits_{\Delta x \to 0} \dfrac{|0 + \Delta x| - 0}{\Delta x} = \lim\limits_{\Delta x \to 0} \dfrac{|\Delta x|}{\Delta x}$，

当 $\Delta x < 0$ 时，$\lim\limits_{\Delta x \to 0^-} \dfrac{|\Delta x|}{\Delta x} = \lim\limits_{\Delta x \to 0^-} \dfrac{-\Delta x}{\Delta x} = -1$；

当 $\Delta x > 0$ 时，$\lim\limits_{\Delta x \to 0^+} \dfrac{|\Delta x|}{\Delta x} = \lim\limits_{\Delta x \to 0^+} \dfrac{\Delta x}{\Delta x} = 1.$

由于左右导数不相等，所以 $y = |x|$ 在 $x = 0$ 处不可导．

综合上面的讨论可知，函数的可导和连续的关系是：**可导必连续，连续不一定可导．**

练 习 2.1

1.填空题.

(1)$\left(\dfrac{1}{x}\right)'=$_____;　　(2)$\left(\dfrac{x\sqrt[3]{x}}{\sqrt{x}}\right)'=$_____;

(3)$(\sqrt{x})'=$_____;　　(4)$(x^{-2})'=$_____.

2.已知:$f(x)=2x+3$,用导数定义求$f'(2)$,$f'(x)$.

3.设$f'(x_0)=A$,用导数定义求下列极限.

(1)$\lim\limits_{\Delta x\to 0}\dfrac{f(x_0+2\Delta x)-f(x_0)}{\Delta x}$;　　(2)$\lim\limits_{\Delta x\to 0}\dfrac{f(x_0+\Delta x)-f(x_0-\Delta x)}{\Delta x}$.

4.求下列曲线在指定点的切线方程和法线方程.

(1)$y=x^2$ 在点$(-3,9)$处;　　(2)$y=\cos x$ 在点$(0,1)$处.

5.讨论函数 $y=f(x)=\begin{cases}\dfrac{1}{x}\sin^2 x & \text{当 } x\neq 0 \\ 0 & \text{当 } x=0\end{cases}$ 在 $x=0$ 处的连续性、可导性.

§2.2 导数的运算

用导数定义可以求一些基本初等函数的导数公式,但是,如果每一个函数都用导数的定义求导数,计算将会比较复杂,因此,需要建立一些基本的求导公式和求导法则,并运用它们进行求导运算.

一、基本初等函数的导数公式

(1)$(C)'=0$;　　(2)$(x^a)'=ax^{a-1}$;

(3)$(a^x)'=a^x\ln a\,(a>0,a\neq 1)$;　　(4)$(\mathrm{e}^x)'=\mathrm{e}^x$;

(5)$(\log_a x)'=\dfrac{1}{x}\log_a \mathrm{e}=\dfrac{1}{x\ln a}(a>0,a\neq 1)$;　　(6)$(\ln x)'=\dfrac{1}{x}$;

(7)$(\sin x)'=\cos x$;　　(8)$(\cos x)'=-\sin x$;

(9)$(\tan x)'=\sec^2 x=\dfrac{1}{\cos^2 x}$;　　(10)$(\cot x)'=-\csc^2 x=-\dfrac{1}{\sin^2 x}$;

(11)$(\sec x)'=\sec x\cdot\tan x$;　　(12)$(\csc x)'=-\csc x\cdot\cot x$

(13)$(\arcsin x)'=\dfrac{1}{\sqrt{1-x^2}}$;　　(14)$(\arccos x)'=-\dfrac{1}{\sqrt{1-x^2}}$;

(15)$(\arctan x)'=\dfrac{1}{1+x^2}$;　　(16)$(\operatorname{arccot} x)'=-\dfrac{1}{1+x^2}$.

扫码看案例

二、导数的四则运算法则

定理 2.1 设函数 $u=u(x)$,$v=v(x)$ 都是可导函数,则

(1)$u(x)\pm v(x)$可导,且$[u(x)\pm v(x)]'=u'(x)\pm v'(x)$;

(2)$u(x)\cdot v(x)$可导,且$[u(x)\cdot v(x)]'=u'(x)v(x)+u(x)v'(x)$;

(3)若 $v(x) \neq 0$，则 $\dfrac{u(x)}{v(x)}$ 可导，且 $\left[\dfrac{u(x)}{v(x)}\right]' = \dfrac{u'(x)v(x) - u(x)v'(x)}{v^2(x)}$.

我们只证明乘积的导数运算法则，其他法则可类似证明.

证　设函数 $y = u(x) \cdot v(x)$ 在点 x 取得改变量 Δx，相应的 y 的改变量

$$\Delta y = u(x + \Delta x)v(x + \Delta x) - u(x)v(x)$$
$$= u(x + \Delta x)v(x + \Delta x) - u(x)v(x + \Delta x) + u(x)v(x + \Delta x) - u(x)v(x)$$
$$= [u(x + \Delta x) - u(x)]v(x + \Delta x) + u(x)[v(x + \Delta x) - v(x)].$$

因为 $u = u(x)$，$v = v(x)$ 都可导，且可导必连续，于是

$$y' = \lim_{\Delta x \to 0} \frac{\Delta y}{\Delta x}$$
$$= \lim_{\Delta x \to 0} \frac{u(x + \Delta x) - u(x)}{\Delta x} \lim_{\Delta x \to 0} v(x + \Delta x) + u(x) \lim_{\Delta x \to 0} \frac{v(x + \Delta x) - v(x)}{\Delta x}$$
$$= u'(x)v(x) + u(x)v'(x).$$

加法、乘积法则可推广到有限个函数的情形.

例 1　设 $f(x) = 2x^3 + 3x - \sin \dfrac{\pi}{7}$，求 $f'(x)$，$f'(2)$.

解　$f'(x) = \left(2x^3 + 3x - \sin \dfrac{\pi}{7}\right)' = (2x^3)' + (3x)' - \left(\sin \dfrac{\pi}{7}\right)'$
$$= 2(x^3)' + 3(x)' - 0 = 6x^2 + 3.$$

所以 $f'(2) = 27$.

例 2　设 $y = (\sin x - 2\cos x)\ln x$，求 y'.

解　$y' = (\sin x - 2\cos x)'\ln x + (\sin x - 2\cos x)(\ln x)'$
$$= (\cos x + 2\sin x)\ln x + \frac{1}{x}(\sin x - 2\cos x).$$

例 3　设 $y = \tan x$，求 y'.

解　$y' = (\tan x)' = \left(\dfrac{\sin x}{\cos x}\right)' = \dfrac{(\sin x)'\cos x - \sin x(\cos x)'}{\cos^2 x}$
$$= \frac{\cos x \cos x - \sin x(-\sin x)}{\cos^2 x} = \frac{1}{\cos^2 x} = \sec^2 x.$$

同理得到：

$$(\cot x)' = -\csc^2 x = -\frac{1}{\sin^2 x};$$
$$(\sec x)' = \sec x \cdot \tan x;$$
$$(\csc x)' = -\csc x \cdot \cot x.$$

三、复合函数的求导法则

定理 2.2　设函数 $u = \varphi(x)$，$y = f(u)$ 都可导，则复合函数 $y = f(\varphi(x))$ 可导，且

$$\frac{\mathrm{d}y}{\mathrm{d}x} = \frac{\mathrm{d}y}{\mathrm{d}u} \cdot \frac{\mathrm{d}u}{\mathrm{d}x},$$

或记作 $[f(\varphi(x))]' = f'(u)\varphi'(x) = f'(\varphi(x))\varphi'(x)$.

证　设变量 x 有改变量 Δx，相应地变量 u 有改变量 Δu，从而变量 y 有改

变量 Δy. 由于函数 $u = \varphi(x)$ 可导,故必连续,即有 $\lim\limits_{\Delta x \to 0} \Delta u = 0$. 因

$$\frac{\Delta y}{\Delta x} = \frac{\Delta y}{\Delta u} \cdot \frac{\Delta u}{\Delta x} \qquad (\Delta u \neq 0),$$

所以　　$\lim\limits_{\Delta x \to 0}\dfrac{\Delta y}{\Delta x} = \lim\limits_{\Delta x \to 0}\dfrac{\Delta y}{\Delta u} \cdot \dfrac{\Delta u}{\Delta x} = \lim\limits_{\Delta x \to 0}\dfrac{\Delta y}{\Delta u} \cdot \lim\limits_{\Delta x \to 0}\dfrac{\Delta u}{\Delta x} = \lim\limits_{\Delta u \to 0}\dfrac{\Delta y}{\Delta u} \cdot \lim\limits_{\Delta x \to 0}\dfrac{\Delta u}{\Delta x}$,

即　　　　　　　　　　$\dfrac{\mathrm{d}y}{\mathrm{d}x} = \dfrac{\mathrm{d}y}{\mathrm{d}u} \cdot \dfrac{\mathrm{d}u}{\mathrm{d}x}.$

以上是在 $\Delta u \neq 0$ 时的证明. 当 $\Delta u = 0$ 时,可以证明上式仍然成立.

例 4　设 $y = \mathrm{e}^{\sin x}$,求 y'.

解　设 $y = f(u) = \mathrm{e}^u$, $u = \varphi(x) = \sin x$, 于是
$$y' = f'(u)\varphi'(x) = (\mathrm{e}^u)'(\sin x)' = \mathrm{e}^{\sin x} \cdot \cos x.$$

例 5　设 $y = \ln|x|$,求 y'.

解　$x \in (0, +\infty)$时,$y = \ln x$, $y' = (\ln x)' = \dfrac{1}{x}$;

$x \in (-\infty, 0)$时,$y = \ln(-x)$, $y' = [\ln(-x)]' = \dfrac{1}{-x} \cdot (-x)' = \dfrac{1}{x}.$

因此　　　　　$(\ln|x|)' = \dfrac{1}{x}$, $x \in (-\infty, 0) \bigcup (0, +\infty).$

例 6　某餐饮供应商在一个圆形区域内提供服务,并且在其服务半径达到 5 km 的那个时刻,其半径 r 以每年 2 km 的速度在扩展,在该时刻,服务范围以多快的速度在增长?

解　面积与半径的函数关系　$A = \pi r^2$,

两边关于时间求导,得　　　$\dfrac{\mathrm{d}A}{\mathrm{d}t} = \dfrac{\mathrm{d}A}{\mathrm{d}r} \times \dfrac{\mathrm{d}r}{\mathrm{d}t} = 2\pi r \times \dfrac{\mathrm{d}r}{\mathrm{d}t}$,

由题意知　$\dfrac{\mathrm{d}r}{\mathrm{d}t} = 2$,$r = 5$,所以　$\dfrac{\mathrm{d}A}{\mathrm{d}t} = 2\pi \times 5 \times 2 = 20\pi \approx 63$(平方千米/年).

四、隐函数的导数

对隐函数求导数通常有两种方法:

(1)如果能从 $F(x, y) = 0$ 中解出 $y = f(x)$,则可以用前面对显函数求导数的方法处理. 但是因为某些隐函数的复杂性,这种方法难以解决问题.

(2)一般隐函数求导数常用下面的方法:将 $F(x, y) = 0$ 两边各项同时对 x 求导数,同时将 y 看作 x 的函数 $y = f(x)$,若遇到 y 的函数,利用复合函数的求导法则,先对 y 求导,再乘以 y 对 x 的导数 y',得到一个含有 y' 的方程,然后从方程里面解出 y' 即可.

例 7　设 $y = f(x)$ 由方程 $x^2 + y^2 = 1$ 确定,求 y'.

解　将方程 $x^2 + y^2 = 1$ 两边同时对 x 求导得
$$2x + 2y \cdot y' = 0,$$

所以　　　　　　　　　　$y' = -\dfrac{x}{y}.$

例 8　求曲线 $\mathrm{e}^{x+y} - xy = 1$ 在 $x = 0$ 处的切线方程.

解　将方程 $\mathrm{e}^{x+y} - xy = 1$ 两边同时对 x 求导得

扫码看案例

扫码看案例

$$e^{x+y}(1+y')-(y+xy')=0,$$

所以

$$y'=\frac{e^{x+y}-y}{x-e^{x+y}}.$$

因为 $x=0$ 时 $y=0$，即

$$y'\big|_{x=0}=-1.$$

从而所求切线方程为 $y=-x$.

五、高阶导数

一般来说，函数 $y=f(x)$ 的导数 $y'=f'(x)$ 仍是 x 的函数，若导函数 $f'(x)$ 还可以对 x 求导数，则称 $f'(x)$ 的导数为函数 $y=f(x)$ 的**二阶导数**，记作

$$y'' \text{ 或 } f''(x) \text{ 或 } \frac{d^2y}{dx^2} \text{ 或 } \frac{d^2f}{dx^2}.$$

这时，也称函数 $y=f(x)$ 二阶可导. 按照导数的定义，函数 $f(x)$ 的二阶导数应表示为

$$f''(x)==\lim_{\Delta x\to 0}\frac{f'(x+\Delta x)-f'(x)}{\Delta x}.$$

函数 $y=f(x)$ 在某点 x_0 的二阶导数，记作

$$y''\big|_{x=x_0} \text{ 或 } f''(x_0) \text{ 或 } \frac{d^2y}{dx^2}\bigg|_{x=x_0} \text{ 或 } \frac{d^2f}{dx^2}\bigg|_{x=x_0}.$$

同样，函数 $y=f(x)$ 的二阶导数 $f''(x)$ 的导数称为函数 $f(x)$ 的**三阶导数**，记作

$$y''' \text{ 或 } f'''(x) \text{ 或 } \frac{d^3y}{dx^3} \text{ 或 } \frac{d^3f}{dx^3}.$$

一般地，导数 $f^{(n-1)}(x)$ 的导数称为函数 $y=f(x)$ 的 **n 阶导数**，记作

$$y^{(n)} \text{ 或 } f^{(n)}(x) \text{ 或 } \frac{d^ny}{dx^n} \text{ 或 } \frac{d^nf}{dx^n}.$$

二阶及二阶以上的导数统称高阶导数，函数 $f(x)$ 的导数 $f'(x)$ 则称为一阶导数.

根据高阶导数的定义可知，求函数的高阶导数只需对函数逐次求导即可.

例 9 设 $y=x^4+4x^3+8x^2-x+\frac{\pi}{4}$，求 y'''，$y^{(4)}$，$y^{(5)}$.

解 $y'=4x^3+12x^2+16x-1,$

$$y''=12x^2+24x+16,$$
$$y'''=24x+24,$$
$$y^{(4)}=24,$$
$$y^{(5)}=0.$$

一般地，对于 n 次多项式 $y=a_0x^n+a_1x^{n-1}+\cdots+a_{n-1}x+a_n$，有

$$y^{(n)}=a_0n!, \quad y^{(n+1)}=0.$$

例 10 设 $y=e^{-2x}$，求 $y^{(n)}$.

解 $y'=-2e^{-2x}, y''=(-2)^2e^{-2x}, y'''=(-2)^3e^{-2x},\cdots,$

则 $y^{(n)}=(-2)^ne^{-2x}.$

扫码看案例

练 习 2.2

1. 求下列函数的导数.

(1) $y=3x^3+3^x+\log_3 x+3^3$;　　　　　　(2) $y=\mathrm{e}^x\sin x$;

(3) $y=\dfrac{\ln x+x}{x^2}$;　　　　　　(4) $y=\sin\sqrt{x^2+1}$.

2. 求下列方程确定的隐函数的导数 $\dfrac{\mathrm{d}y}{\mathrm{d}x}$.

(1) $x^2+2xy-y^2=2x$;　　　　　　(2) $x\mathrm{e}^y+y=1$.

3. 求由隐函数所确定曲线的切线方程.

(1) $x^2+xy+y^2=4$ 在点 $(-2,2)$ 处;　　　　(2) $\mathrm{e}^x+x\mathrm{e}^y-y^2=0$ 在点 $(0,1)$ 处.

4. 求下列函数的 n 阶导数.

(1) $y=\mathrm{e}^{ax}$;　　　　　　(2) $y=\ln(x+1)$.

§2.3 微 分

前面介绍了函数的导数,本节介绍微分学中的另一个基本概念——微分.

一、引例

引例 一块正方形金属薄片受温度变化影响时,其边长由 x_0 变到 $x_0+\Delta x$,问此薄片的面积改变了多少.

解 设边长为 x,面积为 A,则 A 是 x 的函数 $A=x^2$,

薄片受温度变化影响时,面积改变量可以看成当自变量 x 自 x_0 取得增量 Δx 时,函数 A 相应的增量 ΔA,即

$$\Delta A=(x_0+\Delta x)^2-x_0^2=2x_0\Delta x+(\Delta x)^2.$$

从上式可以看出,ΔA 由两部分组成:第一部分 $2x_0\Delta x$,它是 Δx 的线性函数,即图 2.2 中带有斜线的两个矩形面积之和;第二部分 $(\Delta x)^2$,在图中是带有交叉线的小正方形的面积. 显然,$2x_0\Delta x$ 是面积增量 ΔA 的主要部分,而 $(\Delta x)^2$ 是次要部分,当 $|\Delta x|$ 很小时,面积增量 ΔA 可以近似地用 $2x_0\Delta x$ 表示,即

$$\Delta A\approx 2x_0\Delta x.$$

又因为 $A'(x_0)=(x^2)'|_{x=x_0}=2x_0$,所以有

$$\Delta A\approx A'(x_0)\Delta x.$$

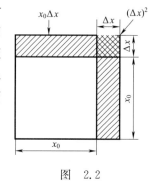

图 2.2

上述结论对于一般的函数是否成立呢? 下面说明对于可导函数都有此结论. 一般地,若函数 $f(x)$ 在 x 处可导,由导数的定义

$$f'(x)=\lim_{\Delta x\to 0}\frac{f(x+\Delta x)-f(x)}{\Delta x}=\lim_{\Delta x\to 0}\frac{\Delta y}{\Delta x}$$

及根据极限与无穷小的关系,有

$$\frac{\Delta y}{\Delta x}=f'(x)+\alpha,$$

其中 $\lim\limits_{\Delta x\to 0}\alpha=0$,即 $\Delta y=f'(x)\Delta x+\alpha \Delta x$.因为 α 是 $\Delta x\to 0$ 时的无穷小,所以 $\alpha\Delta x$ 是 Δx 的高阶无穷小,

$$\Delta y\approx f'(x)\Delta x.$$

二、微分的概念

1. 微分的定义

定义 2.2 设函数 $y=f(x)$ 在点 x 的某邻域内有定义,若函数 $f(x)$ 在点 x 的改变量 $\Delta y=f(x+\Delta x)-f(x)$ 可以表示为

$$\Delta y=A\Delta x+o(\Delta x), \tag{2.2}$$

其中,A 与 Δx 无关,$o(\Delta x)$ 是较 Δx 高阶的无穷小,则称 $f(x)$ **在点 x 处可微**,并称 $A\Delta x$ 为 $y=f(x)$ 在 x 处的**微分**,记作 $\mathrm{d}y$ 或 $\mathrm{d}f(x)$,即

$$\mathrm{d}y=A\Delta x.$$

函数 $y=f(x)$ 在点 x 可导与可微有下述关系:

定理 2.3 函数 $y=f(x)$ 在点 x 可微的充分必要条件是函数 $f(x)$ 在点 x 处可导,且 $f'(x)=A.$

证 必要性 函数 $y=f(x)$ 在点 x 可微,由微分的定义,有

$$\Delta y=A\Delta x+o(\Delta x),$$

等式两端同除 Δx,并令 $\Delta x\to 0$ 取极限,有

$$\lim\limits_{\Delta x\to 0}\frac{\Delta y}{\Delta x}=\lim\limits_{\Delta x\to 0}\Big(A+\frac{o(\Delta x)}{\Delta x}\Big)=A.$$

上式说明函数 $f(x)$ 在点 x 处可导,且 $f'(x)=A.$

扫码看案例

充分性 函数 $f(x)$ 在点 x 处可导,即有

$$\lim\limits_{\Delta x\to 0}\frac{\Delta y}{\Delta x}=f'(x),$$

由极限与无穷小的关系,有

$$\frac{\Delta y}{\Delta x}=f'(x)+\alpha(\alpha\to 0),$$

从而

$$\Delta y=f'(x)\Delta x+\alpha \Delta x.$$

因 $f'(x)$ 依赖 x,与 Δx 无关.对确定的 x 而言,$f'(x)\Delta x$ 是 Δx 的线性函数.当 $\Delta x\to 0$ 时,$\alpha\Delta x$ 是较 Δx 高阶的无穷小,根据 $y=f(x)$ 在点 x 可微的定义,函数 $y=f(x)$ 在点 x 可微,且

$$\mathrm{d}y=f'(x)\Delta x.$$

该定理表明,**一元函数的可导性和可微性是等价的**,且 $y=f(x)$ 在点 x 的微分为 $\mathrm{d}y=f'(x)\Delta x.$

对函数 $y=x$ 的微分是 $\mathrm{d}y=\mathrm{d}x=(x)'\cdot\Delta x=\Delta x$,即自变量 x 的微分 $\mathrm{d}x$ 就是自变量 x 的改变量 Δx,因此,函数的微分可记作

$$dy = f'(x)dx, \tag{2.3}$$

上式可改写成

$$\frac{dy}{dx} = f'(x), \tag{2.4}$$

式(2.4)表明函数 $y = f(x)$ 的导数是函数的微分 dy 与自变量的微分 dx 之商，因此导数又称**微商**.

若函数 $y = f(x)$ 在区间 I 上的每一点都可微，则称 $f(x)$ 为区间 I 上的**可微函数**. 若 $x_0 \in I$，则函数 $y = f(x)$ 点 x_0 处的微分记作 $dy|_{x=x_0} = f'(x_0)dx$.

例1 求 $y = x^2$，求：(1)dy；　(2)$dy|_{x=1}$；　(3)$dy\big|_{\substack{x=1 \\ \Delta x=0.1}}$.

解 (1)$dy = (x^2)'dx = 2xdx$；

(2)$dy|_{x=1} = 2xdx|_{x=1} = 2dx$；

(3)$dy\big|_{\substack{x=1 \\ \Delta x=0.1}} = y'|_{x=1} \cdot \Delta x|_{\Delta x=0.1} = 2 \times 0.1 = 0.2$.

2. 微分的几何意义

由于 $dy|_{x=x_0} = f'(x_0)\Delta x$，而由导数的几何意义可知，$f'(x_0) = \tan \alpha$，$\alpha$ 为曲线 $y = f(x)$ 在 x_0 处的切线的倾斜角，如图 2.3 可得，

$$dy = \tan \alpha \cdot \Delta x = TQ.$$

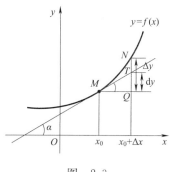

由此可知，函数 $y = f(x)$ 在 x_0 点的微分的几何意义是曲线 $y = f(x)$ 在点 $(x_0, f(x_0))$ 处的切线的纵坐标的改变量. 用 dy 代替 Δy，就是用切线的纵坐标的改变量近似代替曲线的纵坐标的改变量，这正是微分的数学思想：以直线段代替曲线段，所产生的误差就是 $TN = \Delta y - dy$，dx 越小，dy 与 Δy 的近似程度越高，即当 Δx 很小时，$\Delta y \approx dy$.

图　2.3

扫码看案例

三、微分的运算

由函数 $y = f(x)$ 的微分 $dy = f'(x)dx$ 可知，只要能计算出函数的导数，便可写出函数的微分. 正因为微分与导数之间有这样的关系，由求导公式与求导法则可直接得到微分基本公式与微分运算法则.

1. 微分的基本公式

(1)$dC = 0$（C 为常数）；　(2)$dx^\alpha = \alpha x^{\alpha-1}dx$；

(3)$da^x = a^x \ln a dx (a > 0, a \neq 1)$；　(4)$de^x = e^x dx$；

(5)$d\log_a x = \dfrac{1}{x \ln a}dx(a > 0, a \neq 1)$；　(6)$d\ln x = \dfrac{1}{x}dx$；

(7)$d\sin x = \cos x dx$；　(8)$d\cos x = -\sin x dx$；

(9)$d\tan x = \sec^2 x dx$；　(10)$d\cot x = -\csc^2 x dx$；

(11)$d\sec x = \sec x \cdot \tan x dx$；　(12)$d\csc x = -\csc x \cdot \cot x dx$；

(13)$d\arcsin x = \dfrac{1}{\sqrt{1-x^2}}dx$；　(14)$d\arccos x = -\dfrac{1}{\sqrt{1-x^2}}dx$；

(15)$\mathrm{d}\arctan x = \dfrac{1}{1+x^2}\mathrm{d}x$;　　　　　(16)$\mathrm{d}\operatorname{arccot} x = -\dfrac{1}{1+x^2}\mathrm{d}x$.

2. 微分的四则运算法则

(1)$\mathrm{d}[u(x) \pm v(x)] = \mathrm{d}u(x) \pm \mathrm{d}v(x)$;

(2)$\mathrm{d}[u(x)v(x)] = v(x)\mathrm{d}u(x) + u(x)\mathrm{d}v(x)$;

(3)$\mathrm{d}\left[\dfrac{u(x)}{v(x)}\right] = \dfrac{v(x)\mathrm{d}u(x) - u(x)\mathrm{d}v(x)}{[v(x)]^2}$.

例 2　求下列函数的微分.

(1)$y = x^3 + \ln x$;　　　　(2)$y = x^3 \cos x$.

解　(1)$\mathrm{d}y = \mathrm{d}(x^3) + \mathrm{d}(\ln x) = 3x^2\mathrm{d}x + \dfrac{1}{x}\mathrm{d}x = \left(3x^2 + \dfrac{1}{x}\right)\mathrm{d}x$;

(2)$\mathrm{d}y = \mathrm{d}(x^3\cos x) = \cos x\,\mathrm{d}(x^3) + x^3\mathrm{d}(\cos x) = 3x^2\cos x\,\mathrm{d}x - x^3\sin x\,\mathrm{d}x$

　　　$= x^2(3\cos x - x\sin x)\mathrm{d}x$.

扫码看案例

3. 微分形式不变性

设函数 $y = f(u)$ 是可微的,显然:

(1)如果 u 是自变量时,由于 $y = f(u)$ 可导,则 $\mathrm{d}y = f'(u)\mathrm{d}u$;

(2)如果 u 是中间变量且 $u = \varphi(x)$ 可导,则有 $\mathrm{d}u = \varphi'(x)\mathrm{d}x$. 由 $y = f(u)$ 与 $u = \varphi(x)$ 得到复合函数 $y = f(\varphi(x))$ 的微分为 $\mathrm{d}y = f'(\varphi(x))\varphi'(x)\mathrm{d}x = f'(u)\mathrm{d}u$.

以上可知函数 $y = f(u)$,不论 u 是自变量还是中间变量,函数的微分 $\mathrm{d}y$ 总是可以写成 $\mathrm{d}y = f'(u)\mathrm{d}u$,这一特性称为**微分形式不变性**.

例 3　求函数 $y = \sqrt{1-x^2}$ 的微分 $\mathrm{d}y$.

解　设 $u = 1 - x^2$,于是

$$\mathrm{d}y = \mathrm{d}(\sqrt{u}) = \dfrac{1}{2\sqrt{u}}\mathrm{d}u = \dfrac{1}{2\sqrt{1-x^2}}\mathrm{d}(1-x^2) = \dfrac{-2x}{2\sqrt{1-x^2}}\mathrm{d}x =$$

$-\dfrac{x}{\sqrt{1-x^2}}\mathrm{d}x$.

4. 参数方程的求导法则

定理 2.4　若函数 $y = f(x)$ 由参数方程 $\begin{cases} x = \varphi(t) \\ y = \psi(t) \end{cases}$ 确定,其中 $\varphi(t)$ 与 $\psi(t)$ 可导且 $\varphi'(t) \neq 0$,则函数 $y = f(x)$ 可导且

$$\dfrac{\mathrm{d}y}{\mathrm{d}x} = \dfrac{\dfrac{\mathrm{d}y}{\mathrm{d}t}}{\dfrac{\mathrm{d}x}{\mathrm{d}t}} = \dfrac{\psi'(t)}{\varphi'(t)}. \tag{2.5}$$

例 4　求摆线 $\begin{cases} x = 2(t - \sin t) \\ y = 2(1 - \cos t) \end{cases}$ 在 $t = \dfrac{\pi}{2}$ 处的切线方程.

扫码看案例

解　摆线上 $t = \dfrac{\pi}{2}$ 的对应点是 $(\pi - 2, 2)$,又因为

$$\dfrac{\mathrm{d}y}{\mathrm{d}x} = \dfrac{2\sin t}{2(1 - \cos t)} = \dfrac{\sin t}{(1 - \cos t)},$$

所以
$$\frac{\mathrm{d}y}{\mathrm{d}x}\Big|_{t=\frac{\pi}{2}}=1,$$

从而所求切线方程为 $y-2=x-(\pi-2)$,即 $x-y-\pi+4=0$.

四、微分在近似计算中的应用

由微分定义可知,函数 $y=f(x)$ 在点 x_0 处可导,且 $|\Delta x|$ 很小时,
$$\Delta y\approx\mathrm{d}y=f'(x_0)\Delta x, \tag{2.6}$$
从而
$$f(x_0+\Delta x)\approx f(x_0)+f'(x_0)\Delta x. \tag{2.7}$$

式(2.6)可用来求函数改变量的近似值,式(2.7)可用来求函数的近似值.

例 5 有一批直径为 10 cm 的球,为了提高球面的光洁度,要镀上一层厚度为 0.01 cm 的铜,已知铜的密度为 8.9 g/cm³,估算每个球需要镀铜多少克.

解 球的体积 $V=\dfrac{4}{3}\pi R^3$,所以 $\mathrm{d}V=\left(\dfrac{4}{3}\pi R^3\right)'\mathrm{d}R=4\pi R^2\mathrm{d}R$.

根据题意,$R=5$ cm,$\mathrm{d}R=0.01$ cm,于是,由式(2.5)得
$$\Delta V\approx\mathrm{d}V=4\times3.14\times5^2\times0.01=3.14(\mathrm{cm}^3).$$

所以每个球需要镀铜约为 $8.9\times3.14\approx27.59(\mathrm{g})$.

练 习 2.3

1.设函数 $y=\arctan x$,求:(1)$\mathrm{d}y$; (2)$\mathrm{d}y\big|_{x=2}$; (3)$\mathrm{d}y\big|_{\substack{x=2\\\Delta x=0.05}}$.

2.求下列函数的微分 $\mathrm{d}y$.

(1)$y=x^2\ln x$;   (2)$y=\dfrac{x+1}{x^2+1}$;

(3)$y=\mathrm{e}^{\cos x}$;   (4)$y=\sin[\ln(x^2+1)]$.

3.求由下列各参数方程所确定的函数 $y=f(x)$ 的导数 $\dfrac{\mathrm{d}y}{\mathrm{d}x}$.

(1)$\begin{cases}x=\dfrac{1}{t+1}\\[2mm]y=\dfrac{t}{(t+1)^2}\end{cases}$;   (2)$\begin{cases}x=\mathrm{e}^t\cos t\\y=\mathrm{e}^t\sin t\end{cases}$,求 $\dfrac{\mathrm{d}y}{\mathrm{d}x}\Big|_{t=\frac{\pi}{2}}$.

4.一金属圆管,其内半径为 5 cm,壁厚为 0.02 cm,求该圆管截面面积的近似值.

§2.4 洛必达法则

一、$\dfrac{0}{0}$ 型和 $\dfrac{\infty}{\infty}$ 型未定式

在某一变化过程中,两个无穷小之比或两个无穷大之比的极限可能存在,也可能不存在,称这类极限为未定式,记为 $\dfrac{0}{0}$ 或 $\dfrac{\infty}{\infty}$.应用初等方法求这类极限有时会比较困难.本节给出一种有效求 $\dfrac{0}{0}$ 或 $\dfrac{\infty}{\infty}$ 的极限方法,即洛必达法则.

定理 2.5　如果函数 $f(x)$ 及 $g(x)$ 满足：(1) $\lim\limits_{x \to a} f(x) = 0$，$\lim\limits_{x \to a} g(x) = 0$；(2)在点 a 的某去心邻域内可导，且 $g'(x) \neq 0$；(3) $\lim\limits_{x \to a} \dfrac{f'(x)}{g'(x)} = A$（或 ∞），则必有

$$\lim_{x \to a} \frac{f(x)}{g(x)} = \lim_{x \to a} \frac{f'(x)}{g'(x)} = A（或 \infty）. \tag{2.8}$$

这种在一定条件下通过分子分母分别求导数再求极限来确定未定式极限值的方法称为洛必达法则.

例 1　求 $\lim\limits_{x \to 1} \dfrac{x^3 - 3x + 2}{x^3 - x^2 - x + 1}$.

解　原式 $\overset{(\frac{0}{0})}{=\!=\!=} \lim\limits_{x \to 1} \dfrac{3x^2 - 3}{3x^2 - 2x - 1} \overset{(\frac{0}{0})}{=\!=\!=} \lim\limits_{x \to 1} \dfrac{6x}{6x - 2} = \dfrac{3}{2}$.

说明：使用一次洛必达法则后，如果 $\dfrac{f'(x)}{g'(x)}$ 仍是满足定理条件的未定式，则可继续使用洛必达法则，而且可以连续多次使用，但是务必验证是否满足定理条件.

例 2　求 $\lim\limits_{x \to 0} \dfrac{\ln(1 + x)}{x^2}$.

解　$\lim\limits_{x \to 0} \dfrac{\ln(1 + x)}{x^2} \overset{(\frac{0}{0})}{=\!=\!=} \lim\limits_{x \to 0} \dfrac{\dfrac{1}{1 + x}}{2x} = \infty$.

说明：

(1)定理 2.5 中的条件(1)改为 $\lim\limits_{x \to a} f(x) = \infty$，$\lim\limits_{x \to a} g(x) = \infty$，则 $\lim\limits_{x \to a} \dfrac{f(x)}{g(x)}$ 是 $\dfrac{\infty}{\infty}$ 型未定式，定理仍成立.

(2)定理中 $x \to a$，若改为 $x \to \infty$，$x \to +\infty$，$x \to -\infty$，$x \to a^+$，$x \to a^-$，只需将定理中条件(2)作相应的修改，定理仍成立.

例 3　求 $\lim\limits_{x \to +\infty} \dfrac{\ln x}{x^n}$　($n > 0$).

解　$\lim\limits_{x \to +\infty} \dfrac{\ln x}{x^n} \overset{(\frac{\infty}{\infty})}{=\!=\!=} \lim\limits_{x \to +\infty} \dfrac{\dfrac{1}{x}}{nx^{n-1}} = \lim\limits_{x \to +\infty} \dfrac{1}{nx^n} = 0$.

说明：

(1)洛必达法则只适用于 $\dfrac{0}{0}$ 或 $\dfrac{\infty}{\infty}$ 型，但是定理的条件是充分非必要的，换句话说，在 $\dfrac{0}{0}$ 或 $\dfrac{\infty}{\infty}$ 型未定式中，若 $\lim\limits_{x \to a} \dfrac{f'(x)}{g'(x)}$ 不存在，不能说明 $\lim\limits_{x \to a} \dfrac{f(x)}{g(x)}$ 不存在. 例如，$\lim\limits_{x \to \infty} \dfrac{\sin x - x}{x} = -1$. 而 $\lim\limits_{x \to \infty} \dfrac{(\sin x - x)'}{(x)'} = \lim\limits_{x \to \infty} \dfrac{\cos x - 1}{1} = \lim\limits_{x \to \infty} (\cos x - 1)$ 极限不存在.

(2)在运用洛必达法则求未定式极限时，还可以结合使用无穷小等价代换的方法，可能使得运算变得简单. 例如，

$$\lim_{x \to 0} \frac{x - \sin x}{\tan^3 x} = \lim_{x \to 0} \frac{x - \sin x}{x^3} = \lim_{x \to 0} \frac{1 - \cos x}{3x^2} = \lim_{x \to 0} \frac{\dfrac{1}{2} x^2}{3x^2} = \frac{1}{6},$$

在该例中用到等价代换：$x \to 0$ 时，$\tan x \sim x$，$1 - \cos x \sim \frac{1}{2}x^2$.

二、其他类型未定式

对于 $0 \cdot \infty$，$\infty - \infty$ 型未定式的求极限问题，可以经过适当的初等变换将它们转化为 $\frac{0}{0}$ 或 $\frac{\infty}{\infty}$ 型未定式来计算. 一般方法是：(1)$0 \cdot \infty$ 转化为 $\frac{0}{0}$ 或 $\frac{\infty}{\infty}$ 型；(2)$\infty - \infty$ 型用通分法.

例 4 求 $\lim\limits_{x \to 0^+} x^n \ln x$ （$n > 0$）.

解 $\lim\limits_{x \to 0^+} x^n \ln x \xlongequal{(0 \cdot \infty)} \lim\limits_{x \to 0^+} \dfrac{\ln x}{x^{-n}} \xlongequal{\left(\frac{\infty}{\infty}\right)} \lim\limits_{x \to 0^+} \dfrac{\frac{1}{x}}{-nx^{-n-1}} = \lim\limits_{x \to 0^+} \dfrac{-x^n}{n} = 0$.

例 5 求 $\lim\limits_{x \to \frac{\pi}{2}} (\sec x - \tan x)$.

解 $\lim\limits_{x \to \frac{\pi}{2}} (\sec x - \tan x) \xlongequal{(\infty - \infty)} \lim\limits_{x \to \frac{\pi}{2}} \dfrac{1 - \sin x}{\cos x} \xlongequal{\left(\frac{0}{0}\right)} \lim\limits_{x \to \frac{\pi}{2}} \dfrac{-\cos x}{\sin x} = 0$.

对于幂指函数 $f(x)^{g(x)}$ 的极限：若 $\lim f(x) = 0$，$\lim g(x) = 0$，这是 0^0 型未定式；若 $\lim f(x) = 1$，$\lim g(x) = \infty$，这是 1^∞ 型未定式；若 $\lim f(x) = \infty$，$\lim g(x) = 0$，这是 ∞^0 型未定式. 由于 $f(x)^{g(x)} = e^{g(x) \ln f(x)}$，而 $\lim g(x) \ln f(x)$ 是 $0 \cdot \infty$ 型未定式，可化为 $\frac{0}{0}$ 或 $\frac{\infty}{\infty}$ 型，再用洛必达法则即可.

扫码看案例

例 6 求 $\lim\limits_{x \to 0^+} x^x$.

解 $\lim\limits_{x \to 0^+} x^x = \lim\limits_{x \to 0^+} e^{x \ln x} = e^{\lim\limits_{x \to 0^+} x \ln x} = e^{\lim\limits_{x \to 0^+} \frac{\ln x}{\frac{1}{x}}} = e^{\lim\limits_{x \to 0^+} \frac{\frac{1}{x}}{-\frac{1}{x^2}}} = e^0 = 1$.

例 7 求 $\lim\limits_{x \to 1} x^{\frac{1}{1-x}}$.

解 $\lim\limits_{x \to 1} x^{\frac{1}{1-x}} = \lim\limits_{x \to 1} e^{\frac{1}{1-x} \ln x} = e^{\lim\limits_{x \to 1} \frac{1}{1-x} \ln x} = e^{\lim\limits_{x \to 1} \frac{\frac{1}{x}}{-1}} = e^{-1}$.

例 8 求 $\lim\limits_{x \to \infty} (1 + x^2)^{\frac{1}{x}}$.

解 $\lim\limits_{x \to \infty} (1 + x^2)^{\frac{1}{x}} = \lim\limits_{x \to \infty} e^{\frac{1}{x} \ln(1+x^2)} = e^{\lim\limits_{x \to \infty} \frac{1}{x} \ln(1+x^2)} = e^{\lim\limits_{x \to \infty} \frac{\ln(1+x^2)}{x}} = e^{\lim\limits_{x \to \infty} \frac{\frac{2x}{1+x^2}}{1}} = e^0 = 1$.

练 习 2.4

1. 用洛必达法则求下列极限.

(1)$\lim\limits_{x \to 0} \dfrac{\ln(x+1)}{x}$；

(2)$\lim\limits_{x \to \pi} \dfrac{\sin 3x}{\tan 5x}$；

(3)$\lim\limits_{x \to +\infty} \dfrac{e^x}{x^3}$；

(4)$\lim\limits_{x \to 0^+} \dfrac{\ln x}{\ln \sin x}$；

(5)$\lim\limits_{x \to \infty} x(e^{\frac{1}{x}} - 1)$；

(6)$\lim\limits_{x \to 0} \left(\dfrac{1}{x} - \dfrac{1}{e^x - 1} \right)$；

(7) $\lim\limits_{x\to 0^+} x^{\sin x}$;　　　　(8) $\lim\limits_{x\to e}(\ln x)^{\frac{1}{1-\ln x}}$;

(9) $\lim\limits_{x\to +\infty}(1+x)^{\frac{1}{x}}$.

2. 设函数 $f(x)$ 二阶连续可导，且 $f(0)=0$，$f'(0)=1$，$f''(0)=2$，试求 $\lim\limits_{x\to 0}\dfrac{f(x)-x}{x^2}$.

【阅读材料】

伯努利与洛必达

约翰·伯努利(Johann Bernoulli，1667—1748)，瑞士著名数学家.

洛必达(L'Hospital，1661—1704)，法国贵族、数学家.

伯努利出生在一个出现过多名科学家的家庭. 他与他哥哥雅克布·贝努利在微积分、微分方程、解析几何、概率论等方面有突出贡献.

洛必达早年就显露出数学才能，在他 15 岁时就解出帕斯卡的摆线难题，以后又解出约翰·伯努利向欧洲挑战的"最速降曲线"问题. 他曾经从军，稍后放弃军职，投身瑞士数学家约翰·伯努利的门下学习微积分.

洛必达于 1696 年出版《无限小分析》一书，书中提到一种算法(洛必达法则)，用以求解满足一定条件的两函数之商的极限. 洛必达在前言中向伯努利和莱布尼茨致谢，特别是伯努利. 他写道：我书中的许多结果都得益于约翰·伯努利和莱布尼茨，如果他们要来认领这本书里的任何一个结果，我都悉听尊便. 这本书是世界上第一本系统的微积分学教科书，由一组定义和公理出发，全面地阐述变量、无穷小量、切线、微分等概念，这对传播微积分理论起了很大的作用. 在书中记载着约翰·伯努利在 1694 年 7 月 22 日告诉他的一个著名定理：求一个分式当分子和分母都趋于零时的极限的法则，即洛必达法则.

由于洛必达的《无限小分析》一书对于推广微积分有很好的作用，并且书中首先提出了洛必达法则，故"洛必达法则"之名沿用至今.

洛必达逝世之后，伯努利发表声明洛必达法则及许多其他发现归功于自己. 但是，人们更习惯将该法则称为"洛必达"法则.

洛必达还写作过几何、代数及力学方面的文章. 他曾计划写作一本关于积分学的教科书，由于过早去世，这本积分学教科书未能完成. 而遗留的手稿于 1720 年在巴黎出版，名为《圆锥曲线分析论》.

§2.5　函数的单调性与极值

本节介绍利用函数的一阶导数来判定函数单调性的方法.

一、函数的单调性

从几何上可以看出，曲线的单调性与其上各点的切线的斜率密切相关，如果 $y=f(x)$ 在 $[a,b]$ 上单调增加(单调减少)，那么它的图形是一条沿 x 轴正向上升(下降)的曲线(见图 2.4 和图 2.5)，这时曲线上各点处的切线斜率是非负的(非正的)，即 $y'=f'(x)\geqslant 0(y'=f'(x)\leqslant 0)$.

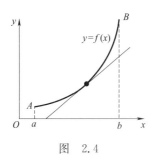
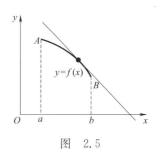

图 2.4   图 2.5

那么,能否用导数的符号来判定函数的单调性呢? 我们有下列判断函数单调性的一个充分条件.

定理 2.6(函数单调性的判定定理) 设函数 $y=f(x)$ 在 $[a,b]$ 上连续,在 (a,b) 内可导,

(1)如果在 (a,b) 内 $f'(x)>0$,那么函数 $y=f(x)$ 在 $[a,b]$ 上单调增加;

(2)如果在 (a,b) 内 $f'(x)<0$,那么函数 $y=f(x)$ 在 $[a,b]$ 上单调减少.

说明:

(1)将判定法中的闭区间换成其他区间,如开区间、半开半闭区间甚至无穷区间,结论仍然成立.

(2)若函数在区间 I 内仅仅个别点处导数为零,而其他点仍满足定理条件,则定理的结论仍然成立.

例1 讨论函数 $f(x)=2x^3+3x^2-12x$ 的单调性.

解 函数的定义域为 $(-\infty,+\infty)$,$y'=6(x^2+x-2)=6(x-1)(x+2)$.

令 $y'=0$,得 $x_1=-2,x_2=1$.

在 $(-\infty,-2)$ 内,$f'(x)>0$. 在 $(-2,1)$ 内,$f'(x)<0$. 在 $(1,\infty)$ 内,$f'(x)>0$.

由此可知,在 $(-\infty,-2)$ 与 $(1,\infty)$ 内所给函数单调增加,在 $(-2,1)$ 内所给函数单调减少.

例2 讨论函数 $f(x)=1-(x-2)^{\frac{2}{3}}$ 的单调性.

解 函数的定义域为 $(-\infty,+\infty)$. 当 $x\neq2$ 时,$f'(x)=-\dfrac{2}{3}(x-2)^{-\frac{1}{3}}$,当 $x=2$ 时,$f'(x)$ 不存在.

以 2 为分点,将定义域 $(-\infty,+\infty)$ 分成两部分:$(-\infty,2)$,$(2,+\infty)$.

在 $(-\infty,2)$ 内,$f'(x)>0$. 在 $(2,+\infty)$ 内,$f'(x)<0$.

由此可知,在 $(-\infty,2)$ 内所给函数单调增加,在 $(2,+\infty)$ 内,所给函数单调减少.

说明: 从上面两个例子可以看出,使函数**导数等于零的点**、**一阶导数不存在的点**都可能成为连续函数单调区间的分界点.

综合上述说明,可以总结出判别函数单调性的步骤如下:

(1)确定函数的定义域;

(2)求出使 $f'(x)=0$ 和 $f'(x)$ 不存在的点,并以这些点为分界点,将定义域分割成几个子区间;

扫码看案例

(3)确定 $f'(x)$ 在各个子区间内的符号,从而判定函数 $y=f(x)$ 的单调性.

二、函数的极值

1. 极值的定义

定义 2.3　设函数 $f(x)$ 在区间 (a,b) 内有定义,$x_0 \in (a,b)$. 如果在 x_0 的某一去心邻域内恒有:

(1) $f(x) < f(x_0)$,则称 $f(x_0)$ 是函数 $f(x)$ 的一个**极大值**,x_0 称为 $f(x)$ 的**极大值点**;

(2) $f(x) > f(x_0)$,则称 $f(x_0)$ 是函数 $f(x)$ 的一个**极小值**,x_0 称为 $f(x)$ 的**极小值点**.

函数的极大值与极小值统称函数的极值,极大值点、极小值点统称函数的极值点.

说明:

(1)函数的极值仅仅是在某一点的近旁而言的,它是局部性概念. 在一个区间上,函数可能有几个极大值与几个极小值,甚至有的极小值可能大于某个极大值. 从图 2.6 可看出,极小值 $f(x_6)$ 就大于极大值 $f(x_2)$.

(2)极值与水平切线的关系:在函数取得极值处(该点可导),曲线上的切线是水平的. 但曲线上有水平切线的地方,函数不一定取得极值(见图2.6).

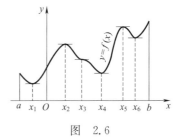

扫码看案例

图　2.6

2. 极值的判别法

定理 2.7(极值存在的必要条件)　设函数 $f(x)$ 在点 x_0 处可导,且在 x_0 处取得极值,那么函数在点 x_0 处的导数为零,即 $f'(x_0)=0$.

使 $f'(x)$ 为零的点(即方程 $f'(x)=0$ 的实根)称为函数 $f(x)$ 的驻点.

定理 2.7 就是说:**可导函数 $f(x)$ 的极值点必定是函数的驻点**. 但反过来,函数 $f(x)$ 的驻点却不一定是极值点.

例如,$f(x)=x^3$,在点 $x=0$ 处有 $f'(0)=0$,但 $x=0$ 并不是函数 $f(x)=x^3$ 的极值点.

此外,函数在不可导的点也可能取得极值. 例如,$y=x^{\frac{2}{3}}$ 有 $y'=\frac{2}{3}x^{-\frac{1}{3}}$,$y'|_{x=0}$ 不存在,但是在 $x=0$ 处函数却有极小值 $f(0)=0$,如图 2.7 所示.

又如,$y=x^{\frac{1}{3}}$ 有 $y'=\frac{1}{3}x^{-\frac{2}{3}}$,$y'|_{x=0}$ 也不存在,在 $x=0$ 处函数没有极值.

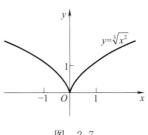

图　2.7

下面给出函数取得极值的充分条件,以及函数求极值的具体方法.

定理 2.8(极值存在的第一充分条件)　设函数 $f(x)$ 在点 x_0 的某一邻域内

可导.

（1）当 $x < x_0$ 时，$f'(x) > 0$，而当 $x > x_0$ 时，$f'(x) < 0$，那么函数 $f(x)$ 在 x_0 处取得极大值；

（2）当 $x < x_0$ 时，$f'(x) < 0$，而当 $x > x_0$ 时，$f'(x) > 0$，那么函数 $f(x)$ 在 x_0 处取得极小值；

（3）当 $x < x_0$ 与 $x > x_0$ 时，$f'(x)$ 不变号，那么函数 $f(x)$ 在 x_0 处没有极值.

证 （1）因为当 $x < x_0$ 时，$f'(x) > 0$，所以在 x_0 的左邻域内函数单调增加. 当 $x > x_0$ 时，$f'(x) < 0$，函数在 x_0 的右邻域内函数单调减少，因而在 x_0 的邻域内总有 $f(x) < f(x_0)$. 故函数 $f(x)$ 在 x_0 处取得极大值.

同理可证（2）.

因为函数 $f(x)$ 在 x_0 的邻域内 $f'(x)$ 不变号，因此函数在 x_0 的左、右邻域内都是单调增加或单调减少，故函数 $f(x)$ 在 x_0 处没有极值.

综上所述，求函数 $f(x)$ 极值的步骤如下：

（1）求出函数的定义域及导数 $f'(x)$；

（2）令 $f'(x) = 0$，求出 $f(x)$ 的全部驻点和导数不存在的点；

（3）列表判断（用上述各点将定义域分成若干子区间，判定各子区间内 $f'(x)$ 的正、负，以便确定该点是否是极值点）；

（4）求出各极值点处的函数值，确定出函数的所有极值点和极值.

例 3 求函数 $f(x) = (x-4)\sqrt[3]{(x+1)^2}$ 的极值.

解 $f(x)$ 在 $(-\infty, +\infty)$ 内连续，$f'(x) = \dfrac{5(x-1)}{3\sqrt[3]{x+1}}$.

令 $f'(x) = 0$，得驻点 $x = 1$；而当 $x = -1$ 时，$f'(x)$ 不存在. 这两个点将函数 $f(x)$ 的定义区间分成三部分.

列表判断，见表 2.1.

表 2.1

x	$(-\infty, -1)$	-1	$(-1, 1)$	1	$(1, +\infty)$
$f'(x)$	$+$	不存在	$-$	0	$+$
$f(x)$	↗	0	↘	$-3\sqrt[3]{4}$	↗

由表 2.1 可见，极大值为 $f(-1) = 0$，极小值为 $f(1) = -3\sqrt[3]{4}$.

三、函数的最值及应用

在工农业生产、工程技术及科学实验中，常常会遇到这样一类问题：在一定条件下，怎样使"产品最多""用料最省""成本最低""效率最高". 这类问题在数学上有时可归结为求某一函数（通常称为目标函数）的最大值或最小值问题，简称**最值问题**. 函数的最大值和最小值统称**函数的最值**，对应的点为**最值点**. 不同于函数的极值，最值是一个整体性概念.

一般地，若函数 $f(x)$ 在闭区间 $[a, b]$ 上连续，则函数在闭区间 $[a, b]$ 上必有最值. 显然连续函数 $f(x)$ 的最值只可能在极值点和区间的端点处取得，而函数的极值点只能在驻点和导数不存在的点取得，因此只要求出函数在驻点、导数不存在的点和区间端点的函数值,然后加以比较即可求出函数的最值.

求函数 $f(x)$ 在连续区间 $[a,b]$ 上最值的一般步骤:

(1)求出函数 $f(x)$ 在 (a,b) 内的驻点和不可导点以及端点处的函数值;

(2)比较这些函数值的大小,其中最大的和最小的就是函数 $f(x)$ 的最大值和最小值.

例 4 求函数 $f(x)=2x^3+3x^2-12x+14$ 在 $[-3,4]$ 上的最大值与最小值.

解 因为 $f'(x)=6(x+2)(x-1)$,令 $f'(x)=0$,解得 $x_1=-2,x_2=1$.

又 $f(-3)=23,f(-2)=34,f(1)=7,f(4)=142$.

故函数的最大值和最小值分别为 142 和 7.

求函数的最值时,常遇到下述情况:

(1)$f(x)$ 在 $[a,b]$ 内单调增加(或减少),则 $f(a)$(或 $f(b)$)为最小值,$f(b)$(或 $f(a)$)为最大值.

(2)若函数在讨论的区间(有限或无限,开或闭)内仅有一个极值点,则当它是函数的极大值或极小值时,它就是该函数的最大值或最小值.

在实际问题中,由实际意义分析确实存在最大值或最小值,又所讨论的问题在它所对应的区间内只有一个驻点 x_0,那么不必讨论 $f(x_0)$ 是否是极值,一般就可以断定 $f(x_0)$ 是问题所需要的最大值或最小值.

例 5 直流电路的电阻匹配问题.

已知电源电压为 E,内阻为 r,如图 2.8 所示.问负载电阻 R 多大时,输出功率最大.

解 E 和 r 均为常数,由欧姆定律,通过电路的电流 $i(R)=\dfrac{E}{R+r}$,输出功率是 $P(R)=i^2R$ $=\dfrac{E^2R}{(R+r)^2}$.

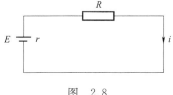

图 2.8

由 $P'(R)=\dfrac{E^2(r-R)}{(R+r)^3}=0$ 得唯一解 $R=r$.

又 $P'(R)=\dfrac{E^2(r-R)}{(R+r)^3}\begin{cases}>0 & \text{当 } R<r \\ <0 & \text{当 } R>r\end{cases}$,所以函数 $P(R)$ 在点 r 处取唯一极大值.

这就是说,当负载电阻与电源内阻相等时,输出功率最大,且为 $P_{\max}(R)=\dfrac{E^2}{4R}$.

当负载电阻与电源内阻相等时,负载获得最大功率,这种工作状态称为负载与电源的匹配.此时电源内阻上消耗的功率和负载获得的功率相等,故电源效率只有 50%.

电力系统中,传输的功率大,要求效率高、能量损失小,所以不能工作在匹配状态;电信系统中,传输的功率小,效率居于次要地位,常设法达到匹配状态,使负载获得最大功率.

练 习 2.5

1. 求下列函数的单调区间.

(1) $y = x^3 - 3x^2 + 5$;　　　　(2) $y = x - \ln(1+x)$.

2. 求下列函数的极值.

(1) $f(x) = x^3 - 9x^2 - 27$;　　(2) $f(x) = x - \dfrac{3}{2}x^{\frac{2}{3}}$.

3. 求下列函数的最大值与最小值.

(1) $f(x) = (x^2 - 3)(x^2 - 4x + 1)$,　$x \in [-2, 4]$;

(2) $f(x) = 1 - \dfrac{2}{3}(x-2)^{\frac{2}{3}}$,　$x \in [0, 3]$.

4. 欲做一个容积为 $300 \ \mathrm{m^3}$ 的无盖圆柱形蓄水池,已知池底单位造价为周围单位造价的两倍,问蓄水池的尺寸怎样设计才能使总造价最低.

5. 欲用长 $l = 6 \ \mathrm{m}$ 的木料加工一个日字形的窗框,问它的边长和边宽分别为多少时,才能使窗框的面积最大?最大面积为多少?

§2.6　曲线的凹凸性与曲率

一、曲线的凹凸与拐点

在研究函数图形特性时,只知道它的上升和下降性质是不够的,还要研究曲线的弯曲方向问题.讨论曲线的凹凸性就是讨论曲线的弯曲方向问题.

例如,函数 $y = x^2$ 与 $y = \sqrt{x}$,虽然它们在 $(0, +\infty)$ 内都是增加的,但图形却有显著的不同,$y = \sqrt{x}$ 是向下弯曲的(或凸的)的曲线,而 $y = x^2$ 是向上弯曲的(或凹的)的曲线.

定义 2.4　若曲线弧位于它每一点的切线的上方,则称此**曲线弧是凹的**;若曲线弧位于它每一点的切线的下方,则称此**曲线弧是凸的**.如图 2.9 所示,(a)为凹的,(b)为凸的.

如何判别曲线在某一区间上的凹凸性呢?如图 2.9 所示,若曲线是凹弧,切线的斜率是递增的;若曲线是凸弧,切线的斜率是递减的.从而可以根据原来函数的二阶导数是正的还是负的来判别曲线弧的凹凸性,即有下面的曲线凹凸性的判定定理.

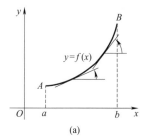　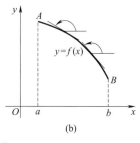

(a)　　　　　　　(b)

图　2.9

扫码看案例

定理 2.9（曲线凹凸性的判别法） 设 $f(x)$ 在区间 (a,b) 内具有二阶导数 $f''(x)$，那么

(1)若在 (a,b) 内 $f''(x)>0$，则 $f(x)$ 在 (a,b) 上的图形是凹的；

(2)若在 (a,b) 内 $f''(x)<0$，则 $f(x)$ 在 (a,b) 上的图形是凸的.

例 1 讨论函数 $f(x)=(x-2)^{\frac{5}{3}}$ 的凹凸性.

解 函数的定义域为 $(-\infty,+\infty)$，$f'(x)=\dfrac{5}{3}(x-2)^{\frac{2}{3}}$，$f''(x)=\dfrac{10}{9}(x-2)^{-\frac{1}{3}}$，所以，当 $x<2$ 时，$f''(x)<0$，$f(x)=(x-2)^{\frac{5}{3}}$ 在 $(-\infty,2)$ 上是凸的；当 $x>2$ 时，$f''(x)>0$，$f(x)=(x-2)^{\frac{5}{3}}$ 在区间 $(2,+\infty)$ 上是凹的.

例 2 讨论函数 $f(x)=x^3$ 的凹凸性.

解 函数的定义域 $(-\infty,+\infty)$，又 $f'(x)=3x^2$，$f''(x)=6x$，所以，当 $x<0$ 时，$f''(x)<0$，$f(x)=x^3$ 在 $(-\infty,0)$ 上是凸的；当 $x>0$ 时，$f''(x)>0$，$f(x)=x^3$ 在 $(0,+\infty)$ 上是凹的.

连续曲线 $y=f(x)$ 凹弧与凸弧的分界点称为曲线的**拐点**.

由上面的例子知道，二阶导数不存在的点有可能是拐点（例 1）；二阶导数为零时所对应的曲线上的点也有可能是拐点（例 2），**但是这两种点也不一定就是拐点**，根据拐点定义和定理 2.9，还要看点两侧 $f''(x)$ 的符号——必须异号.

结合上述内容，总结出确定曲线 $y=f(x)$ 的凹凸区间和拐点的步骤：

(1)求出函数 $y=f(x)$ 的定义域；

(2)求出 $f''(x)=0$ 的点和 $f''(x)$ 不存在的点；

(3)以上各点把 $f(x)$，$f'(x)$ 的定义域划分成若干子区间，观察各子区间上 $f''(x)$ 的符号，确定凹凸区间和拐点.

例 3 求曲线 $y=(x-1)\sqrt[3]{x^5}$ 的凹凸区间及拐点.

解 函数 $f(x)$ 的定义域为 $(-\infty,+\infty)$，

$$f(x)=x^{\frac{8}{3}}-x^{\frac{5}{3}},$$

$$f'(x)=\frac{8}{3}x^{\frac{5}{3}}-\frac{5}{3}x^{\frac{2}{3}},$$

$$f''(x)=\frac{40}{9}x^{\frac{2}{3}}-\frac{10}{9}x^{-\frac{1}{3}}=\frac{10}{9}\cdot\frac{4x-1}{\sqrt[3]{x}}.$$

由 $f''(x)=0$，解得 $x=\dfrac{1}{4}$，又 $x=0$，$f''(x)$ 不存在.

点 $x=\dfrac{1}{4}$，$x=0$ 把定义域分成三个部分区间 $(-\infty,0)$，$\left(0,\dfrac{1}{4}\right)$，$\left(\dfrac{1}{4},+\infty\right)$，列表讨论，见表 2.2.

表 2.2

x	$(-\infty,0)$	0	$\left(0,\dfrac{1}{4}\right)$	$\dfrac{1}{4}$	$\left(\dfrac{1}{4},+\infty\right)$
$f''(x)$	$+$	不存在	$-$	0	$+$
$f(x)$	凹	拐点	凸	拐点	凹

由上面的讨论可知,曲线 $f(x)$ 在区间 $(-\infty,0)$ 及 $\left(\dfrac{1}{4},+\infty\right)$ 上是凹的,在区间 $\left(0,\dfrac{1}{4}\right)$ 上是凸的,曲线上有两个拐点：$(0,0)$ 和 $\left(\dfrac{1}{4},-\dfrac{3}{16\sqrt[3]{16}}\right)$.

二、曲率

1. 弧微分

设一条平面曲线 $y=f(x)$ 的弧长 s 由某一点 A 算起,弧长 $\overparen{MN}$ 是某一点 $M(x,y)$ 起弧长的改变量 Δs,而 Δx 和 Δy 相应的 x 和 y 的改变量,由图 2.10 得到 $(\overline{MN})^2=(\Delta x)^2+(\Delta y)^2$,由此 $\left(\dfrac{\overline{MN}}{\Delta x}\right)^2=1+\left(\dfrac{\Delta y}{\Delta x}\right)^2$,对 $\Delta x\rightarrow 0$ 取极限得,$\Delta s=\overparen{MN}=\overline{MN}$,$\left(\dfrac{\mathrm{d}s}{\mathrm{d}x}\right)^2=1+\left(\dfrac{\mathrm{d}y}{\mathrm{d}x}\right)^2$,由于弧

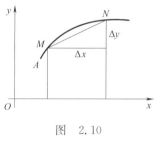

图 2.10

长 s 是 x 的单调增加函数,故 $\dfrac{\mathrm{d}s}{\mathrm{d}x}>0$,于是 $\mathrm{d}s=\sqrt{1+(y')^2}\,\mathrm{d}x$,称 $\mathrm{d}s$ 为**弧长的微分**,简称**弧微分**.

例 4 求曲线 $y=\sqrt{a^2-x^2}\ (a>0)$ 的弧微分.

解 当 $x\neq\pm a$ 时,有 $y'=\dfrac{-x}{\sqrt{a^2-x^2}}$.

$$\mathrm{d}s=\sqrt{1+(y')^2}\,\mathrm{d}x=\sqrt{1+\left(\dfrac{-x}{\sqrt{a^2-x^2}}\right)^2}\,\mathrm{d}x=\dfrac{a}{\sqrt{a^2-x^2}}\,\mathrm{d}x.$$

2. 曲率

为了定量研究曲线弧的弯曲程度,先来分析曲线弧的弯曲程度和哪些因素有关.

设曲线弧有连续转动的切线,且曲线弧 $\overparen{AB}$ 与 $\overparen{CD}$ 的长度相等,如图 2.11 所示. 显然,曲线弧 $\overparen{AB}$ 的弯曲程度比曲线弧 $\overparen{CD}$ 的弯曲程度小. 如果动点 M 沿曲线弧 $\overparen{AB}$ 由点 A 转动到点 B,相应的曲线弧上的点 A 处的切线沿曲线弧 $\overparen{AB}$ 转动到点 B 处,它所转过的角称为**切线的转角**,那么由图 2.11 可见,$\overparen{AB}$ 切线的转角为 α,$\overparen{CD}$ 切线的转角为 β,且 $\alpha<\beta$. 不难明白,如果曲线弧长相等,切线的转角越大,曲线的弯曲程度越大.

同样由图 2.12 可见,如果曲线弧的转角相等,那么曲线弧长越短,曲线的弯曲程度越大.

图 2.11　　　　　　　图 2.12

由上面的分析可知,曲线的弯曲程度与切线的转角有关,也与曲线弧长有关.

设曲线弧 $\overset{\frown}{MN}$ 的切线转角为 $\Delta\alpha$,弧 $\overset{\frown}{MN}$ 的长度为 Δs,则称 $\left|\dfrac{\Delta\alpha}{\Delta s}\right|$ 为曲线弧 $\overset{\frown}{MN}$ 的**平均曲率**. 平均曲率表示曲线的平均弯曲程度,显然点 N 越接近点 M, 曲线弧 $\overset{\frown}{MN}$ 的平均曲率越接近曲线弧在点 M 处的曲率. 因此,用弧 $\overset{\frown}{MN}$ 的平均曲率当点 N 沿曲线接近点 M(即 $\Delta s \to 0$)时的极限来定义曲线弧在点 M 处的曲率,即如果 $\lim\limits_{\Delta s \to 0}\dfrac{\Delta\alpha}{\Delta s}$ 存在,则定义

$$K=\left|\lim_{\Delta s \to 0}\frac{\Delta\alpha}{\Delta s}\right|=\left|\frac{\mathrm{d}\alpha}{\mathrm{d}s}\right|$$

为曲线 $y=f(x)$**在点 M 的曲率**.

设函数 $y=f(x)$ 具有二阶导数,如图 2.13 所示,曲线 $y=f(x)$ 在点 $M(x,f(x))$ 处切线的倾斜角为 α,则有

$$y'=\tan\alpha,\quad \alpha=\arctan y',\quad \mathrm{d}\alpha=\frac{y''}{1+(y')^2}\mathrm{d}x.$$

又弧长的微分 $\mathrm{d}s=\sqrt{1+(y')^2}\,\mathrm{d}x$,因此曲线 $y=f(x)$ 在点 $M(x,f(x))$ 处曲率为

$$K=\left|\frac{\mathrm{d}\alpha}{\mathrm{d}s}\right|=\frac{|y''|}{(1+(y')^2)^{\frac{3}{2}}}. \qquad (2.9)$$

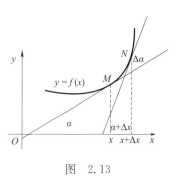

图　2.13

例 5　求直线上任一点处的曲率.

解　设直线的方程为 $y=ax+b$,可得 $y'=a$, $y''=0$. 由曲率公式可知,直线在任一点处的曲率 $K=0$.

例 6　求圆周 $(x-a)^2+(x-b)^2=R^2$ 上任一点处的曲率.

解　设 $M(x,y)$ 为圆周上任一点,由平面几何知识可知

$$\Delta s=R\Delta\alpha.$$

因此

$$K=\left|\lim_{\Delta s \to 0}\frac{\Delta\alpha}{\Delta s}\right|=\lim_{\Delta s \to 0}\frac{1}{R}=\frac{1}{R}.$$

即圆周上各点处的曲率相同,等于该圆半径的倒数.

例 7　求曲线 $y=\sqrt{x}$ 在点 $\left(\dfrac{1}{4},\dfrac{1}{2}\right)$ 处的曲率.

解　$y'=\dfrac{1}{2\sqrt{x}}$, $\ y'|_{x=\frac{1}{4}}=1$, $\ y''=-\dfrac{1}{4\sqrt{x^3}}$, $\ y''|_{x=\frac{1}{4}}=-2$.

所以,代入 $K=\left|\dfrac{\mathrm{d}\alpha}{\mathrm{d}s}\right|=\dfrac{|y''|}{(1+(y')^2)^{\frac{3}{2}}}$ 得曲率为 $K=\dfrac{\sqrt{2}}{2}$.

3. 曲率圆

如果曲线 $y=f(x)$ 上点 $M(x,y)$ 处的曲率 $K\neq0$,则称曲率的倒数 $\dfrac{1}{K}$ 为该曲线在点 $M(x,y)$ 处的**曲率半径**,记为 R,即

$$R=\frac{1}{K}=\frac{(1+(y')^2)^{\frac{3}{2}}}{|y''|}. \qquad (2.10)$$

以下设 $K\neq0$. 过曲线 $y=f(x)$ 上点 $M(x,y)$ 作曲线的切线,如图 2.14 所示. 在法线上沿曲线的凹向的一侧取点 D,使 $|MD|=\dfrac{1}{K}=R$,以 D 为圆心,以

$R=\dfrac{1}{K}$ 为半径作圆，称此圆为曲线 $y=f(x)$ 点 $M(x,y)$ **曲率圆**，此圆的半径为曲线 $y=f(x)$ 在此点的**曲率半径**，曲率圆的圆心 D 为曲线 $y=f(x)$ 在点 M 处的**曲率中心**.

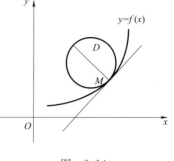

图 2.14

由上述定义可知曲率圆有如下的性质：

(1)它与曲线 $y=f(x)$ 在点 M 处相切；

(2)点 M 处，曲率圆与 $y=f(x)$ 有相同的曲率；

(3)点 M 处，曲率圆与 $y=f(x)$ 凹向相同.

例 8 试判定曲线 $y=ax^2+bx+c$ 在哪一点的曲率半径最小.

解 由 $y=ax^2+bx+c$，可得 $y'=2ax+b$，$y''=2a$. 因此，

$$R=\frac{(1+(y')^2)^{\frac{3}{2}}}{|y''|}=\frac{[1+(2ax+b)^2]^{\frac{3}{2}}}{|2a|}.$$

由于分母为常数，可知当 $2ax+b=0$ 时，即 $x=-\dfrac{b}{2a}$ 时，R 最小. 此时 $R=\dfrac{1}{2|a|}$，曲线上相应点为 $\left(-\dfrac{b}{2a},\dfrac{4ac-b^2}{4a}\right)$. 这是抛物线的顶点，直观上容易得到抛物线在顶点处的曲率最大.

例 9 如果有一个工件，内表面的截线为抛物线 $y=0.8x^2$，现用砂轮磨削其内表面，试判定砂轮直径多大才比较合适.

解 由例 8 知道，抛物线在其顶点处的曲率半径最小. 为此，为此，应求抛物线 $y=0.8x^2$ 在其顶点处的曲率半径. 用例 8 的结论.

因 $a=0.8$，故 $R=\dfrac{1}{|2\times0.8|}=0.625$.

故所选的砂轮直径不应超过 0.625.

练 习 2.6

1.讨论下列曲线的凹凸与拐点.

(1)$y=2x^2-x^3$；   (2)$y=\ln(1+x^2)$.

2.求下列曲线在指定点的曲率.

(1)$y=x^3$ 在点 $(-1,-1)$ 处；   (2)$y=\ln x$ 在点 $(e,1)$ 处.

3.求抛物线 $y=x^2-4x+3$ 曲率半径最小的点及相应的曲率半径.

小 结

一、主要知识点

导数，微分，驻点，极值点，最值点，拐点，极值，最值，曲率的概念及求法；洛必达法则；函数的单调性，凸性，极值及曲线的拐点的判定定理.

二、主要的数学思想和方法

数形结合的思想和方法,通过观察图像理解极值点,拐点的定义及探索如何求解.

三、主要的题型及解法

1.求导数.可用考虑以下方法求解:导数的定义的方法;导数基本公式;四则运算法则;复合函数的求导法则;隐函数求导法则.

2.求高阶导数:具体阶数的高阶导数,从一阶开始,逐阶求得所求阶数;n 阶导数,从一阶开始,逐阶求导,从其中的导数中,归纳出 n 阶导数.

3.求曲线的切线方程和法线方程:利用导数的几何意义,求出斜率,再由点斜式写出方程.

4.求微分.可以考虑以下方法:微分定义;微分基本公式;四则运算法则;微分形式不变性.

5.用洛必达法则求未定式极限:$\dfrac{0}{0}$,$\dfrac{\infty}{\infty}$,只要满足洛必达法则条件,可直接运用法则来求;对于 $0 \cdot \infty$,$\infty - \infty$,0^0,1^∞,∞^0 型未定式,可先化为 $\dfrac{0}{0}$ 或 $\dfrac{\infty}{\infty}$ 型,再用洛必达法则即可.

6.求函数的单调区间、极值和极值点:利用导数求驻点,再根据驻点和不可导点左右导数的符号变化确定该点是否为极值点.

7.求函数的最值和最值点:求一阶导数,再求所有的驻点、不可导点、函数端点的函数值,比较可得最值点和相应的最值.

8.求函数凹凸区间和曲线拐点:令二阶导数等于零,求出可能的拐点,然后根据这些点两侧二阶导数符号的变化判断是否为拐点.

9.求曲线的曲率:利用曲率的定义;若曲线函数二阶可导,也可用曲率的公式 $K = \dfrac{|y''|}{(1+(y')^2)^{\frac{3}{2}}}$.

自 测 题 2

一、选择题

1.函数 $f(x)$ 在点 x_0 处连续是在该点可导的(　　).

A.必要条件　　　　B.充分条件　　　　C.充要条件　　　　D.无关条件

2.下列函数中,其导数为 $\sin 2x$ 的是(　　).

A.$\cos 2x$　　　　B.$\cos^2 x$　　　　C.$-\cos 2x$　　　　D.$\sin^2 x$

3.已知 $f(x)$ 为奇函数,则 $f'(x)$ 是(　　).

A.奇函数　　　　B.偶函数　　　　C.非奇非偶函数　　　D.不确定

4.设 $y = f(\sin x)$ 且函数 $f(x)$ 可导,则 $\mathrm{d}y = ($　　$)$.

A.$f'(\sin x)\mathrm{d}x$　　　　　　　　B.$f'(\cos x)\mathrm{d}x$

C.$f'(\sin x)\cos x\mathrm{d}x$　　　　　　D.$f'(\cos x)\cos x\mathrm{d}x$

5.设函数 $f(x)$ 在 x_0 点可导,则 $f'(x_0)=0$ 是 $f(x)$ 在 $x=x_0$ 取得极值的

( ).

　　A. 必要但非充分条件　　　　　　B. 充分但非必要条件

　　C. 充分必要条件　　　　　　　　D. 无关条件

二、填空题

1. 曲线 $y=(1+x)\ln x$ 在点 $(1,0)$ 处的切线方程为_____.

2. 设 $f'(x_0)=A$,则极限 $\lim\limits_{\Delta x\to 0}\dfrac{f(x_0+\alpha\Delta x)-f(x_0-\beta\Delta x)}{\Delta x}=$_____.

3. $y=x+\dfrac{4}{x}$ 的减区间_____,凸区间_____.

4. $y=x^2+(2-x)^2$ 在 $[0,2]$ 上的最大值点为_____,最大值为_____.

三、求下列函数的导数

1. $y=(x^3-x)^5$;　　2. $y=\ln(x+\sqrt{1+x^2})$.

四、用洛必达法则求下列极限

1. $\lim\limits_{x\to 0}\dfrac{x-\sin x}{\sin^3 x}$;　　2. $\lim\limits_{x\to 0}\dfrac{\tan x-x}{x-\sin x}$.

五、解答题

1. 求由方程 $x^2+xy-y^3=0$ 确定的隐函数的导数 $\dfrac{\mathrm{d}y}{\mathrm{d}x}$.

2. 已知函数 $f(x)=\begin{cases}e^x & \text{当 } x\leqslant 0\\ ax+b & \text{当 } x>0\end{cases}$ 在 $x=0$ 处可导,求 a,b.

3. 已知 $y=ax^3+bx^2+cx$ 在点 $(1,2)$ 处有水平切线,且原点为该曲线的拐点,试确定 a,b,c 的值,并写出曲线的方程.

4. 利用原有的一面墙,再围成三面墙成一个面积为 $a^2(a>0)$ 矩形院子(见图 2.15),其中,侧面墙每米的造价是正面墙造价的一半,问矩形的长与宽分别是多少的时候,矩形院墙的造价最低?

图　2.15

【阅读材料】

中国数学家的微积分思想

　　可将微积分的发展分为三个阶段:极限概念,求积的无限小方法,积分与微分及其互逆关系,其中最后一步是由牛顿、莱布尼茨完成的.前两阶段的工作,欧洲的大批数学家一直追溯到古希腊的阿基米德等都做出了各自的贡献.对于这方面的工作,古代中国是毫不逊色于西方的.极限思想在古代中国早有萌芽,甚至是古希腊数学都不能比拟.

　　早在公元前 7 世纪,在我国庄周所著的《庄子》一书的"天下篇"中,记有"一尺之棰,日取其半,万世不竭".公元前 4 世纪《墨经》中,有了有穷、无穷、无限小(最小无内)、无穷大(最大无外)的定义和极限、瞬时等概念.三国时期的刘徽在他的割圆术中提到"割之弥细,所失弥小,割之又割,以至于不可割,则与圆周和体而无所失矣."这些都是朴素的也是很典型的极限概念.

　　南宋数学家秦九韶于 1274 年撰写了划时代巨著《数书九章》十八卷,创举世闻名的"大衍求一术"——增乘开方法解任意次数字(高次)方程近似解,比西方早 500 多年. 北宋科学家沈括的《梦溪笔谈》独创了"隙积术""会圆术"和"棋局都数术"开创了对高阶等差级数求和的研究.

13 世纪 40 年代到 14 世纪初, 各主要（数学）领域都达到了中国古代数学的高峰, 出现了现通称贾宪三角形的"开方作法本源图"和增乘开方法、"正负开方术"、"大衍求一术"、"大衍总数术"（一次同余式组解法）、"垛积术"（高阶等差级数求和）、"招差术"（高次差内差法）、"天元术"（数字高次方程一般解法）、"四元术"（四元高次方程组解法）、勾股数学、弧矢割圆术、组合数学、计算技术改革和珠算等, 它们是在世界数学史上有重要地位的杰出成果. 中国古代数学有着微积分前两阶段的出色工作, 其中许多都是微积分得以创立的关键.

中国具备了 17 世纪发明微积分前夕的全部内在条件, 已经接近了微积分的大门. 可惜中国元朝以后, 八股取士制度造成了学术上的大倒退, 封建统治的文化专制和盲目排外致使包括数学在内的科学水平日渐衰落, 在微积分创立的最关键一步落伍了.

延伸学习

一、有关导数的定义

1. 定义法求导数的运用

虽然有求导数的各种法则, 但对于一些函数的导数, 用定义法是十分方便的甚至是唯一的.

例 1 求 $f(x)=x(x-1)(x-2)\cdots(x-100)$ 的导数 $f'(50)$. 如果用乘积函数求导数的法则实在很麻烦, 但是用定义法就很方便.

解 $f'(50)=\lim\limits_{x\to 50}\dfrac{f(x)-f(50)}{x-50}=\lim\limits_{x\to 50}\dfrac{x(x-1)(x-2)\cdots(x-100)}{x-50}$
$$=\lim\limits_{x\to 50}[x(x-1)\cdots(x-49)(x-51)\cdots(x-100)]=(50!)^2.$$

例 2 已知 $g(x)$ 在 $x=a$ 点连续, $f(x)=(x-a)g(x)$, 求 $f'(a)$.

如果用乘积函数求导数的法则先求导函数
$$f'(x)=(x-a)'g(x)+(x-a)g'(x)=g(x)+(x-a)g'(x),$$
然后代入 $x=a$ 得 $f'(a)=g(a)$ 这是错误的. 应该用定义求导数.

解 $f'(a)=\lim\limits_{x\to a}\dfrac{f(x)-f(a)}{x-a}=\lim\limits_{x\to a}\dfrac{(x-a)g(x)}{x-a}=\lim\limits_{x\to a}g(x)=g(a).$

例 3 设 $f(x)$ 在 $x=1$ 处连续, 且 $\lim\limits_{x\to 1}\dfrac{f(x)}{x-1}=5$, 求 $f'(1)$.

解 $f(x)$ 是抽象函数, 用定义求 $f'(1)$. 由题设极限式及函数在 $x=1$ 处连续, 得
$$f(1)=\lim\limits_{x\to 1}f(1)=\lim\limits_{x\to 1}(x-1)=0,$$
所以 $f'(1)=\lim\limits_{x\to 1}\dfrac{f(x)-f(1)}{x-1}=\lim\limits_{x\to 1}\dfrac{f(x)}{x-1}=5.$

2. 用导数定义式讨论极限

例 4 函数 $f(x)$ 与 $y=\sin x$ 的图像在 $x=0$ 点处相切, 求 $\lim\limits_{n\to\infty}nf\left(\dfrac{2}{n}\right).$

解　$y=\sin x,y\mid_{x=0}=0,y'=\cos x,y'\mid_{x=0}=1$,由于函数 $f(x)$ 与 $y=\sin x$ 的图像在 $x=0$ 点处相切,则 $f(0)=1,f'(0)=1$,那么

$$\lim_{n\to\infty}nf\left(\frac{2}{n}\right)=\lim_{n\to\infty}\frac{f\left(\frac{2}{n}\right)}{\frac{1}{n}}=2\lim_{n\to\infty}\frac{f\left(\frac{2}{n}\right)-f(0)}{\frac{2}{n}-0}=2f'(0)=2.$$

二、导数的计算

1. 正割、余割函数的导数的推导

基本初等函数的导数公式有的由定义得出(公式(1)～(8)),有的用定义法四则法则(公式(9)～(12)),有的用反函数求导法则.

运用四则法则推导正割、余割的导数

$$(\sec x)'=\left(\frac{1}{\cos x}\right)'=\frac{(1)'\cdot\cos x-(\cos x)'\cdot 1}{\cos^2 x}=\frac{\sin x}{\cos^2 x}=\sec x\tan x.$$

同理可得 $(\csc x)'=-\csc x\cot x$.

2. 反函数求导法则

如果函数 $x=f(y)$ 在区间 I_y 单调、可导且 $f'(y)\neq 0$,则它的反函数 $y=f^{-1}(x)$ 在 I_y 对应的区间 I_x 也可导,并且

$$[f^{-1}(x)]'=\frac{1}{f'(y)}\quad 或\quad \frac{\mathrm{d}y}{\mathrm{d}x}=\frac{1}{\frac{\mathrm{d}x}{\mathrm{d}y}}.$$

例 5　求 $y=\arcsin x(-1<x<1)$ 的导数.

解　设 $x=\sin y\left(I_y=\left(-\frac{\pi}{2},\frac{\pi}{2}\right)\right)$,它是单调的可导函数,其反函数 $y=\arcsin x(I_x=(-1,1))$,在 $\left(-\frac{\pi}{2},\frac{\pi}{2}\right)$ 内有 $(\sin y)'=\cos y$,则在对应区间 $(-1,1)$ 内有 $(\arcsin x)'=\frac{1}{(\sin y)'}=\frac{1}{\cos y}$.

因为 $\cos y=\sqrt{1-\sin^2 y}=\sqrt{1-x^2}$ $(\cos y>0)$,所以 $(\arcsin x)'=\frac{1}{\cos y}=\frac{1}{\sqrt{1-x^2}}$.

其他反三角函数的导数类似可得.

3. 对数求导法

对于两类函数——幂指函数和多项的积商幂根形式的函数,可采用对数求导法计算其导数.

例 6　求 $y=x^{2x}(x>0)$ 的导数.

解　取对数 $\ln y=2x\ln x$,对 x 求导数 $\frac{1}{y}y'=2\ln x+2$,那么

$$y'=y(2\ln x+2)=x^{2x}(2\ln x+2).$$

例 7　求 $y=\mathrm{e}^{x^2}\cdot\sqrt[3]{\frac{x+1}{(x+2)^2}}$ 的导数.

解　取对数 $\ln y = x^2 + \dfrac{1}{3}\ln(x+1) - \dfrac{2}{3}\ln(x+2)$，对 x 求导数 $\dfrac{1}{y}y' = 2x +$

$\dfrac{1}{3x+3} - \dfrac{2}{3x+6}$，那么

$$y' = y\left(2x + \frac{1}{3x+3} - \frac{2}{3x+6}\right) = e^{x^2} \cdot \sqrt[3]{\frac{x+1}{(x+2)^2}}\left(2x + \frac{1}{3x+3} - \frac{2}{3x+6}\right).$$

三、中值定理以及在证明中的运用

1. 中值定理

中值定理是运用导数讨论函数的理论基础，包括罗尔定理、拉格朗日中值定理、柯西中值定理.

（1）罗尔定理.

如果函数 $f(x)$ 满足①在闭区间 $[a,b]$ 上连续；②在开区间 (a,b) 内可导；③在区间端点处的函数值相等，即 $f(a) = f(b)$，那么在 (a,b) 内至少有一点 ξ $(a < \xi < b)$，使得 $f'(\xi) = 0$.

该定理的几何意义如图 2.16 所示. 曲线弧 $\overset{\frown}{AB}$ 是连续可导曲线，在两端点纵坐标相等，连接 AB 并上下平移在 C,D 点处与曲线相切，即在 C,D 点处有水平切线，记 C 点横坐标为 ξ，那么就有 $f'(\xi) = 0$.

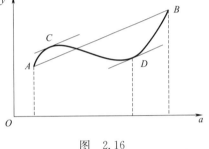

图　2.16

（2）拉格朗日定理.

如果函数 $f(x)$ 满足①在闭区间 $[a,b]$ 上连续；②在开区间 (a,b) 内可导，那么在 (a,b) 内至少有一点 $\xi(a < \xi < b)$，使得

$$f'(\xi) = \frac{f(b) - f(a)}{b-a}.$$

该定理的几何意义如图 2.16 所示. 曲线弧 $\overset{\frown}{AB}$ 是连续可导曲线，连接 AB 并上下平移在 C,D 点处与曲线相切，即在 C,D 点处有切线平行于线段 AB，AB 所在直线的斜率为 $k_{AB} = \dfrac{f(b) - f(a)}{b-a}$，记 C 点横坐标为 ξ，那么就有 $f'(\xi) = \dfrac{f(b) - f(a)}{b-a}$.

（3）柯西定理.

如果函数 $f(x), g(x)$ 满足①在闭区间 $[a,b]$ 上连续；②在开区间 (a,b) 内可导；③在 (a,b) 内 $g'(x) \neq 0$，那么在 (a,b) 内至少有一点 $\xi(a < \xi < b)$，使得

$$\frac{f'(\xi)}{g'(x)} = \frac{f(b) - f(a)}{g(b) - g(a)}.$$

2. 证明单调性判定法

设函数 $y = f(x)$ 在 $[a,b]$ 上连续，在 (a,b) 内可导.

（1）如果在 (a,b) 内 $f'(x) > 0$，那么函数 $y = f(x)$ 在 $[a,b]$ 上单调增加；

（2）如果在 (a,b) 内 $f'(x)<0$，那么函数 $y=f(x)$ 在 $[a,b]$ 上单调减少.

证 在 $[a,b]$ 上任取 $x_1<x_2$，则 $x_2-x_1>0$，应用拉格朗日中值定理，得到

$$f(x_2)-f(x_1)=f'(\xi)(x_2-x_1) \quad (x_1<\xi<x_2).$$

当 $f'(x)>0$ 时有 $f'(\xi)>0$，则 $f(x_2)-f(x_1)=f'(\xi)(x_2-x_1)>0$，因此 $f(x)$ 单调增加；

当 $f'(x)<0$ 时有 $f'(\xi)<0$，则 $f(x_2)-f(x_1)=f'(\xi)(x_2-x_1)<0$，因此 $f(x)$ 单调减少.

3. 运用中值定理证明

例 8 用中值定理证明：当 $x>0$ 时，$1>\dfrac{\ln(1+x)}{x}>\dfrac{1}{1+x}$.

分析 解决问题的关键是选取函数和区间.

证 根据题目选取 $f(x)=\ln x$，在 $[1,1+x]$ 连续且可导，则至少 $\exists\xi\in(1,1+x)$，使得

$$f'(\xi)=\frac{f(1+x)-f(1)}{1+x-1}=\frac{\ln(1+x)-\ln 1}{x}=\frac{\ln(1+x)}{x}.$$

又 $1<\xi<1+x$，那么 $\dfrac{1}{1+x}<f'(\xi)=\dfrac{1}{\xi}<1$，则 $\dfrac{1}{1+x}<\dfrac{\ln(1+x)}{x}<1$，即

$$1>\frac{\ln(1+x)}{x}>\frac{1}{1+x}.$$

四、极值判定的第二充分条件

定理 设 $f(x)$ 在 x_0 的某邻域内二阶可导，且 $f'(x_0)=0$，$f''(x_0)\neq 0$，那么

（1）若 $f''(x_0)<0$，则 $f(x_0)$ 是函数的极大值；

（2）若 $f''(x_0)>0$，则 $f(x_0)$ 是函数的极小值.

例 9 求函数 $f(x)=x^2\ln x$ 的极值.

解 函数的定义域是 $(0,+\infty)$，

$$f'(x)=2x\ln x+x=x(2\ln x+1),\quad f''(x)=2\ln x+3.$$

由 $f'(x)=0$ 得 $x_1=\mathrm{e}^{-\frac{1}{2}}$，而 $f''(\mathrm{e}^{-\frac{1}{2}})=2\ln\mathrm{e}^{-\frac{1}{2}}+3=2>0$，

因此 $f(x)$ 在 x_1 处取得极小值，$f(x_1)=f(\mathrm{e}^{-\frac{1}{2}})=-\dfrac{1}{2\mathrm{e}}$.

第 3 章

积分及应用

【学习目标与要求】

1. 理解不定积分、定积分的概念和相互关系;熟练运用公式计算不定积分和定积分.

2. 理解微积分基本公式,掌握换元积分法和分部积分法.

3. 理解微元法,了解定积分在几何中应用,能运用定积分解决较为简单的几何应用问题.

一元函数的积分学包括不定积分和定积分两部分,是高等数学的重要组成部分.不定积分是作为微分的逆运算引入的,定积分是从实例问题中抽象出来的,用于计算无穷和式的极限.本章主要介绍不定积分与定积分的概念、性质、计算及定积分的应用.

§3.1 不定积分的概念与性质

一、不定积分的概念

我们知道,微分法是研究如何从一个已知的函数求出其导数.但是有时候会遇到与之相反的问题:已知一个函数,求一个未知函数,使未知函数的导数恰好是已知函数.

例如,设物体做变速直线运动,若已知其运动方程 $s=s(t)$,求物体在时刻 t 的瞬时速度,就是 s 对 t 的导数:$v(t)=s'(t)=\dfrac{\mathrm{d}s}{\mathrm{d}t}$.反之,若已知物体的运动速度 $v=v(t)$,怎样求出物体的运动方程 $s(t)$? 即:要求一个函数 $s(t)$,使得 $s'(t)=v(t)$.

我们有如下定义:

定义 3.1 已知函数 $f(x)$ 在某区间 I 上有定义,如果存在函数 $F(x)$,使得在该区间 I 上都有

$$F'(x)=f(x) \quad \text{或} \quad \mathrm{d}F(x)=f(x)\mathrm{d}x, \tag{3.1}$$

则称函数 $F(x)$ 是函数 $f(x)$ 在区间 I 上的一个**原函数**.

例如,已知 $f(x)=\cos x$,有 $F(x)=\sin x$,使得 $F'(x)=f(x)$ 在 $(-\infty,+\infty)$ 内都成立,所以 $F(x)=\sin x$ 是 $f(x)=\cos x$ 在 $(-\infty,+\infty)$ 内的一个原函数.又如,$(x^3)'=3x^2$ 在 $(-\infty,+\infty)$ 内都成立,所以 x^3 是 $3x^2$ 在 $(-\infty,+\infty)$ 内的

一个原函数. 对于任意常数 C，$(x^3+C)'=3x^2$，所以 x^3+C 是 $3x^2$ 在 $(-\infty,+\infty)$ 内的原函数，取定一个 C 值，就得到 $3x^2$ 的一个原函数.

一般地，若函数 $F(x)$ 是函数 $f(x)$ 的一个原函数，则：

（1）对任意常数 C，函数 $F(x)+C$ 也是函数 $f(x)$ 的一个原函数. 即若有一个原函数，则一定有无穷多个原函数.

（2）函数 $f(x)$ 的任意两个原函数 $F(x)$ 与 $G(x)$ 之间最多只相差一个常数. 即

$$F(x)-G(x)=C.$$

要求出函数 $f(x)$ 的所有原函数，只需求出一个原函数 $F(x)$，再加上任意常数，就得到函数 $f(x)$ 的所有（全部）原函数，称为 $f(x)$ 的原函数族. 若函数 $f(x)$ 在区间 I 上连续，则它在该区间上一定存在原函数.

定义 3.2 设函数 $f(x)$ 在区间 I 上有原函数 $F(x)$，则称它的全部原函数 $F(x)+C$ 为 $f(x)$ 在区间 I 上的**不定积分**，记为 $\int f(x)\mathrm{d}x$，即

$$\int f(x)\mathrm{d}x = F(x)+C. \tag{3.2}$$

扫码看案例

其中，$\int$ 称为**积分号**，x 称为**积分变量**，$f(x)$ 称为**被积函数**，$f(x)\mathrm{d}x$ 称为**被积表达式**，C 称为**积分常数**. 这就是说，要求函数 $f(x)$ 的不定积分，只需要找出它的一个原函数，再加上积分常数 C 即可. 如

$$\int \cos x\mathrm{d}x = \sin x+C, \int 3x^2\mathrm{d}x = x^3+C.$$

若 $F(x)$ 是 $f(x)$ 的一个原函数，则称 $y=F(x)$ 的图像为 $f(x)$ 的一条积分曲线，将其沿 Oy 上下平行移动，就得到一族曲线，因此，不定积分的几何意义是 $f(x)$ 的全部积分曲线所组成的积分曲线族. 其方程是 $y=F(x)+C$，显然，每一条曲线在横坐标 x_0 点处的切线是平行的，如图 3.1 所示.

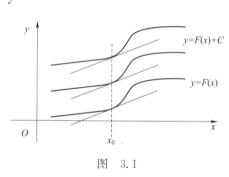

图 3.1

二、不定积分的性质

1. 不定积分的基本性质

不定积分和导数（或微分）是互逆运算关系：

（1）$\left(\int f(x)\mathrm{d}x\right)' = f(x)$　或　$\mathrm{d}\int f(x)\mathrm{d}x = f(x)\mathrm{d}x$；

（2）$\int F'(x)\mathrm{d}x = F(x)+C$　或　$\int \mathrm{d}F(x) = F(x)+C.$

2. 不定积分的运算性质

（1）被积函数中的非零常数可以提到积分号外

$$\int kf(x)\mathrm{d}x = k\int f(x)\mathrm{d}x. \tag{3.3}$$

（2）函数和差的积分等于函数积分的和差

扫码看案例

$$\int (f(x) \pm g(x)) \mathrm{d}x = \int f(x) \mathrm{d}x \pm \int g(x) \mathrm{d}x. \qquad (3.4)$$

函数和差的积分等于函数积分的和差可以推广到有限个.

三、基本积分公式

由于不定积分是导数(或微分)的逆运算,由基本初等函数的导数公式便可以得到相对应的基本积分公式. 列出如下:

(1) $\int x^a \mathrm{d}x = \dfrac{1}{a+1} x^{a+1} + C \quad (a \neq -1)$;

特别地: $\int 0 \mathrm{d}x = C, \int 1 \mathrm{d}x = x + C, \int \dfrac{1}{\sqrt{x}} \mathrm{d}x = 2\sqrt{x} + C$.

(2) $\int \dfrac{1}{x} \mathrm{d}x = \ln |x| + C$.

(3) $\int a^x \mathrm{d}x = \dfrac{a^x}{\ln a} + C (0 < a \neq 1)$.

(4) $\int \mathrm{e}^x \mathrm{d}x = \mathrm{e}^x + C$.

(5) $\int \cos x \mathrm{d}x = \sin x + C$.

(6) $\int \sin x \mathrm{d}x = -\cos x + C$.

(7) $\int \sec^2 x \mathrm{d}x = \int \dfrac{1}{\cos^2 x} \mathrm{d}x = \tan x + C$.

(8) $\int \csc^2 x \mathrm{d}x = \int \dfrac{1}{\sin^2 x} \mathrm{d}x = -\cot x + C$.

(9) $\int \sec x \tan x \mathrm{d}x = \sec x + C$.

(10) $\int \csc x \cot x \mathrm{d}x = -\csc x + C$.

(11) $\int \dfrac{1}{\sqrt{1-x^2}} \mathrm{d}x = \arcsin x + C$.

(12) $\int \dfrac{1}{1+x^2} \mathrm{d}x = \arctan x + C$.

以上 12 个基本积分公式是积分运算的基础,只有把被积函数化成基本积分公式中的形式才能求积分. 公式中的积分变量可以是其他字母,如

$$\int \frac{1}{u} \mathrm{d}u = \ln |u| + C, \quad \int \mathrm{e}^t \mathrm{d}t = \mathrm{e}^t + C, \quad \int \cos y \mathrm{d}y = \sin y + C.$$

四、直接积分法

直接用基本积分公式和不定积分的性质,可以求一些函数的积分,有时候需要先将函数变形后,再用公式和性质. 这种方法称为**直接积分法**.

1. 利用性质和基本积分公式直接求积分

例 1 求 $I = \int \left(x^2 - 2^x + 2\sin x - \dfrac{1}{\sqrt{1-x^2}} \right) \mathrm{d}x$. (这里用 I 表示所求的积分,以后也是如此)

解 $I = \int x^2 \mathrm{d}x - \int 2^x \mathrm{d}x + 2\int \sin x \mathrm{d}x - \int \dfrac{1}{\sqrt{1-x^2}} \mathrm{d}x$

$= \dfrac{1}{3}x^3 - \dfrac{2^x}{\ln 2} - 2\cos x - \arcsin x + C.$

2. 先代数变形再用公式求积分

例 2 求 $\displaystyle\int \dfrac{6^x + 2^x - 1}{2^x} \mathrm{d}x.$

解 $I = \displaystyle\int \left[3^x + 1 - \left(\dfrac{1}{2}\right)^x\right] \mathrm{d}x = \dfrac{3^x}{\ln 3} + x - \dfrac{\left(\dfrac{1}{2}\right)^x}{\ln \dfrac{1}{2}} + C$

$= \dfrac{3^x}{\ln 3} + x + \dfrac{2^{-x}}{\ln 2} + C.$

例 3 求 $\displaystyle\int \dfrac{x^4 + 2x^2}{x^2 + 1} \mathrm{d}x.$

解 $I = \displaystyle\int \dfrac{x^2(x^2+1) + (x^2+1) - 1}{x^2 + 1} \mathrm{d}x = \int \left(x^2 + 1 - \dfrac{1}{x^2+1}\right) \mathrm{d}x$

$= \dfrac{1}{3}x^3 + x - \arctan x + C.$

3. 先三角变形再用公式求积分

例 4 求 $\displaystyle\int \dfrac{1}{\sin^2 x \cos^2 x} \mathrm{d}x$

解 $I = \displaystyle\int \dfrac{\sin^2 x + \cos^2 x}{\sin^2 x \cos^2 x} \mathrm{d}x = \int \left(\dfrac{1}{\cos^2 x} + \dfrac{1}{\sin^2 x}\right) \mathrm{d}x = \tan x - \cot x + C.$

例 5 求 $\displaystyle\int \sin^2 \dfrac{x}{2} \mathrm{d}x$

解 $I = \displaystyle\int \dfrac{1 - \cos x}{2} \mathrm{d}x = \dfrac{1}{2}\int (1 - \cos x)\mathrm{d}x = \dfrac{1}{2}(x - \sin x) + C.$

由以上几例可以看出，当被积函数不能直接用公式积分时，要先进行恒等变形，把被积函数变成基本积分公式中有的形式再积分. 常用的变形方法有分解因式、乘法公式、加项减项拆项后分组，含有三角函数的一般会用到同角关系、二倍角公式、半角公式等.

例 6 一个质量为 m 的质点，在变力 $F = A\sin t$（A 为常数）的作用下，由静止开始做直线运动，试求质点的运动速度.

解 根据牛顿第二定律，质点的运动加速度是 $a(t) = \dfrac{F}{m} = \dfrac{A}{m}\sin t.$

又 $v'(t) = a(t)$，所以 $v'(t) = \dfrac{A}{m}\sin t,$

积分得 $v(t) = \displaystyle\int \dfrac{A}{m}\sin t \mathrm{d}t = -\dfrac{A}{m}\cos t + C.$

再由题意得出 $v(0) = 0$，求得 $C = \dfrac{A}{m}$，则有 $v(t) = -\dfrac{A}{m}\cos t + \dfrac{A}{m}.$

练 习 3.1

1. 填空题.

(1) 设 $f(x) = \sin x - \cos x$，则 $\displaystyle\int f'(x)\mathrm{d}x = $ _____ ；

(2) e^{-x} 是 $f(x)$ 的一个原函数,则 $\int f(x)\mathrm{d}x =$ _____;

(3) $\mathrm{d}\int x\sin x\ln x\mathrm{d}x =$ _____.

2. 求下列积分.

(1) $\int\left(3 + x^3 + 3^x + \dfrac{1}{1+x^2}\right)\mathrm{d}x$; (2) $\int 3^x\mathrm{e}^x\mathrm{d}x$;

(3) $\int\dfrac{2x^4}{1+x^2}\mathrm{d}x$; (4) $\int\dfrac{\mathrm{d}x}{\cos 2x + \sin^2 x}$.

3. 已知曲线上任意一点处的切线斜率是 $f'(x) = 3x^2$,求满足此条件的所有的曲线方程,并求过 $(-1,1)$ 点的曲线方程.

§3.2　不定积分的换元积分法

直接利用基本积分公式和不定积分的性质所能进行的积分是很有限的. 本节介绍换元积分法,其把复合函数求导法则反过来用于不定积分,通过适当的变量代换,把某些不定积分化成不定积分基本公式中列出的形式来求积分.

一、第一换元积分法

引例　求 $\int 2x\mathrm{e}^{x^2+1}\mathrm{d}x$.

解　因为 $(x^2+1)' = 2x$,设 $x^2+1 = u$,所以 $2x\mathrm{d}x = \mathrm{d}(x^2+1) = \mathrm{d}u$.

$$I = \int\mathrm{e}^{x^2+1}(x^2+1)'\mathrm{d}x = \int\mathrm{e}^{x^2+1}\mathrm{d}(x^2+1) = \int\mathrm{e}^u\mathrm{d}u = \mathrm{e}^u + C = \mathrm{e}^{x^2+1} + C.$$

此解法具有普遍性:通过引入中间变量,把被积函数化为基本积分公式的形式. 这是针对复合函数的导数求其积分的一种重要方法:第一换元积分法.

定理 3.1(第一换元积分法)　设 $u = \varphi(x)$ 可导,且 $\int f(u)\mathrm{d}u = F(u) + C$,则

$$\int f(\varphi(x))\varphi'(x)\mathrm{d}x = \int f(\varphi(x))\mathrm{d}\varphi(x) = \int f(u)\mathrm{d}u = F(u) + C = F(\varphi(x)) + C.$$

$$(3.5)$$

由上式可以看出,第一换元积分法正是**复合函数求导公式的逆用**. 实际上,就是将积分公式中的自变量 x 换成可导函数 $\varphi(x) = u$,积分公式仍成立.

运用第一换元积分法,被积函数必须是 $f(\varphi(x))\varphi'(x)$ 的形式,它是 $F(\varphi(x))$ 的导数,其一部分是复合函数 $F(\varphi(x))$ 对中间变量的导数 $F'(\varphi(x)) = f(\varphi(x))$,另一部分是中间变量的导数 $\varphi'(x)$. 如果给出积分的被积函数正好具有这样的形式,就直接换元求积分. 更多的情况下,被积函数不完全是 $f(\varphi(x))\varphi'(x)$ 的形式,那就需要将被积函数"凑"成上述形式,因此,第一换元积分法也叫**凑微分法**. 先给出几个满足 $f(\varphi(x))\varphi'(x)$ 形式的情形:

$$\int(\varphi(x))^\alpha\varphi'(x)\mathrm{d}x = \int(\varphi(x))^\alpha\mathrm{d}\varphi(x) \xrightarrow{\text{令 }\varphi(x)=u} \int u^\alpha\mathrm{d}u = \frac{1}{\alpha+1}u^{\alpha+1} + C$$

$$\xrightarrow{u=\varphi(x)} \frac{1}{\alpha+1}(\varphi(x))^{\alpha+1} + C;$$

$$\int \cos \varphi(x) \varphi'(x) \mathrm{d}x = \int \cos \varphi(x) \mathrm{d}\varphi(x) \xlongequal{\diamond \varphi(x) = u} \int \cos u \mathrm{d}u = \sin u + C$$

$$\xlongequal{u = \varphi(x)} \sin \varphi(x) + C ;$$

$$\int \mathrm{e}^{f(x)} f'(x) \mathrm{d}x = \int \mathrm{e}^{f(x)} \mathrm{d}f(x) \xlongequal{\diamond f(x) = u} \int \mathrm{e}^u \mathrm{d}u = \mathrm{e}^u + C$$

$$\xlongequal{u = f(x)} \mathrm{e}^{f(x)} + C ;$$

$$\int \frac{g'(x)}{1+[g(x)]^2} \mathrm{d}x = \int \frac{1}{1+[g(x)]^2} \mathrm{d}g(x) \xlongequal{\diamond g(x) = u} \int \frac{1}{1+u^2} \mathrm{d}u$$

$$= \arctan u + C \xlongequal{u = g(x)} \arctan g(x) + C.$$

例1 求 $\int -\frac{1}{x^2} \mathrm{e}^{\frac{1}{x}} \mathrm{d}x$.

解 $I = \int \left(\frac{1}{x}\right)' \mathrm{e}^{\frac{1}{x}} \mathrm{d}x = \int \mathrm{e}^{\frac{1}{x}} \mathrm{d}\frac{1}{x} \xlongequal{\diamond \frac{1}{x} = u} \int \mathrm{e}^u \mathrm{d}u = \mathrm{e}^u + C \xlongequal{u = \frac{1}{x}} \mathrm{e}^{\frac{1}{x}} + C.$

例2 求 $\int \mathrm{e}^x \sin \mathrm{e}^x \mathrm{d}x$.

解 $I = \int \sin \mathrm{e}^x (\mathrm{e}^x)' \mathrm{d}x = \int \sin \mathrm{e}^x \mathrm{d}\mathrm{e}^x \xlongequal{\diamond \mathrm{e}^x = u} \int \sin u \mathrm{d}u = -\cos u + C$

$$\xlongequal{u = \mathrm{e}^x} -\cos \mathrm{e}^x + C.$$

例3 求 $\int \frac{2x}{\sqrt{1+x^2}} \mathrm{d}x$.

解 $I = \int \frac{(1+x^2)'}{\sqrt{1+x^2}} \mathrm{d}x = \int \frac{\mathrm{d}(1+x^2)}{\sqrt{1+x^2}} \xlongequal{\diamond u = 1+x^2} \int \frac{\mathrm{d}u}{\sqrt{u}} = 2\sqrt{u} + C$

$$\xlongequal{u = 1+x^2} 2\sqrt{1+x^2} + C.$$

例4 求 $\int \frac{\ln^2 x}{x} \mathrm{d}x$.

解 $I = \int \ln^2 x (\ln x)' \mathrm{d}x = \int \ln^2 x \mathrm{d}\ln x \xlongequal{\diamond u = \ln x} \int u^2 \mathrm{d}u = \frac{1}{3} u^3 + C$

$$\xlongequal{u = \ln x} \frac{1}{3} \ln^3 x + C.$$

熟练之后，可以省去换元和还原回代的过程，即"**只凑微分不换元**". 以下例题皆是如此.

例5 求 $\int \frac{1}{3x+2} \mathrm{d}x$.

解 由于 $\mathrm{d}(3x+2) = 3\mathrm{d}x$，即 $\frac{1}{3}\mathrm{d}(3x+2) = \mathrm{d}x$，所以

$$I = \frac{1}{3} \int \frac{(3x+2)'}{3x+2} \mathrm{d}x = \frac{1}{3} \int \frac{\mathrm{d}(3x+2)}{3x+2} = \frac{1}{3} \ln |3x+2| + C.$$

例6 求 $\int x \sin (2x^2 - 1) \mathrm{d}x$.

解 $I = \dfrac{1}{4}\displaystyle\int \sin(2x^2 - 1)4x\mathrm{d}x = \dfrac{1}{4}\displaystyle\int \sin(2x^2 - 1)\mathrm{d}(2x^2 - 1)$

$\quad = -\dfrac{1}{4}\cos(2x^2 - 1) + C.$

例 7 求 $\displaystyle\int \sin^3 x\cos x\mathrm{d}x.$

解 $I = \displaystyle\int \sin^3 x(\sin x)'\mathrm{d}x = \displaystyle\int \sin^3 x\mathrm{d}\sin x = \dfrac{1}{4}\sin^4 x + C.$

例 8 求 $\displaystyle\int \sin^2 x\mathrm{d}x.$

解 $I = \displaystyle\int \dfrac{1 - \cos 2x}{2}\mathrm{d}x = \dfrac{1}{4}\displaystyle\int(1 - \cos 2x)\mathrm{d}2x = \dfrac{1}{4}(2x - \sin 2x) + C.$

例 9 求 $\displaystyle\int \cot x\mathrm{d}x.$

解 $I = \displaystyle\int \dfrac{\cos x}{\sin x}\mathrm{d}x = \displaystyle\int \dfrac{1}{\sin x}\mathrm{d}\sin x = \ln|\sin x| + C.$

类似可得：$\displaystyle\int \tan x\mathrm{d}x = -\ln|\cos x| + C.$

以下列出几个常用的以基本初等函数为中间变量的凑微分类型：

$\displaystyle\int f(ax + b)\mathrm{d}x = \dfrac{1}{a}\displaystyle\int f(ax + b)\mathrm{d}(ax + b)\quad(a \neq 0);$

$\displaystyle\int xf(ax^2 + b)\mathrm{d}x = \dfrac{1}{2a}\displaystyle\int f(ax^2 + b)\mathrm{d}(ax^2 + b)\quad(a \neq 0);$

$\displaystyle\int \dfrac{1}{x^2}f\left(\dfrac{1}{x}\right)\mathrm{d}x = -\displaystyle\int f\left(\dfrac{1}{x}\right)\mathrm{d}\dfrac{1}{x};$

$\displaystyle\int x^{n-1}f(x^n)\mathrm{d}x = \dfrac{1}{n}\displaystyle\int f(x^n)\mathrm{d}x^n;$

$\displaystyle\int \mathrm{e}^x f(\mathrm{e}^x)\mathrm{d}x = \displaystyle\int f(\mathrm{e}^x)\mathrm{d}\mathrm{e}^x;$

$\displaystyle\int \dfrac{1}{x}f(\ln x)\mathrm{d}x = \displaystyle\int f(\ln x)\mathrm{d}\ln x;$

$\displaystyle\int \cos xf(\sin x)\mathrm{d}x = \displaystyle\int f(\sin x)\mathrm{d}\sin x;$

$\displaystyle\int \sin xf(\cos x)\mathrm{d}x = -\displaystyle\int f(\cos x)\mathrm{d}\cos x;$

$\displaystyle\int \sec^2 xf(\tan x)\mathrm{d}x = \displaystyle\int f(\tan x)\mathrm{d}\tan x;$

$\displaystyle\int \sec x\tan xf(\sec x)\mathrm{d}x = \displaystyle\int f(\sec x)\mathrm{d}\sec x;$

$\displaystyle\int \dfrac{1}{\sqrt{1 - x^2}}f(\arcsin x)\mathrm{d}x = \displaystyle\int f(\arcsin x)\mathrm{d}\arcsin x;$

$\displaystyle\int \dfrac{1}{1 + x^2}f(\arctan x)\mathrm{d}x = \displaystyle\int f(\arctan x)\mathrm{d}\arctan x.$

例 10 求 $\displaystyle\int \dfrac{1}{a^2 + x^2}\mathrm{d}x.$

解 $I = \displaystyle\int \dfrac{1}{a^2 + x^2}\mathrm{d}x = \dfrac{1}{a}\displaystyle\int \dfrac{1}{1 + \left(\dfrac{x}{a}\right)^2}\mathrm{d}\dfrac{x}{a} = \dfrac{1}{a}\arctan\dfrac{x}{a} + C.$

类似可得：$\displaystyle\int \frac{1}{\sqrt{a^2-x^2}}\mathrm{d}x = \arcsin \frac{x}{a} + C$.

例 11　求 $\displaystyle\int \frac{1}{a^2-x^2}\mathrm{d}x$.

解　$\displaystyle I = \int \frac{1}{a^2-x^2}\mathrm{d}x = \frac{1}{2a}\int \frac{(a-x)+(a+x)}{(a-x)(a+x)}\mathrm{d}x = \frac{1}{2a}\int \left(\frac{1}{a+x}+\frac{1}{a-x}\right)\mathrm{d}x$

$\displaystyle = \frac{1}{2a}(\ln|a+x|-\ln|a-x|)+C = \frac{1}{2a}\ln\left|\frac{a+x}{a-x}\right|+C$.

例 12　求 $\displaystyle\int \sec x\mathrm{d}x$.

解　$\displaystyle I = \int \sec x\mathrm{d}x = \int \frac{1}{\cos x}\mathrm{d}x = \int \frac{\cos x}{\cos^2 x}\mathrm{d}x = \int \frac{1}{1-\sin^2 x}\mathrm{d}\sin x$

$\displaystyle = \frac{1}{2}\ln\left|\frac{1+\sin x}{1-\sin x}\right|+C = \frac{1}{2}\ln\left|\frac{(1+\sin x)^2}{1-\sin^2 x}\right|+C$

$\displaystyle = \ln\left|\frac{1+\sin x}{\cos x}\right|+C = \ln|\sec x+\tan x|+C$.

类似可得：$\displaystyle\int \csc x\mathrm{d}x = \ln|\csc x-\cot x|+C$.

例 9～例 12 的结论均可作为公式使用.

二、第二换元积分法

第一换元积分法在计算不定积分时应用比较广泛，但对于一些无理函数的积分，则需要应用第二换元积分法求解.

引例　求 $\displaystyle\int \frac{\sqrt{x-1}}{x}\mathrm{d}x$.

分析　被积函数中含有无理式 $\sqrt{x-1}$. 如用 t 代替 $\sqrt{x-1}$ 就可消去无理式.

解　设 $t=\sqrt{x-1}$，于是 $x=t^2+1$，$\mathrm{d}x=2t\mathrm{d}t$，代入原式：

$\displaystyle I = \int \frac{t}{t^2+1}2t\mathrm{d}t = 2\int \frac{(t^2+1)-1}{t^2+1}\mathrm{d}t = 2\int \left(1-\frac{1}{t^2+1}\right)\mathrm{d}t = 2(t-\arctan t)+C$

$\displaystyle = 2(\sqrt{x-1}-\arctan\sqrt{x-1})+C$.

实际上，这里作的变换是：设 $x=t^2+1$，即把原积分变量 x 用函数 t^2+1 代替. 这种换元法就是**第二换元积分法**.

定理 3.2（第二换元积分法）　设 $x=\varphi(t)$ 及其反函数 $t=\varphi^{-1}(x)$ 可导，$\varphi'(t)$ 连续且 $\varphi'(t)\neq 0$，若

$$\int f(\varphi(t))\varphi'(t)\mathrm{d}t = F(t)+C,$$

则

$$\int f(x)\mathrm{d}x = \int f(\varphi(t))\varphi'(t)\mathrm{d}t = F(t)+C = F(\varphi^{-1}(x))+C. \quad (3.6)$$

第二换元积分法的换元过程与第一换元积分法的换元过程恰恰相反：第一换元法积分法是把一个函数 $\varphi(x)$ 用一个变量 u 来代替，$\int f(\varphi(x))\varphi'(x)\mathrm{d}x = \int f(\varphi(x))\mathrm{d}\varphi(x) = \int f(u)\mathrm{d}u$；第二换元积分法则是把一个变量 x 设成一个函数 $\varphi(t)$，$\int f(x)\mathrm{d}x = \int f(\varphi(t))\varphi'(t)\mathrm{d}t$，其原因是原积分 $\int f(x)\mathrm{d}x$ 不易求其原函数，换元后 $\int f(\varphi(t))\varphi'(t)\mathrm{d}t$ 化简整理就容易求得原函数。还需注意的是：第一换元积分法中的 $\varphi(x)$ 是积分表达式中所含有的，第二换元积分法的 $\varphi(t)$ 却不是 $\int f(x)\mathrm{d}x$ 中含有，需要根据 $\int f(x)\mathrm{d}x$ 的形式设立。第二换元积分法必须换元，所以也叫"**变量替换法**"。

由上例可以看出，运用第二换元积分法求不定积分，主要步骤是：

(1) 换元。选取适当的变量代换 $x=\varphi(t)$，$\varphi(t)$ 单调且有连续的导数，又 $\varphi'(t)\neq0$，则

$$\int f(x)\mathrm{d}x = \int f(\varphi(t))\varphi'(t)\mathrm{d}t.$$

(2) 积分。将换元后的积分 $\int f(\varphi(t))\varphi'(t)\mathrm{d}t$ 用适当的积分方求出其原函数 $F(t)$，即得

$$\int f(\varphi(t))\varphi'(t)\mathrm{d}t = F(t)+C.$$

(3) 还原。由 $x=\varphi(t)$ 求出其反函数 $t=\varphi^{-1}(x)$，并代回求出的原函数中，得到最后结果

$$\int f(x)\mathrm{d}x = F(\varphi^{-1}(x))+C.$$

例 13 求积分 $\int x\sqrt{2x-1}\,\mathrm{d}x$.

解 设 $\sqrt{2x-1}=t$，则 $x=\dfrac{1}{2}(t^2+1)$，$\mathrm{d}x=t\mathrm{d}t$，

$$I = \int \frac{1}{2}(t^2+1)t^2\mathrm{d}t = \frac{1}{2}\left(\frac{1}{5}t^5+\frac{1}{3}t^3\right)+C$$

$$= \left[\frac{1}{10}(2x-1)^2+\frac{1}{6}(2x-1)\right]\sqrt{2x-1}+C.$$

以上代换法称为**幂代换法**。

*例 14** 求 $\int \sqrt{a^2-x^2}\,\mathrm{d}x\,(a>0)$.

解 根据被积函数的定义域和三角函数同角关系式 $\sin^2 t+\cos^2 t=1$ 来选取函数去掉根号，设 $x=a\sin t$，$\mathrm{d}x=a\cos t\mathrm{d}t$，$\sqrt{a^2-x^2}=\sqrt{a^2(1-\sin^2 t)}=a\cos t\left(-\dfrac{\pi}{2}<t<\dfrac{\pi}{2}\right)$，则

$$I=\int a^2\cos^2 t\mathrm{d}t=a^2\int\frac{1+\cos 2t}{2}\mathrm{d}t=\frac{a^2}{2}\left(t+\frac{1}{2}\sin 2t\right)+C=\frac{a^2}{2}(t+\sin t\cos t)+C.$$

因为 $x = a\sin t$, 得 $\sin t = \dfrac{x}{a}$, $\cos t = \dfrac{\sqrt{a^2 - x^2}}{a}$, $t = \arcsin\dfrac{x}{a}$, 代入得

$$I = \frac{a^2}{2}(t + \sin t\cos t) + C = \frac{a^2}{2}\arcsin\frac{x}{a} + \frac{x}{2}\sqrt{a^2 - x^2} + C.$$

上例中的换元法称为**三角代换法**. 常见有三种形式, 一起列出:

$\displaystyle\int R(x, \sqrt{a^2 - x^2})\,dx$, 令 $x = a\sin t$, $dx = a\cos t\,dt$, $\sqrt{a^2 - x^2} = a\cos t$;

$\displaystyle\int R(x, \sqrt{a^2 + x^2})\,dx$, 令 $x = a\tan t$, $dx = a\sec^2 t\,dt$, $\sqrt{a^2 + x^2} = a\sec t$;

$\displaystyle\int R(x, \sqrt{x^2 - a^2})\,dx$, 令 $x = a\sec t$, $dx = a\sec t\tan t\,dt$, $\sqrt{x^2 - a^2} = a\tan t$.

其中, $R(x, \sqrt{a^2 - x^2})$ 表示由 x 和 $\sqrt{a^2 - x^2}$ 的积或商构成的无理函数, 三角代换的目的是去掉被积函数中的根号.

在还原成原积分变量 x 时, 还可根据直角三角形的边角关系(见图 3.2)直接写出三种情形下的各三角函数.

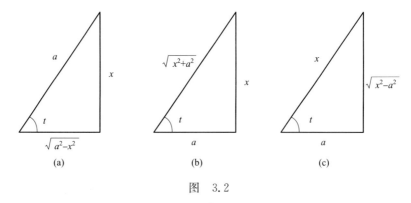

图 3.2

现将本节讲过的一些例题的结论列出, 作为积分公式的补充, 以后可直接引用(编号接续 3.1 节):

(13) $\displaystyle\int \tan x\,dx = -\ln|\cos x| + C$;

(14) $\displaystyle\int \cot x\,dx = \ln|\sin x| + C$;

(15) $\displaystyle\int \sec x\,dx = \ln|\sec x + \tan x| + C$;

(16) $\displaystyle\int \csc x\,dx = \ln|\csc x - \cot x| + C$;

(17) $\displaystyle\int \frac{1}{a^2 + x^2}\,dx = \frac{1}{a}\arctan\frac{x}{a} + C$;

(18) $\displaystyle\int \frac{1}{\sqrt{a^2 - x^2}}\,dx = \arcsin\frac{x}{a} + C$;

(19) $\displaystyle\int \frac{1}{a^2 - x^2}\,dx = \frac{1}{2a}\ln\left|\frac{a + x}{a - x}\right| + C.$

练 习 3.2

1. 填空题.

(1)$x\mathrm{d}x=$＿＿＿＿$\mathrm{d}(a^2-x^2)$;　　　(2)$\cos 2x\mathrm{d}x=$＿＿＿＿$\mathrm{d}\sin 2x$;

(3)$\dfrac{1}{\sqrt{x}}\mathrm{d}x=$＿＿＿＿$\mathrm{d}\sqrt{x}$.

2. 求下列不定积分.

(1)$\displaystyle\int(3x+1)^5\mathrm{d}x$;　　　　　　(2)$\displaystyle\int\sin(1-2x)\mathrm{d}x$;

(3)$\displaystyle\int\dfrac{x}{x^2+4}\mathrm{d}x$;　　　　　　(4)$\displaystyle\int\dfrac{\mathrm{e}^x}{\sqrt{1-\mathrm{e}^{2x}}}\mathrm{d}x$;

(5)$\displaystyle\int\dfrac{1}{x\ln^3 x}\mathrm{d}x$;　　　　　　(6)$\displaystyle\int\sin^2 x\cos x\mathrm{d}x$.

3. 求下列不定积分.

(1)$\displaystyle\int\dfrac{\sqrt{x}}{x+1}\mathrm{d}x$;　　　　　　(2)$\displaystyle\int\dfrac{1}{x^2\sqrt{4+x^2}}\mathrm{d}x$.

§3.3 不定积分的分部积分法及积分表的使用

一、分部积分法

分部积分法也是求不定积分的主要方法. 当被积函数是两个不同的基本初等函数的乘积的时候,如$\displaystyle\int x\mathrm{e}^x\mathrm{d}x$,$\displaystyle\int x\cos x\mathrm{d}x$,$\displaystyle\int x^2\ln x\mathrm{d}x$,$\displaystyle\int x\arctan x\mathrm{d}x$,$\displaystyle\int \mathrm{e}^x\sin x\mathrm{d}x$ 等,通常 用**分部积分法**.

由乘积函数的导数进行讨论. 对于$\displaystyle\int x\mathrm{e}^x\mathrm{d}x$,由于
$$(x\mathrm{e}^x)'=\mathrm{e}^x+x\mathrm{e}^x,$$
两端同时求不定积分,得
$$x\mathrm{e}^x=\int\mathrm{e}^x\mathrm{d}x+\int x\mathrm{e}^x\mathrm{d}x,$$
移项,则有
$$\int x\mathrm{e}^x\mathrm{d}x=x\mathrm{e}^x-\int\mathrm{e}^x\mathrm{d}x.$$

这样,把求$\displaystyle\int x\mathrm{e}^x\mathrm{d}x$ 转化为求$\displaystyle\int\mathrm{e}^x\mathrm{d}x$,而后者可由积分公式得出. 于是原积分可求得:
$$\int x\mathrm{e}^x\mathrm{d}x=x\mathrm{e}^x-\int\mathrm{e}^x\mathrm{d}x=x\mathrm{e}^x-\mathrm{e}^x+C.$$

这种方法就是不定积分的**分部积分法**.

定理 3.3（分部积分法） 设函数 $u(x),v(x)$具有连续的一阶导数,由乘积

函数导数公式

$$[u(x)v(x)]'=u'(x)v(x)+u(x)v'(x),$$

两端同时积分,得

$$u(x)v(x)=\int u'(x)v(x)\mathrm{d}x+\int v'(x)u(x)\mathrm{d}x,$$

移项,得

$$\int v'(x)u(x)\mathrm{d}x=u(x)v(x)-\int v(x)u'(x)\mathrm{d}x.$$

简记为

$$\int v'u\mathrm{d}x=uv-\int vu'\mathrm{d}x \quad \text{或} \quad \int u\mathrm{d}v=uv-\int v\mathrm{d}u. \tag{3.7}$$

上式称为**分部积分公式**,利用分部积分公式求积分的方法称为**分部积分法**.分部积分法就是把不易求解的积分 $\int v'u\mathrm{d}x$ 转化为容易求解的积分 $\int vu'\mathrm{d}x$.

一般地,求积分 $\int f(x)g(x)\mathrm{d}x$,将被积函数 $f(x)$、$g(x)$ 选为 u 与 v',应考虑如下两点:

(1)选作 v' 的函数必须容易求其原函数 v;($v'(x)\mathrm{d}x=\mathrm{d}v(x)$ 是求原函数的计算)

(2)$\int v\mathrm{d}u$ 要比 $\int u\mathrm{d}v$ 更容易求解.

例 1 求不定积分.

(1)$\int x\mathrm{e}^{2x}\mathrm{d}x$;　　　　　　　　(2)$\int x^2\mathrm{e}^x\mathrm{d}x$.

扫码看案例

解 (1)取 $u=x$,$v'=\mathrm{e}^{2x}$,则 $u'=1$,$v=\dfrac{1}{2}\mathrm{e}^{2x}$,于是

$$I=\int x\mathrm{d}\left(\frac{1}{2}\mathrm{e}^{2x}\right)=\frac{1}{2}x\mathrm{e}^{2x}-\int\frac{1}{2}\mathrm{e}^{2x}\mathrm{d}x=\frac{1}{2}x\mathrm{e}^{2x}-\frac{1}{4}\mathrm{e}^{2x}+C.$$

再看另一种选取方式.取 $u=\mathrm{e}^{2x}$,$v'=x$,则 $u'=2\mathrm{e}^{2x}$,$v=\dfrac{1}{2}x^2$,于是

$$I=\int\mathrm{e}^{2x}\mathrm{d}\left(\frac{1}{2}x^2\right)=\frac{1}{2}x^2\mathrm{e}^{2x}-\int\frac{1}{2}x^2 2\mathrm{e}^{2x}\mathrm{d}x=\frac{1}{2}x^2\mathrm{e}^{2x}-\int x^2\mathrm{e}^{2x}\mathrm{d}x.$$

不难发现,上式右端的积分反而比原积分更难以计算.因此,恰当地选取 u 与 v' 是解题的关键.

(2)$I=\int x^2\mathrm{d}\mathrm{e}^x=x^2\mathrm{e}^x-\int\mathrm{e}^x 2x\mathrm{d}x=x^2\mathrm{e}^x-2\int x\mathrm{d}\mathrm{e}^x=x^2\mathrm{e}^x-2x\mathrm{e}^x+2\int\mathrm{e}^x\mathrm{d}x$

$$=x^2\mathrm{e}^x-2x\mathrm{e}^x+2\mathrm{e}^x+C.$$

说明:当使用一次分部积分公式后被积函数仍是乘积的形式,可再一次使用分部积分公式.

例 2 求不定积分 $\int x\cos x\mathrm{d}x$.

解 取 $u=x, v'=\cos x$, 则 $u'=1, v=\sin x$, 于是

$$I = \int x \mathrm{d}\sin x = x\sin x - \int \sin x \mathrm{d}x = x\sin x + \cos x + C.$$

读者可以自己去尝试选取 $u=\cos x, v'=x$, 试一试用分部积分公式后的积分是否比原积分更容易计算.

由上述例题得知, 形如

$$\int x^n \mathrm{e}^{ax} \mathrm{d}x, \quad \int x^n \sin ax \mathrm{d}x, \quad \int x^n \cos ax \mathrm{d}x \quad (n \text{ 是正整数}, a \text{ 是常数})$$

的积分, 通常将 x^n 选为 $u=u(x)$, 余下部分凑成 $\mathrm{d}v$, 用分部积分法即可求得结果.

例 3 求不定积分.

(1) $\int x^2 \ln x \mathrm{d}x$;   (2) $\int \ln (x^2+1) \mathrm{d}x$.

解 (1) 取 $u=\ln x, v'=x^2$, 则 $u'=\dfrac{1}{x}, v=\dfrac{1}{3}x^3$, 于是

$$I = \int \ln x \mathrm{d}\frac{1}{3}x^3 = \frac{1}{3}x^3 \ln x - \int \frac{1}{3}x^3 \frac{1}{x}\mathrm{d}x = \frac{1}{3}x^3 \ln x - \frac{1}{9}x^3 + C.$$

(2) 取 $u=\ln (x^2+1), v'=1$, 则 $u'=\dfrac{2x}{x^2+1}, v=x$, 于是

$$I = x\ln (x^2+1) - \int \frac{2x^2}{x^2+1}\mathrm{d}x = x\ln (x^2+1) - 2\int \left(1 - \frac{1}{x^2+1}\right)\mathrm{d}x$$

$$= x\ln (x^2+1) - 2x + 2\arctan x + C.$$

例 4 求不定积分.

(1) $\int x\arctan x \mathrm{d}x$;   (2) $\int \arcsin x \mathrm{d}x$.

解 (1) 取 $u=\arctan x, v'=x$, 则 $u'=\dfrac{1}{1+x^2}, v=\dfrac{1}{2}x^2$, 于是

$$I = \int \arctan x \mathrm{d}\left(\frac{1}{2}x^2\right) = \frac{1}{2}x^2 \arctan x - \int \frac{1}{2}x^2 \cdot \frac{1}{1+x^2}\mathrm{d}x$$

$$= \frac{1}{2}x^2 \arctan x - \frac{1}{2}\int \frac{(x^2+1)-1}{1+x^2}\mathrm{d}x$$

$$= \frac{1}{2}x^2 \arctan x - \frac{1}{2}x + \frac{1}{2}\arctan x + C.$$

(2) 取 $u=\arcsin x, v'=1$, 则 $u'=\dfrac{1}{\sqrt{1-x^2}}, v=x$, 于是

$$I = \int \arcsin x \mathrm{d}x = x\arcsin x - \int \frac{1}{\sqrt{1-x^2}}x\mathrm{d}x = x\arcsin x + \frac{1}{2}\int \frac{1}{\sqrt{1-x^2}}\mathrm{d}(1-x^2)$$

$$= x\arcsin x + \sqrt{1-x^2} + C.$$

由上述例题得知, 形如

$$\int x^n \ln x \mathrm{d}x (n \neq -1), \int x^n \arcsin x \mathrm{d}x, \int x^n \arctan x \mathrm{d}x (n \text{ 是正整数})$$

的积分, 通常将 $\ln x, \arcsin x, \arctan x$ 选为 $u=u(x)$, 余下部分凑成 $\mathrm{d}v$, 用分部积分法即可求得结果.

例5 求不定积分 $\int \sin \sqrt{x} \, dx$.

解 设 $\sqrt{x}=t, x=t^2, dx=2t\,dt$,则

$$\int \sin \sqrt{x} \, dx = \int \sin t \cdot 2t\,dt = -2\int t\,d\cos t = -2t\cos t + 2\int \cos t\,dt$$

$$= -2t\cos t + 2\sin t + C = -2\sqrt{x}\cos \sqrt{x} + 2\sin \sqrt{x} + C.$$

例6 求不定积分 $\int e^x \cos x\,dx$.

解
$$\int e^x \cos x\,dx = \int \cos x\,de^x = \cos x \cdot e^x - \int e^x(-\sin x)\,dx$$

$$= \cos x \cdot e^x + \int \sin x\,de^x = e^x\cos x + e^x\sin x - \int e^x\,d\sin x$$

$$= e^x\cos x + e^x\sin x - \int e^x\cos x\,dx ,$$

移项后除以系数得

$$\int e^x \cos x\,dx = \frac{1}{2}e^x(\cos x + \sin x) + C.$$

例6 中的方法称为**间接法**.

二、积分表的使用

不定积分的计算要比导数的计算灵活、复杂. 为了使用方便,往往把常用到的积分按不同被积函数的类型进行汇集,叫做**积分表**(见附录 B). 求积分时,可根据被积函数的类型或者经过简单变形后,在积分表内查询所需要的结果.

例7 求积分 $\int \dfrac{dx}{x(2x+3)^2}$.

解 被积函数中含有 $ax+b$,在积分表(一)中查得公式 9

$$\int \frac{dx}{x(ax+b)^2} = \frac{1}{b(ax+b)} - \frac{1}{b^2}\ln \left| \frac{ax+b}{x} \right| + C.$$

代入 $a=2, b=3$,于是 $\int \dfrac{dx}{x(2x+3)^2} = \dfrac{1}{3(2x+3)} - \dfrac{1}{9}\ln \left| \dfrac{2x+3}{x} \right| + C.$

例8 求积分 $\int \dfrac{dx}{x^3(2x^2+1)}$.

解 被积函数中含有 ax^2+b,在积分表(四)中查得公式 27

$$\int \frac{dx}{x^3(ax^2+b)} = \frac{a}{2b^2}\ln \frac{|ax^2+b|}{x^2} - \frac{1}{2bx^2} + C.$$

代入 $a=2, b=1$,于是 $\int \dfrac{dx}{x^3(2x^2+1)} = \ln \dfrac{|2x^2+1|}{x^2} - \dfrac{1}{2x^2} + C.$

例9 求积分 $\int \dfrac{x^2}{\sqrt{4x^2-9}}\,dx$.

解 这个积分不能直接在积分表中查到,需要变换. 设 $2x=u, dx=\dfrac{1}{2}du$,

$$\int \frac{x^2}{\sqrt{4x^2-9}}\,dx = \frac{1}{2}\int \frac{u^2}{\sqrt{u^2-3^2}}\,du.$$

含有 $\sqrt{u^2-a^2}$,在积分表(七)中查得公式 49

$$\int \frac{u^2}{\sqrt{u^2-a^2}}\mathrm{d}u = \frac{u}{2}\sqrt{u^2-a^2} + \frac{a^2}{2}\ln\left|x+\sqrt{u^2-a^2}\right| + C.$$

代入 $a=3$,于是

$$\int \frac{u^2}{\sqrt{u^2-3^2}}\mathrm{d}u = \frac{u}{2}\sqrt{u^2-3^2} + \frac{9}{2}\ln\left|x+\sqrt{u^2-3^2}\right| + C,$$

则

$$\int \frac{x^2}{\sqrt{4x^2-9}}\mathrm{d}x = \frac{1}{2}\int \frac{u^2}{\sqrt{u^2-3^2}}\mathrm{d}u = \frac{1}{2}\int \frac{u^2}{\sqrt{u^2-3^2}}\mathrm{d}u$$

$$= \frac{u}{4}\sqrt{u^2-3^2} + \frac{9}{4}\ln\left|x+\sqrt{u^2-3^2}\right| + C$$

$$= \frac{x}{2}\sqrt{4x^2-3^2} + \frac{9}{4}\ln\left|x+\sqrt{4x^2-3^2}\right| + C.$$

练 习 3.3

1.填空题.

(1)设 $\dfrac{\ln x}{x}$ 是 $f(x)$ 的一个原函数,则 $\displaystyle\int xf'(x)\mathrm{d}x = $ _____ ;

(2) $\displaystyle\int \ln x\mathrm{d}x = $ _____ .

2.求下列不定积分.

(1) $\displaystyle\int x\cos 2x\mathrm{d}x$;　　(2) $\displaystyle\int (x+1)\sin x\mathrm{d}x$;

(3) $\displaystyle\int \frac{\ln x}{x^2}\mathrm{d}x$;　　(4) $\displaystyle\int x\mathrm{e}^{-x}\mathrm{d}x$.

§3.4 定积分的概念与性质

定积分的概念是从实际问题和工程技术中抽象出来的,在各个领域中有广泛的应用,是高等数学的重要概念之一.本节首先从几何中的面积问题和物理中的路程问题引入定积分的概念,然后介绍定积分的性质.

一、定积分的概念

1.引例

引例1 曲边梯形的面积问题.

如图 3.3 所示,由连续曲线 $y=f(x)$ 与竖直线 $x=a$,$x=b(a<b)$ 及 x 轴所围成的平面图形称为曲边梯形.线段 ab 为底边,$y=f(x)$ 的曲线弧为曲边.

如何计算曲边梯形的面积呢?

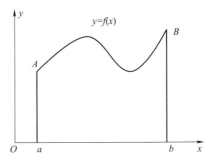

图 3.3

不难看出，其面积取决于区间 $[a,b]$ 和定义在该区间上的函数 $f(x)$. 由于 $f(x)$ 在区间 $[a,b]$ 上是变化的，不能用已知的面积公式计算. 又由于函数是连续函数，当 x 变化不大时，$f(x)$ 的变化也不大. 因此将区间 $[a,b]$ 分成许多个小区间，相应地把曲边梯形分成许多小曲边梯形，每个小曲边梯形可以近似看成小的矩形，这样所有的小矩形面积之和就是整个曲边梯形面积的近似值. 分割得越细，近似程度就越好. 当把区间 $[a,b]$ 无限细分下去，并使每个小区间的长度都趋向零时，小矩形面积之和的极限就是曲边梯形的面积.

根据以上分析，求曲边梯形的面积的具体做法如下：

（1）分割. 在 (a,b) 内任意插入 $n-1$ 个分点：

$$a=x_0<x_1<x_2<\cdots<x_{i-1}<x_i<\cdots<x_{n-1}<x_n=b,$$

把区间 $[a,b]$ 分成 n 个小区间 $[x_{i-1},x_i]$ $(i=1,2,\cdots,n)$，每个小区间长度记为 $\Delta x_i (i=1,2,\cdots,n)$，过分点作 x 轴的垂线，把整个曲边梯形分成 n 个小的曲边梯形. 其面积为 $\Delta A_i (i=1,2,\cdots,n)$.

（2）近似. 在小区间 $[x_{i-1},x_i]$ 上任取一点 ξ_i，以 $[x_{i-1},x_i]$ 为底，以 $f(\xi_i)$ 为高作小矩形，用小矩形的面积近似代替小曲边梯形的面积（见图 3.4），即

$$\Delta A_i \approx f(\xi_i)\Delta x_i \quad (i=1,2,\cdots,n).$$

（3）求和. 把各个小矩形面积加起来得整个曲边梯形面积的近似值，即

$$A = \sum_{i=1}^n \Delta A_i \approx \sum_{i=1}^n f(\xi_i)\Delta x_i.$$

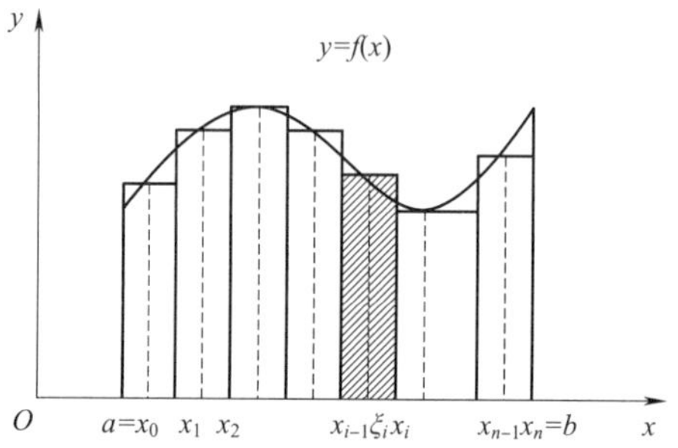

图 3.4

（4）取极限. 让分点的个数 n 无限增大，记所有的小区间长度的最大值为 $\lambda=\max_{1\leqslant i\leqslant n}\{\Delta x_i\}$，当 $\lambda\to 0$ 时，和式 $\sum_{i=1}^n f(\xi_i)\Delta x_i$ 的极限就是曲边梯形的面积，即

$$A = \lim_{\lambda\to 0}\sum_{i=1}^n f(\xi_i)\Delta x_i.$$

引例 2 变速直线运动的路程问题.

如果物体做变速直线运动，速度 v 是时间 t 的函数 $v=v(t)$，如何求物体由时刻 $t=a$ 到时刻 $t=b(b>a)$ 的这一段时间内所运动的路程？

如果是匀速直线运动，那么"路程＝速度×时间". 由于物体做变速直线运动，在整段时间内不能直接用上述公式求总的路程，但是在一小段上可以近似看成匀速直线运动. 可按以下步骤进行计算.

（1）分割，把整段路程分成 n 小段路程. 如图 3.5 所示. 任取分点

$$a=t_0<t_1<t_2<\cdots<t_{i-1}<t_i<\cdots t_{n-1}<t_n=b,$$

把时间段 $[a,b]$ 分成 n 个小段 $[t_{i-1},t_i]$ $(i=1,2,\cdots,n)$，每个小段的时间长度记为 $\Delta t_i (i=1,2,\cdots,n)$.

在各小时间段上的路程记为 $\Delta s_i (i=1,2,\cdots,n)$，则整段路程

$$s = \sum_{i=1}^n \Delta s_i.$$

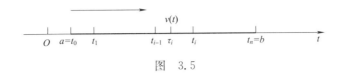

图 3.5

（2）近似. 在各小段上以匀速直线运动代替变速直线运动. 在 $[t_{i-1}, t_i]$ 任取一时刻 τ_i, 假设物体是以该时刻的速度做匀速直线运动, 则得该小段路程的近似值

$$\Delta s_i \approx v(\tau_i)\Delta t_i \quad (i=1,2,\cdots,n).$$

（3）求和. 把各小段路程的近似值加在一起, 得到整段路程的近似值

$$s = \sum_{i=1}^{n} \Delta s_i \approx \sum_{i=1}^{n} v(\tau_i)\Delta t_i.$$

（4）求极限, 由近似值过渡到精确值. 分割的段数越多, 即 n 越大, 且每个小时间段的时间长度 Δt_i 越短, 上述和式越接近变速直线运动路程. 令 n 无限增大, 且使每个小段的时间长度 $\Delta t_i(i=1,2,\cdots,n)$ 最大值趋向于零, 即 $\lambda = \max\limits_{1\leqslant i\leqslant n}\{\Delta t_i\}\to 0$, 上述和式的极限就是变速直线运动的路程.

$$s = \lim_{\lambda \to 0} \sum_{i=1}^{n} v(\tau_i)\Delta t_i.$$

以上两个实例的意义不同, 但是解决问题的数学思想方法相同, 即分割、近似代替、求和、求极限, 最后都是通过求无穷和式的极限得到的. 实际上还有很多实际问题的解决都是采用类似方法. 这个无穷和式的极限, 在数学上就把它定义为定积分.

2. 定积分的定义

定义 3.3 设函数 $y=f(x)$ 在 $[a,b]$ 上有定义, 任取 $n-1$ 分点

$$a = x_0 < x_1 < x_2 < \cdots < x_{i-1} < x_i < \cdots < x_{n-1} < x_n = b,$$

把区间 $[a,b]$ 分成 n 个小区间 $[x_{i-1},x_i](i=1,2,\cdots,n)$, 每个小区间长度记为 $\Delta x_i(i=1,2,\cdots,n)$, 记 $\lambda = \max\limits_{1\leqslant i\leqslant n}\{\Delta x_i\}$. 在每个小区间 $[x_{i-1},x_i]$ 上任取一点 ξ_i, 作和式

$$\sum_{i=1}^{n} f(\xi_i)\Delta x_i.$$

如果当 $\lambda \to 0$ 时, 上述和式的极限存在, 则称函数 $f(x)$ 在区间 $[a,b]$ 上**可积**（否则不可积）, 并称其极限值为函数 $f(x)$ 在区间 $[a,b]$ 上的**定积分**, 记作 $\int_a^b f(x)\mathrm{d}x$, 即

$$\int_a^b f(x)\mathrm{d}x = \lim_{\lambda \to 0} \sum_{i=1}^{n} f(\xi_i)\Delta x_i. \tag{3.8}$$

扫码看案例

其中, x 称为**积分变量**, $f(x)$ 称为**被积函数**, $f(x)\mathrm{d}x$ 称为**被积表达式**, $\int$ 称为**积分号**, a 称为**积分下限**, b 称为**积分上限**, $[a,b]$ 称为**积分区间**.

根据定积分的定义, 上述两个引例就可以用定积分来表示面积或路程:

$$A = \int_a^b f(x)\mathrm{d}x, \quad s = \int_a^b v(t)\mathrm{d}t.$$

关于定积分,需要注意以下几点:

(1)定积分是一个常数,这个常数只与被积函数和积分区间有关,与区间的分割方法和 ξ_i 的取法无关,而且与字母无关,即

$$\int_a^b f(x)\mathrm{d}x = \int_a^b f(t)\mathrm{d}t.$$

(2)定义中有 $a<b$,实际上这一条可以改变,并且

$$\int_b^a f(x)\mathrm{d}x = -\int_a^b f(x)\mathrm{d}x.$$

特别地 $\int_a^a f(x)\mathrm{d}x = 0$.

(3)函数满足什么条件可积呢? 在这里只给出结论:连续函数是可积的;只有有限个第一类间断点的函数是可积的.

3. 定积分的几何意义

(1)由引例 1 可知,当 $f(x) \geqslant 0$ 时,定积分是曲边梯形的面积 $\int_a^b f(x)\mathrm{d}x = A$;特别地,当 $f(x) \equiv 1$ 时,$\int_a^b \mathrm{d}x = b - a$.

(2)当 $f(x) \leqslant 0$ 时(见图 3.6),定积分是负数,等于曲边梯形面积的相反数 $\int_a^b f(x)\mathrm{d}x = -A$.

(3)当函数在 $[a,b]$ 上有正有负时(见图 3.7),定积分的值可能为正也可能为负,等于曲线 $y=f(x)$,$x=a$,$x=b$,以及 x 轴围成的在 x 轴上边和下边各块面积的代数和,即

$$\int_a^b f(x)\mathrm{d}x = A_1 - A_2 + A_3.$$

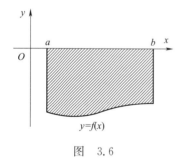

图 3.6   图 3.7

例 1 由定积分的几何意义计算下列积分.

(1) $\int_0^3 (3-x)\mathrm{d}x$; (2) $\int_{-1}^1 \sqrt{1-x^2}\,\mathrm{d}x$.

解 (1)由几何意义得知,$\int_0^3 (3-x)\mathrm{d}x$ 的值是直线 $y=3-x$,$y=0$,$x=0$ 所围成三角形的面积,如图 3.8 所示. 则

$$\int_0^3 (3-x)\mathrm{d}x = A = \frac{9}{2}.$$

(2)由几何意义得知,$\int_{-1}^1 \sqrt{1-x^2}\,\mathrm{d}x$ 的值是半圆 $y = \sqrt{1-x^2}$ 和直线

$x = -1, x = 1$ 所围成上半个圆的面积,如图 3.9 所示.则

$$\int_{-1}^{1} \sqrt{1-x^2} \, \mathrm{d}x = A = \frac{\pi}{2}.$$

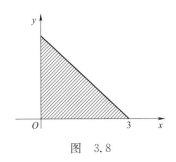

图　3.8

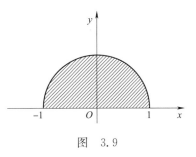

图　3.9

二、定积分的性质

首先假定所讨论的函数在给定区间上是可积的.

性质 1　常数因子可以提到积分号前边,即

$$\int_{a}^{b} k f(x) \mathrm{d}x = k \int_{a}^{b} f(x) \mathrm{d}x. \tag{3.9}$$

性质 2　有限个函数和差的定积分等于各个函数定积分的和差,即

$$\int_{a}^{b} [f(x) \pm g(x)] \mathrm{d}x = \int_{a}^{b} f(x) \mathrm{d}x \pm \int_{a}^{b} g(x) \mathrm{d}x. \tag{3.10}$$

性质 3（定积分对区间的可加性）　对任意常数 c,有

$$\int_{a}^{b} f(x) \mathrm{d}x = \int_{a}^{c} f(x) \mathrm{d}x + \int_{c}^{b} f(x) \mathrm{d}x. \tag{3.11}$$

性质 3 的几何解释:假设函数非负(负的也有相应解释),当 $a < c < b$ 时,易得出等式成立. 当 $c \notin (a,b)$ 时,不妨设 $c > b$,如图 3.10 所示. 则

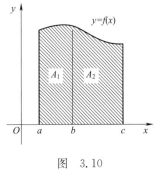

$$\int_{a}^{c} f(x) \mathrm{d}x = \int_{a}^{b} f(x) \mathrm{d}x + \int_{b}^{c} f(x) \mathrm{d}x$$
$$= \int_{a}^{b} f(x) \mathrm{d}x - \int_{c}^{b} f(x) \mathrm{d}x,$$

移项得

$$\int_{a}^{b} f(x) \mathrm{d}x = \int_{a}^{c} f(x) \mathrm{d}x + \int_{c}^{b} f(x) \mathrm{d}x.$$

图　3.10

以上三条性质主要用于计算.

由几何意义和定积分对区间的可加性,容易得出:

(1)若 $f(x)$ 是在 $[-a,a]$ 连续的奇函数,则有 $\int_{-a}^{a} f(x) \mathrm{d}x = 0$;

(2)若 $f(x)$ 是在 $[-a,a]$ 连续的偶函数,则有 $\int_{-a}^{a} f(x) \mathrm{d}x = 2 \int_{0}^{a} f(x) \mathrm{d}x.$

例 2　由几何意义和性质说明定积分的值 $\int_{-1}^{1} (1-x) \sqrt{1-x^2} \, \mathrm{d}x.$

解　$\int_{-1}^{1}(1-x)\sqrt{1-x^2}\,\mathrm{d}x = \int_{-1}^{1}\sqrt{1-x^2}\,\mathrm{d}x - \int_{-1}^{1}x\sqrt{1-x^2}\,\mathrm{d}x$

$$= \frac{\pi}{2} - 0 = \frac{\pi}{2}.$$

性质 4（比较性质）　如果在$[a,b]$上总有$f(x) \leqslant g(x)$,则

$$\int_{a}^{b}f(x)\mathrm{d}x \leqslant \int_{a}^{b}g(x)\mathrm{d}x.$$

性质 5（估值定理）　设函数$f(x)$有最大值M和最小值m,则

$$m(b-a) \leqslant \int_{a}^{b}f(x)\mathrm{d}x \leqslant M(b-a).$$

性质 6（中值定理）　如果函数$f(x)$在$[a,b]$上连续,则至少存在一个点ξ,使得

$$f(\xi)(b-a) = \int_{a}^{b}f(x)\mathrm{d}x. \tag{3.12}$$

这个公式称为**积分中值公式**,其几何意义是:曲边梯形的面积等于一个同底宽、高是函数在某一点的函数值的矩形的面积. 将上式改写为

$$f(\xi) = \frac{1}{b-a}\int_{a}^{b}f(x)\mathrm{d}x,$$

通常称$f(\xi)$为函数在$[a,b]$上的平均值.

以上三个性质可由几何意义解释,不作证明,如图 3.11～图 3.13 所示.

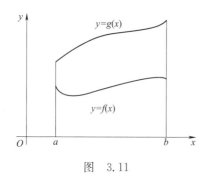

图　3.11

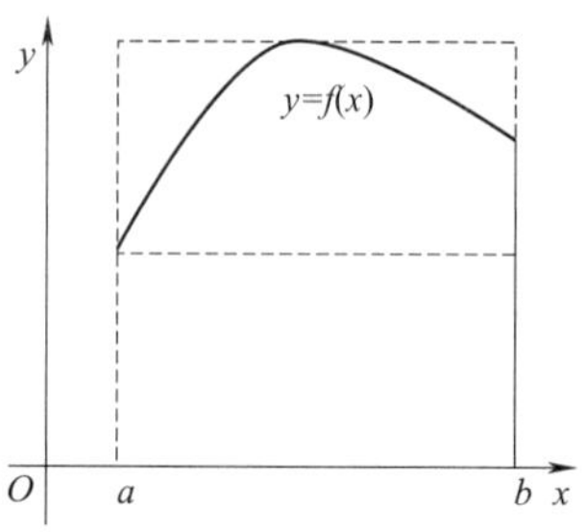

图　3.12

例3　比较下列积分的大小.

(1) $\int_{1}^{2}\ln x\mathrm{d}x$ 与 $\int_{1}^{2}\ln^2 x\mathrm{d}x$;

(2) $\int_{0}^{1}\mathrm{e}^{x}\mathrm{d}x$ 与 $\int_{0}^{1}\mathrm{e}^{x^2}\mathrm{d}x$.

解　(1)在区间$[1,2]$上因为$0 \leqslant \ln x \leqslant 1$,所以$0 \leqslant \ln^2 x \leqslant \ln x \leqslant 1$,故

$$\int_{1}^{2}\ln x\mathrm{d}x \geqslant \int_{1}^{2}\ln^2 x\mathrm{d}x.$$

(2)在区间$[0,1]$上因为$x \geqslant x^2$,而 e^{x} 是增函数,所以$\mathrm{e}^{x} \geqslant \mathrm{e}^{x^2}$,故

$$\int_{0}^{1}\mathrm{e}^{x}\mathrm{d}x \geqslant \int_{0}^{1}\mathrm{e}^{x^2}\mathrm{d}x.$$

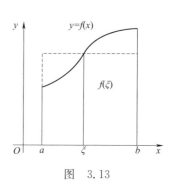

图　3.13

例 4　估计定积分 $\int_0^1 e^{x^2} dx$ 的值.

解　在区间 $[0,1]$ 上 $0 \leqslant x^2 \leqslant 1$，所以 $1 \leqslant e^{x^2} \leqslant e$，故

$$1 \leqslant \int_0^1 e^{x^2} dx \leqslant e.$$

【阅读材料】

微积分的主要奠基人——牛顿

16 世纪后期，随着工业革命和工程技术的发展，原有的以几何和代数为主要内容的数学已难以解决当时生产和自然科学所提出的许多新问题。例如，如何求出物体的瞬时速度与加速度？如何求曲线的切线及曲线长度（如行星路程）？以及极大极小值（如地球的近日点、远日点、火炮最大射程等）、重心、引力等。尽管当时已有对数、解析几何、无穷级数等，但还不能圆满地解决这些问题。牛顿在笛卡儿的《几何学》和瓦里斯的《无穷算术》的影响下，将古希腊以来求解无穷小问题的种种特殊方法统一为两类算法：正流数术（微分）和反流数术（积分），发布在《运用无限多项方程》（1669 年）、《流数术与无穷级数》（1671 年）、《曲线求积术》（1676 年）三篇论文和《自然哲学的数学原理》一书中，以及他写于 1666 年在朋友们中间传阅的一篇手稿《论流数》中。所谓"流量"，就是随时间而变化的自变量，如 x, y, u, t 等，"流数"就是流量的改变速度即变化率。他说的"差率""变率"就是微分。他还在 1676 年首次公布了他发明的二项式展开定理。牛顿还发现了其他无穷级数，并用来计算面积、积分、解方程等。莱布尼茨引入简单易记易写微积分符号，从此牛顿创立的微积分学在各国迅速推广。

微积分的出现，成了数学发展中除几何与代数以外的另一重要分支——数学分析（牛顿称之为"借助于无限多项方程的分析"），并进一步发展为微分几何、微分方程、变分法等，这些又反过来促进了理论物理学的发展。例如，伯努利曾征求最速降落曲线的解答，这是变分法的最初始问题，半年内全欧数学家无人能解答。1697 年的一天牛顿偶然听说此事，当天晚上一举解出，并匿名刊登在《哲学学报》上。伯努利看到这篇文章后惊异地说："从这锋利的爪中我认出了雄狮。"

练　习　3.4

1. 用定积分的几何意义说明下列各式.

(1) $\int_0^2 x dx = 2$；　　　　　　　　(2) $\int_0^a \sqrt{a^2 - x^2} dx = \dfrac{\pi}{4} a^2$.

2. 不计算，比较大小.

(1) $\int_1^2 x^2 dx$ 与 $\int_1^2 x^3 dx$；　　　(2) $\int_1^e \ln x dx$ 与 $\int_1^e \ln^2 x dx$.

3. 利用几何意义计算定积分.

(1) $\int_0^3 |2 - x| dx$；

(2) $f(x) = \begin{cases} 1 + x & \text{当} -1 \leqslant x < 0 \\ \sqrt{1 - x^2} & \text{当} \ 0 \leqslant x \leqslant 1 \end{cases}$，求 $\int_{-1}^1 f(x) dx$.

4. 估计定积分 $\displaystyle\int_0^1 e^{-x^2} \mathrm{d}x$ 的范围.

§3.5 微积分基本定理

用定义法求定积分必须求一个和式的极限,这种方法只能求极少数函数的定积分,而且对不同的函数要用不同的技巧,大为限制了定积分的计算和应用.本节通过揭示导数、不定积分、定积分的关系,把求定积分的问题转化为求原函数的增量问题,从而简便地计算定积分.

一、原函数存在定理

引例 在变速直线运动中.

(1)已知物体的运动速度是连续函数 $v = v(t)$,求物体由时刻 $t = a$ 到时刻 $t = b(b > a)$ 的这一段时间内所运动的路程;

(2)已知物体的运动方程 $s = s(t)$,求物体由时刻 $t = a$ 到时刻 $t = b(b > a)$ 的这一段时间内所运动的路程.

解 (1)由 3.4 节的引例 2 得知: $s = \displaystyle\int_a^b v(t) \mathrm{d}t$;

(2)由物理知识得知: $s = s(b) - s(a)$.

由于这是同一个运动过程中的路程问题,以上两种方法得出的数值是相同的,因此得到

$$s = \int_a^b v(t) \mathrm{d}t = s(b) - s(a).$$

我们知道: $s'(t) = v(t)$,即 $s(t)$ 是 $v(t)$ 的一个原函数.故上述等式可以描述为:**连续函数在区间 $[a,b]$ 上的定积分的值,等于它的一个原函数在整个区间上的增量.**

那么,这个结论是否具有一般性?我们首先介绍变上限的定积分函数.

如图 3.14 所示,设 $f(x)$ 在 $[a,b]$ 上连续,在 $[a,b]$ 上任取一点 x,则 $f(x)$ 在 $[a,x]$ 上的定积分 $\displaystyle\int_a^x f(x)\mathrm{d}x$ 一定存在,考虑到定积分与字母无关,所以为了明确起见,改写为 $\displaystyle\int_a^x f(t)\mathrm{d}t$. 当 x 在区间 $[a,b]$ 上任意变动时,每取定一个 x 值,定积分有一个对应值,因此,它是定义在区间 $[a,b]$ 上的一个函数,记作 $\Phi(x)$:

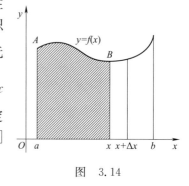

图 3.14

$$\Phi(x) = \int_a^x f(t)\mathrm{d}t \ (a \leqslant x \leqslant b).$$

称之为**变上限的积分函数**,简称**变上限函数**,也称变上限的定积分.

这个函数有如下重要的性质:

定理3.4 若函数 $f(x)$ 在 $[a,b]$ 上连续,则变上限函数在 $[a,b]$ 上可导,且导数等于被积函数:

$$\Phi'(x) = (\int_a^x f(t)\mathrm{d}t)' = \frac{\mathrm{d}}{\mathrm{d}x}(\int_a^x f(t)\mathrm{d}t) = f(x)(a \leqslant x \leqslant b). \quad (3.13)$$

事实上:设在 x 点给出增量 Δx,对应的函数增量为

$$\Delta \Phi = \int_a^{x+\Delta x} f(t)\mathrm{d}t - \int_a^x f(t)\mathrm{d}t = \int_a^x f(t)\mathrm{d}t + \int_x^{x+\Delta x} f(t)\mathrm{d}t - \int_a^x f(t)\mathrm{d}t$$

$$= \int_x^{x+\Delta x} f(t)\mathrm{d}t,$$

对上式最右端用积分中值定理得

$$\int_x^{x+\Delta x} f(t)\mathrm{d}t = f(\xi)\Delta x(\xi \text{ 介于 } x \text{ 和 } x+\Delta x \text{ 之间}),$$

即

$$\Delta \Phi = f(\xi)\Delta x,$$

两端同除以 Δx,令 $\Delta x \to 0$,取极限:

$$\lim_{\Delta x \to 0} \frac{\Delta \Phi}{\Delta x} = \lim_{\Delta x \to 0} f(\xi).$$

当 $\Delta x \to 0$ 时,$x+\Delta x \to x$,又 ξ 介于 x 和 $x+\Delta x$ 之间,从而 $\xi \to x$,故

$$\lim_{\Delta x \to 0} \frac{\Delta \Phi}{\Delta x} = \lim_{\Delta x \to 0} f(\xi) = \lim_{\xi \to x} f(\xi) = f(x),$$

因此

$$\Phi'(x) = (\int_a^x f(t)\mathrm{d}t)' = f(x)(a \leqslant x \leqslant b).$$

即**连续函数必有原函数,且变上限的积分函数就是它的一个原函数**. 这称为原函数存在性定理.

例 1　求导数.

(1) $\Phi(x) = \int_a^x t\sin t\mathrm{d}t$;　(2) $\Phi(x) = \int_a^{x^2} \mathrm{e}^{-t}\mathrm{d}t$.

解　(1) $\Phi'(x) = x\sin x$;

(2)把 x^2 看成 u,则 $\int_a^{x^2} \mathrm{e}^{-t}\mathrm{d}t$ 是由 $\int_a^u \mathrm{e}^{-t}\mathrm{d}t$ 和 $u = x^2$ 复合而形成的,

$$\Phi'(x) = \frac{\mathrm{d}}{\mathrm{d}u}\int_a^u \mathrm{e}^{-t}\mathrm{d}t \cdot \frac{\mathrm{d}u}{\mathrm{d}x} = \mathrm{e}^{-u} \cdot 2x = \mathrm{e}^{-x^2} \cdot 2x.$$

一般地,如 $\varphi(x)$ 可导,则

$$(\int_a^{\varphi(x)} f(t)\mathrm{d}t)' = f(\varphi(x)) \cdot \varphi'(x).$$

例 2　求极限 $\lim\limits_{x \to 0} \dfrac{\int_0^x \sin t^2 \mathrm{d}t}{x^3}$.

解　$\lim\limits_{x \to 0} \dfrac{\int_0^x \sin t^2 \mathrm{d}t}{x^3} = \lim\limits_{x \to 0} \dfrac{\sin x^2}{3x^2} = \dfrac{1}{3}$.

二、微积分基本定理

定理 3.5(微积分基本定理)　若函数 $f(x)$ 在区间 $[a,b]$ 上连续,$F(x)$ 是 $f(x)$ 在 $[a,b]$ 上的一个原函数,则

$$\int_a^b f(x)\mathrm{d}x = F(b) - F(a). \tag{3.14}$$

证 已知 $F(x)$ 是 $f(x)$ 在 $[a,b]$ 上的一个原函数，由定理 3.4 知，$\Phi(x)=\int_a^x f(t)\mathrm{d}t$ 也是 $f(x)$ 在 $[a,b]$ 上的一个原函数，因此它们之间仅相差一个常数 C：

$$\int_a^x f(t)\mathrm{d}t = F(x) + C.$$

令 $x=a$ 得 $C=-F(a)$，再令 $x=b$ 则有

$$\int_a^b f(t)\mathrm{d}t = F(b) - F(a).$$

这个公式称为**牛顿-莱布尼茨公式**. 它是微积分学中的一个重要公式，叫做**微积分基本公式**. 通常以 $F(x)\big|_a^b$ 表示 $F(b)-F(a)$，故公式又可以记为

$$\int_a^b f(t)\mathrm{d}t = F(x)\big|_a^b = F(b) - F(a).$$

这个公式明确了定积分与不定积分（原函数）之间的关系，它表明：**连续函数 $f(x)$ 在 $[a,b]$ 上的定积分等于它的任意一个原函数 $F(x)$ 在区间 $[a,b]$ 上的增量**，简化了定积分的计算.

例 3 计算定积分.

$(1)\displaystyle\int_0^1 x^2\mathrm{d}x;\qquad (2)\displaystyle\int_{-1}^{\sqrt{3}}\frac{1}{1+x^2}\mathrm{d}x.$

解 (1)由于 $\frac{1}{3}x^3$ 是 x^2 的一个原函数，所以由牛顿-莱布尼茨公式得

$$\int_0^1 x^2\mathrm{d}x = \frac{1}{3}x^3\Big|_0^1 = \frac{1}{3}.$$

(2)由于 $\arctan x$ 是 $\frac{1}{1+x^2}$ 的一个原函数，所以由牛顿-莱布尼茨公式得

$$\int_{-1}^{\sqrt{3}}\frac{1}{1+x^2}\mathrm{d}x = \arctan x\Big|_{-1}^{\sqrt{3}} = \arctan\sqrt{3} - \arctan(-1) = \frac{\pi}{3} - \left(-\frac{\pi}{4}\right) = \frac{7\pi}{12}.$$

例 4 计算 $\displaystyle\int_0^2 |1-x|\mathrm{d}x.$

解 分割区间去掉绝对值符号，用积分对区间的可加性计算.

$$\int_0^2 |1-x|\mathrm{d}x = \int_0^1 |1-x|\mathrm{d}x + \int_1^2 |1-x|\mathrm{d}x = \int_0^1 (1-x)\mathrm{d}x + \int_1^2 (x-1)\mathrm{d}x$$

$$= \left(x-\frac{1}{2}x^2\right)\Big|_0^1 + \left(\frac{1}{2}x^2-x\right)\Big|_1^2 = \left(1-\frac{1}{2}\right) + \left[-\left(\frac{1}{2}-1\right)\right] = 1.$$

例 5 一列高速列车以每小时 216 km 的速度行驶，即将进站时以 3 m/s² 的制动加速度制动. 问安全的制动距离是多少？

解 开始制动的时刻 $t=0$ 时，列车的速度为 $v_0=60$ m/s，制动后速度为

$$v(t) = v_0 - at = 60 - 3t,$$

到列车停止共用时 $v(t)=60-3t=0$ 得 $t=20$，于是，制动过程中运行的路程即列车的安全制动距离为

$$s = \int_0^{20} v(t)\mathrm{d}t = \int_0^{20}(60-3t)\mathrm{d}t = \left(60t-\frac{3}{2}t^2\right)\Big|_0^{20} = 600\ (\mathrm{m}).$$

【阅读材料】

微积分的重要奠基人和微积分符号的创建者——莱布尼茨

微积分思想最早可以追溯到希腊由阿基米德等人提出的计算面积和体积的方法. 但是那时它们是零碎不系统的. 1665 年牛顿发表文章, 创立微积分时, 主要是从物理学出发, 运用集合方法研究微积分, 其应用上更多地结合了运动学, 其时间早于莱布尼茨, 造诣高于莱布尼茨, 但似乎系统性、严谨性不及莱布尼茨. 莱布尼茨在 1673 年后也系统发表了微积分思想的论著, 他主要从几何问题出发, 运用分析学方法引进微积分概念, 得出运算法则, 其数学理论的严密性与系统性比牛顿更胜一筹. 这种互有缺陷和相互补充的局面, 导致很长时间的争执: 到底谁发明了微积分? 但是事件的两位当事人却对对方极为尊敬和肯定, 牛顿他的在《自然哲学的数学原理》一书中, 毫不含糊地承认了莱布尼茨的天才; 莱布尼茨则说道"在从世界开始到牛顿生活的时代的全部数学中, 牛顿的工作超过了一半". 随着时间的推移和人们对两人著作的充分学习, 现在人们普遍承认是牛顿和莱布尼茨是微积分的主要创立人.

莱布尼茨还是微积分符号的首用者.

在微积分的发展初期, 大家都用牛顿的"流数"符号, 那种符号既不好书写又不好辨认. 莱布尼茨却是运用大家熟悉的字母表示微分和积分.

1684 年, 莱布尼茨发表第一篇微分论文, 定义了微分概念, 采用了微分符号 dx, dy; 1686 年他又发表了积分论文, 讨论了微分与积分, 使用了积分符号 $\int$, 一个拉长的字母 S. 这些符号的引入, 使得微积分更容易被人们所接受, 并且这些符号一直运用到现在, 以及将来.

练　习　3.5

1. 填空题.

(1) 设 $F(x) = \int_0^x \sin t \, dt$, 则 $F(0) =$ ＿＿＿＿, $F'\left(\dfrac{\pi}{2}\right) =$ ＿＿＿＿;

(2) $\left(\int_0^x t \sin^2 t \, dt\right)' =$ ＿＿＿＿.

2. 求导数.

(1) $\int_1^{x^2} \dfrac{\ln t}{t} \, dt$;　　　(2) $\int_x^1 t^2 \sqrt{t+1} \, dt$.

3. 求极限.

(1) $\lim\limits_{x \to 0} \dfrac{\int_0^x e^{t^2} \, dt}{x}$;　　　(2) $\lim\limits_{x \to 0} \dfrac{\int_0^{2x} \ln(1+t) \, dt}{x \sin x}$.

4. 求定积分.

(1) $\int_0^{\frac{\pi}{4}} \tan^2 x \, dx$;　　　(2) $\int_0^1 \dfrac{1}{1+x} \, dx$.

§3.6 定积分的换元积分法和分部积分法

一、定积分的换元积分法

有了牛顿-莱布尼茨公式,定积分的运算就归结为求被积函数的原函数问题.这样定积分的运算法也有换元积分法和分部积分法,思路与不定积分的基本相同.但也要注意计算上的不同.

例1 计算定积分.

$$(1) \int_0^{\frac{\pi}{2}} \sin^2 x \cos x \, dx; \qquad (2) \int_0^2 x e^{x^2} \, dx.$$

这都是用第一换元积分法的题目,可以"只凑微分不换元".

解 (1) $\int_0^{\frac{\pi}{2}} \sin^2 x \cos x \, dx = \int_0^{\frac{\pi}{2}} \sin^2 x \, d\sin x = \frac{1}{3} \sin^3 x \Big|_0^{\frac{\pi}{2}} = \frac{1}{3}.$

(2) $\int_0^2 x e^{x^2} \, dx = \frac{1}{2} \int_0^2 e^{x^2} \, dx^2 = \frac{1}{2} e^{x^2} \Big|_0^2 = \frac{1}{2}(e^4 - 1).$

例2 计算定积分 $\int_0^4 \frac{1}{1+\sqrt{x}} dx.$

解 由不定积分的换元积分法知,作换元 $x = t^2 (t > 0), \sqrt{x} = t, dx = 2t \, dt,$ 由于

$$\int \frac{1}{1+\sqrt{x}} dx = \int \frac{2t}{1+t} dt = 2 \int \frac{(t+1)-1}{1+t} dt = 2(t - \ln|t+1|)$$
$$= 2(\sqrt{x} - \ln|\sqrt{x}+1|) + C.$$

所以

$$\int_0^4 \frac{1}{1+\sqrt{x}} dx = \left[2(\sqrt{x} - \ln|\sqrt{x}+1|)\right]_0^4 = 2(2 - \ln 3) = 4 - 2\ln 3.$$

注意:换元后,积分限改用变量 t,由关系式 $x = t^2$ 易知,当 x 从 0 变到 4, t 对应的从 0 变到 2,将上述两个步骤合并为一个步骤,就要做到"换元同时对应换限"(当 $x = 0$ 时 $t = 0$,当 $x = 4$ 时 $t = 2$),则

$$\int_0^4 \frac{1}{1+\sqrt{x}} dx = \int_0^2 \frac{2t}{1+t} dt = 2 \int_0^2 \frac{(t+1)-1}{1+t} dt = 2\left[t - \ln|t+1|\right]_0^2$$
$$= 2(2 - \ln 3) = 4 - 2\ln 3.$$

不定积分的换元积分,要将积分变量还原成原积分变量.由于定积分是求一个常数,换元后用新变量的原函数和它的积分限代入公式计算即可,不必还原成原积分变量.

定理3.6 设 $f(x)$ 在 $[a, b]$ 上连续,函数 $x = \varphi(t)$ 满足条件:(1) $\varphi(\alpha) = a,$ $\varphi(\beta) = b$;(2)当 t 在 α 与 β 之间变化时,$\varphi(t)$ 在 $[a, b]$ 上取值,且有连续的导数.则有

$$\int_a^b f(x) dx = \int_\alpha^\beta f(\varphi(t)) \varphi'(t) dt. \tag{3.15}$$

例 3　计算 $\int_0^{\ln 2} \sqrt{e^x - 1}\, dx$.

解　设 $\sqrt{e^x - 1} = t$，则 $x = \ln(t^2 + 1)$，$dx = \dfrac{2t}{1 + t^2}dt$，当 $x = 0$ 时，$t = 0$；当 $x = \ln 2$ 时，$t = 1$. 于是

$$\int_0^{\ln 2} \sqrt{e^x - 1}\, dx = \int_0^1 t \cdot \frac{2t}{t^2 + 1}dt = 2\int_0^1 \frac{(t^2 + 1) - 1}{t^2 + 1}dt$$

$$= 2(t - \arctan t)\Big|_0^1 = 2 - \frac{\pi}{2}.$$

二、定积分的分部积分法

设函数 $u = u(x)$，$v = v(x)$ 具有连续导数，则有

$$\int_a^b u\, dv = uv\Big|_a^b - \int_a^b v\, du. \tag{3.16}$$

定积分的分部积分法与不定积分的分部积分法公式相同，只是每一项上都带有上下限.

例 4　计算定积分.

(1) $\int_0^1 x e^{-x} dx$；　　(2) $\int_1^4 \dfrac{\ln x}{\sqrt{x}}dx$.

扫码看案例

解　(1) $\int_0^1 x e^{-x} dx = \int_0^1 x\, d(-e^{-x}) = x(-e^{-x})\Big|_0^1 - \int_0^1 -e^{-x} dx = 1 - \dfrac{2}{e}$.

(2) 设 $x = t^2$，$dx = 2t\, dt$，当 $x = 1$ 时，$t = 1$，当 $x = 4$ 时，$t = 2$. 所以

$$\int_1^4 \frac{\ln x}{\sqrt{x}}dx = 4\int_1^2 \ln t\, dt = 4(t\ln t - t)\Big|_1^2 = 8\ln 2 - 4.$$

练 习 3.6

1. 求定积分.

(1) $\int_0^1 \dfrac{\sqrt{x}}{1 + x}dx$；　　(2) $\int_0^1 \sqrt{1 + x}\, dx$.

2. 求定积分.

(1) $\int_0^{\frac{\pi}{2}} x^2 \sin x\, dx$；　　(2) $\int_1^e x\ln x\, dx$.

3. 若 $f''(x)$ 在 $[0,1]$ 上连续，且 $f(0) = 1$，$f(1) = 2$，$f'(1) = 3$，求 $\int_0^1 x f''(x)\, dx$.

§3.7　反常积分

上面所讨论的定积分是在有限区间 $[a,b]$ 上对有界函数 $f(x)$ 的定积分. 实际上还会遇到在无穷区间上的问题或无界函数的问题. 这不是平常的定积分，称为反常积分.

一、无穷区间上的反常积分

引例 以曲线 $y=\dfrac{1}{x^2}$、直线 $x=1$ 和 x 轴为边界的向右无限延伸的开口图形(区域)(见图 3.15)的面积等于多少? 如何计算?

我们知道,曲线 $y=\dfrac{1}{x^2}$,直线 $x=1,x=b(b>1)$ 和 x 轴围成的图形(见图 3.16)面积是:

$$A=\int_1^b \frac{1}{x^2}\mathrm{d}x=-\frac{1}{x}\Big|_1^b=1-\frac{1}{b}.$$

当上限 b 的值趋向于正无穷大,则图 3.16 的图形就趋向于图 3.15 中的开口图形.

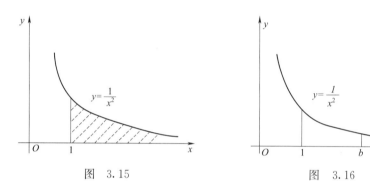

图 3.15　　　　　　　图 3.16

即当 b 的值趋向于正无穷大时,曲边梯形的面积越来越接近我们所要求的开口图形(区域)的面积,因此,把 $b\to+\infty$ 时曲边梯形的面积的极限定义为开口图形(区域)的面积,即

$$\lim_{b\to+\infty}A=\lim_{b\to+\infty}\int_1^b \frac{1}{x^2}\mathrm{d}x=\lim_{b\to+\infty}\left(1-\frac{1}{b}\right)=1.$$

把整个开口图形(区域)的面积记为 $\displaystyle\int_1^{+\infty}\frac{1}{x^2}\mathrm{d}x$,称为在无穷区间上的反常积分. 上述定积分的极限存在称为反常积分收敛,否则称为发散.

定义 3.4 设函数 $f(x)$ 在区间 $[a,+\infty)$ 内连续,称 $\displaystyle\int_a^{+\infty}f(x)\mathrm{d}x$ 为函数 $f(x)$ 在无穷区间 $[a,+\infty)$ 上的**反常积分**. 如果极限

$$\lim_{b\to+\infty}\int_a^b f(x)\mathrm{d}x\,(b>a)$$

存在,则称反常积分**收敛**,并称此极限值为该反常积分的值,即

$$\int_a^{+\infty}f(x)\mathrm{d}x=\lim_{b\to+\infty}\int_a^b f(x)\mathrm{d}x\quad(b>a).$$

如果极限不存在,则称反常积分**发散**.

类似地,若设函数 $f(x)$ 在区间 $(-\infty,b]$ 内有连续,称 $\displaystyle\int_{-\infty}^b f(x)\mathrm{d}x$ 为函数 $f(x)$ 在无穷区间 $(-\infty,b]$ 上的**反常积分**. 如果极限 $\displaystyle\lim_{a\to-\infty}\int_a^b f(x)\mathrm{d}x(b>a)$ 存

扫码看案例

在,则称反常积分**收敛**,并称此极限值为该反常积分的值,即

$$\int_{-\infty}^{b} f(x)\mathrm{d}x = \lim_{a \to -\infty} \int_{a}^{b} f(x)\mathrm{d}x \quad (b > a).$$

如果极限不存在,则称反常积分**发散**.

若设函数 $f(x)$ 在区间 $(-\infty, +\infty)$ 内有连续,则称 $\int_{-\infty}^{+\infty} f(x)\mathrm{d}x$ 为函数

$f(x)$ 在无穷区间 $(-\infty, +\infty)$ 上的反常积分. 任取 $c(-\infty < c < +\infty)$,有

$$\int_{-\infty}^{+\infty} f(x)\mathrm{d}x = \int_{-\infty}^{c} f(x)\mathrm{d}x + \int_{c}^{+\infty} f(x)\mathrm{d}x.$$

如果极限 $\lim_{a \to -\infty} \int_{a}^{c} f(x)\mathrm{d}x$ 和 $\lim_{b \to +\infty} \int_{c}^{b} f(x)\mathrm{d}x$ 都存在,则称反常积分**收敛**,否则称

反常积分**发散**.

例 1 求反常积分.

(1) $\int_{0}^{+\infty} \mathrm{e}^{-2x}\mathrm{d}x$;   (2) $\int_{-\infty}^{0} \mathrm{e}^{3x}\mathrm{d}x$.

解 (1) $\int_{0}^{+\infty} \mathrm{e}^{-2x}\mathrm{d}x = \lim_{b \to +\infty} \int_{0}^{b} \mathrm{e}^{-2x}\mathrm{d}x = \lim_{b \to +\infty} \left(-\frac{1}{2}\mathrm{e}^{-2x} \right) \Big|_{0}^{b}$

$$= -\frac{1}{2} \lim_{b \to +\infty} (\mathrm{e}^{-2b} - 1) = \frac{1}{2}.$$

(2) $\int_{-\infty}^{0} \mathrm{e}^{3x}\mathrm{d}x = \lim_{a \to -\infty} \int_{a}^{0} \mathrm{e}^{3x}\mathrm{d}x = \lim_{a \to -\infty} \frac{1}{3}\mathrm{e}^{3x} \Big|_{a}^{0} = \frac{1}{3} \lim_{a \to -\infty} (1 - \mathrm{e}^{3a}) = \frac{1}{3}.$

由例 1 可见,$F(x)$ 是 $f(x)$ 的一个原函数,则

$$\int_{a}^{+\infty} f(x)\mathrm{d}x = \lim_{b \to +\infty} [F(b) - F(a)] = \lim_{b \to +\infty} F(b) - F(a)$$

$$= \lim_{x \to +\infty} F(x) - F(a) = F(x) \Big|_{a}^{+\infty}.$$

上式最后记号是将 $+\infty$ 代入 $F(x)$ 得 $F(+\infty)$,其意义是 $F(+\infty) = \lim_{x \to +\infty} F(x)$.

类似地,

$$\int_{-\infty}^{b} f(x)\mathrm{d}x = F(x) \Big|_{-\infty}^{b}, \quad \int_{-\infty}^{+\infty} f(x)\mathrm{d}x = F(x) \Big|_{-\infty}^{+\infty}.$$

例 2 讨论 $\int_{1}^{+\infty} \frac{1}{x^{\alpha}}\mathrm{d}x$ 的敛散性.

解 当 $\alpha = 1$ 时,$\int_{1}^{+\infty} \frac{1}{x}\mathrm{d}x = \ln x \Big|_{1}^{+\infty} = +\infty$;

当 $\alpha \neq 1$ 时,$\int_{1}^{+\infty} \frac{1}{x^{\alpha}}\mathrm{d}x = \frac{1}{1-\alpha}x^{1-\alpha} \Big|_{1}^{+\infty} = \frac{1}{1-\alpha} \lim_{x \to +\infty} (x^{1-\alpha} - 1)$

$$= \begin{cases} \dfrac{1}{\alpha-1} & \text{当 } \alpha > 1 \\ +\infty & \text{当 } \alpha < 1 \end{cases}.$$

所以,该反常积分当 $\alpha > 1$ 时收敛,当 $\alpha \leqslant 1$ 时发散,即

$$\int_1^{+\infty} \frac{1}{x^a} \mathrm{d}x = \begin{cases} \dfrac{1}{\alpha-1} & \text{当 } \alpha > 1 \\[2mm] +\infty & \text{当 } \alpha \leqslant 1 \end{cases}.$$

例 3　求反常积分 $\displaystyle\int_{-\infty}^{+\infty} \frac{1}{1+x^2}\mathrm{d}x$.

解　$\displaystyle\int_{-\infty}^{+\infty} \frac{1}{1+x^2}\mathrm{d}x = \arctan x \Big|_{-\infty}^{+\infty} = \lim_{x\to+\infty}\arctan x - \lim_{x\to-\infty}\arctan x$

$$= \frac{\pi}{2} - \left(-\frac{\pi}{2}\right) = \pi.$$

*二、无界函数的反常积分

引例　以曲线 $y = \dfrac{1}{\sqrt{x}}$、直线 $x=1$、y 轴和 x 轴为边界的向上无限延伸的开口图形（区域）（见图 3.17）的面积，等于多少？如何计算？

定义 3.5　设函数 $f(x)$ 在区间 $(a,b]$ 内连续，且 $\lim\limits_{x\to a^+} f(x) = \infty$，称 $\displaystyle\int_a^b f(x)\mathrm{d}x$ 为函数 $f(x)$ 在区间 $(a,b]$ 上的反常积分. 如果极限 $\lim\limits_{\varepsilon\to 0^+}\displaystyle\int_{a+\varepsilon}^b f(x)\mathrm{d}x$ 存在，则称反常积分**收敛**，并称此极限值为该反常积分的值，即

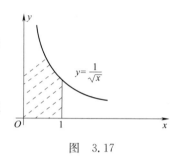

图　3.17

$$\int_a^b f(x)\mathrm{d}x = \lim_{\varepsilon\to 0^+}\int_{a+\varepsilon}^b f(x)\mathrm{d}x.$$

如果极限不存在，则称反常积分**发散**.

　　类似地，若设函数 $f(x)$ 在区间 $[a,b)$ 内连续，且 $\lim\limits_{x\to b^-} f(x) = \infty$，则称 $\displaystyle\int_a^b f(x)\mathrm{d}x$ 为函数 $f(x)$ 在区间 $[a,b)$ 上的**反常积分**. 如果极限 $\lim\limits_{\varepsilon\to 0^+}\displaystyle\int_a^{b-\varepsilon} f(x)\mathrm{d}x$ 存在，则称反常积分**收敛**，并称此极限值为该反常积分的值，即

$$\int_a^b f(x)\mathrm{d}x = \lim_{\varepsilon\to 0^+}\int_a^{b-\varepsilon} f(x)\mathrm{d}x.$$

如果极限不存在，则称反常积分**发散**.

例 4　求反常积分 $\displaystyle\int_0^1 \frac{1}{\sqrt{x}}\mathrm{d}x$.

解　当 $\varepsilon > 0$ 时，$\displaystyle\int_\varepsilon^1 \frac{1}{\sqrt{x}}\mathrm{d}x = 2\sqrt{x}\,\Big|_\varepsilon^1 = 2 - 2\sqrt{\varepsilon}$，所以

$$\int_0^1 \frac{1}{\sqrt{x}}\mathrm{d}x = \lim_{\varepsilon\to 0^+}\int_\varepsilon^1 \frac{1}{\sqrt{x}}\mathrm{d}x = \lim_{\varepsilon\to 0^+} 2\sqrt{x}\,\Big|_\varepsilon^1 = \lim_{\varepsilon\to 0^+}(2 - 2\sqrt{\varepsilon}) = 2.$$

练 习 3.7

1. 填空题.

(1) $\int_1^{+\infty} \frac{1}{x^3}\mathrm{d}x = $ _____ ;   (2) $\int_0^{+\infty} \frac{m}{1+x^2}\mathrm{d}x = \pi$，则 $m = $ _____ .

2. 计算反常积分.

(1) $\int_e^{+\infty} \frac{1}{x\ln^2 x}\mathrm{d}x$;   (2) $\int_0^{+\infty} \mathrm{e}^{-x}\mathrm{d}x$;

(3) $\int_{-\infty}^0 x\mathrm{e}^x\mathrm{d}x$;   (4) $\int_{-\infty}^{+\infty} \frac{1}{x^2+2x+2}\mathrm{d}x$.

§3.8 定积分的应用

定积分的应用很广泛，在几何、物理学、经济学、社会学等各个学科都有体现. 本节主要介绍定积分在几何方面的应用，简要介绍在物理学和经济方面的应用.

一、微元法

先来了解微元法. 定积分是求某种总量的数学模型，它实际上是一种无限累加的运算. 运用定积分计算时可采用微元法.

一个量 U 满足：

(1) U 依赖于定义在 $[a,b]$ 上的某一个有界函数 $f(x)$，且 U 可以无限分割再累加，即

$$U = \sum \Delta U;$$

(2) 在任意一个分割后的小区间 $[x,x+\Delta x]$（或 $[x,x+\mathrm{d}x]$）上，部分量（称为微量）ΔU 可以用函数在 x 点的值 $f(x)$ 和区间的长度 Δx（或 $\mathrm{d}x$）之积（称为微元）近似表示，即

$$\Delta U \approx f(x)\mathrm{d}x;$$

那么总量 U 就等于微元在区间 $[a,b]$ 上的定积分，即

$$U = \int_a^b f(x)\mathrm{d}x.$$

这种方法就是**微元法**.

例如，求由连续曲线 $y=f(x)$ 与直线 $x=a$，$x=b(a<b)$ 及 x 轴所围成的曲边梯形的面积问题.

首先面积是可以分割的；其次在 $[x,x+\mathrm{d}x]$ 上的小曲边梯形的面积可以近似表示 $\Delta s \approx f(x)\mathrm{d}x$（见图 3.18）；那么，总面积 $S = \int_a^b f(x)\mathrm{d}x$. 这与用定积分的定义得到的结论是完全相同的.

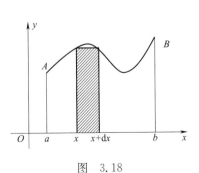

图 3.18

二、几何应用

1. 平面图形的面积

（1）由两条连续曲线 $y=f(x)$，$y=g(x)(f(x)\geqslant g(x))$ 和两条直线 $x=a$，$x=b(a<b)$ 所围成的平面图形的面积（见图 3.19）.

在 $[a,b]$ 上任取一个小区间 $[x,x+\mathrm{d}x]$，在图形内作一个小矩形，其面积是：

$$\mathrm{d}A=[f(x)-g(x)]\mathrm{d}x,$$

则图形的面积为

$$A=\int_a^b[f(x)-g(x)]\mathrm{d}x.$$

（2）由两条连续曲线 $x=\varphi(y)$，$x=\psi(y)(\varphi(y)\geqslant \psi(y))$ 和直线 $y=c$，$y=d$ $(c<d)$ 所围成的平面图形的面积（见图 3.20）.

在 $[c,d]$ 上任取一个小区间 $[y,y+\mathrm{d}y]$，在图形内作一个小矩形，其面积是：

$$\mathrm{d}A=[\varphi(y)-\psi(y)]\mathrm{d}y,$$

则图形的面积为

$$A=\int_c^d[\varphi(y)-\psi(y)]\mathrm{d}y.$$

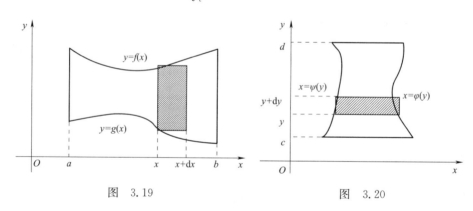

图　3.19　　　　　　　　　　图　3.20

例 1　求面积.

（1）由曲线 $xy=1$ 和直线 $y=x,x=2$ 围成；

（2）由抛物线 $y=x^2$ 和直线 $y=2x+3$ 围成.

扫码看案例

解　（1）画图（见图 3.21），选 x 为积分变量，由 $\begin{cases} xy=1 \\ y=x \end{cases}$ 得交点横坐标 $x=1$，于是

$$A=\int_1^2\left(x-\frac{1}{x}\right)\mathrm{d}x=\left(\frac{x^2}{2}-\ln x\right)\Big|_1^2=\frac{3}{2}-\ln 2.$$

（2）画图（见图 3.22），选 x 为积分变量，由 $\begin{cases} y=x^2 \\ y=2x+3 \end{cases}$ 得交点横坐标 $x_1=-1$，

$x_2=3$，于是

$$A = \int_{-1}^{3} (2x + 3 - x^2) \mathrm{d}x = \left(x^2 + 3x - \frac{1}{3}x^3 \right) \Big|_{-1}^{3} = \frac{32}{3}.$$

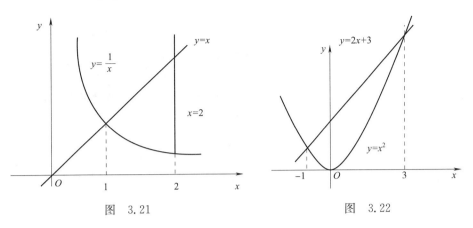

图　3.21　　　　　　　　　　图　3.22

例 2　求由抛物线 $y^2 = x$ 和直线 $x + y = 2$ 所围成的图形面积.

解　画图(见图 3.23).选 y 为积分变量,由 $\begin{cases} y^2 = x \\ x + y = 2 \end{cases}$ 得交点纵坐标 $y_1 = -2$,

$y_2 = 1$,于是图形面积为

$$A = \int_{-2}^{1} (2 - y - y^2) \mathrm{d}y = \left(2y - \frac{1}{2}y^2 - \frac{1}{3}y^3 \right) \Big|_{-2}^{1} = \frac{9}{2}.$$

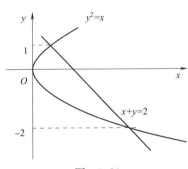

图　3.23

综上所述,求平面图形的面积,解题步骤如下:

(1)画图,选定积分变量;

(2)求交点,确定积分限;

(3)写出表示式,计算积分,求得面积.

2. 旋转体的体积

一条平面曲线,绕平面内一条定直线旋转所形成的立体为旋转体. 定直线称为旋转轴. 这里只讨论绕坐标轴旋转形成的旋转体体积.

立体夹在过 $x = a$,$x = b$ 点且与 x 轴垂直的两个平面之间,在 x 点处与 x 轴垂直的平面截立体的截面面积为已知函数 $A(x)$,

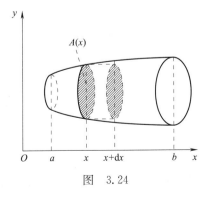

图　3.24

这样的立体称为"已知平行截面面积的立体"(见图 3.24).

在$[a,b]$内任取$[x,x+dx]$对应的立体,以x点的截面为底作一个柱体,其体积是$dV=A(x)dx$,由微元法,立体体积是

$$V = \int_a^b A(x)dx. \tag{3.17}$$

(1)由连续曲线$y=f(x)(f(x)\geqslant 0)$,直线$x=a,x=b$及x轴所围成的曲边梯形(见图3.25)绕x轴旋转所形成的旋转体(见图3.26)体积. 显然,它是已知平行截面面积的立体,在$x(a\leqslant x\leqslant b)$点的截面是以$f(x)$为半径的圆,则截面面积为$A(x)=\pi[f(x)]^2$,那么旋转体的体积为

$$V_x = \pi \int_a^b [f(x)]^2 dx = \pi \int_a^b y^2 dx. \tag{3.18}$$

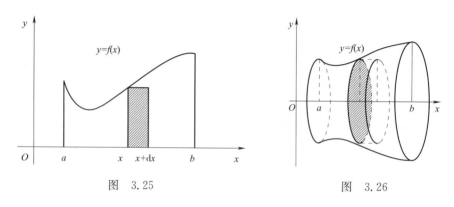

图 3.25   图 3.26

(2)由连续曲线$x=\varphi(y)(\varphi(y)\geqslant 0)$,直线$y=c,y=d$及$y$轴所围成的曲边梯形(见图3.27)绕$y$轴旋转所形成的旋转体(见图3.28)体积.

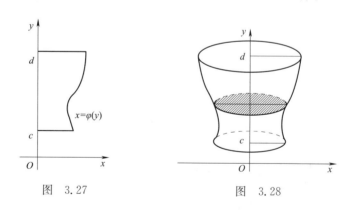

图 3.27   图 3.28

同理可得

$$V_y = \pi \int_c^d [\varphi(y)]^2 dy = \pi \int_c^d x^2 dy. \tag{3.19}$$

例3 求抛物线$y=x^2$和直线$x=2$及x轴所围成的图形,分别绕x轴、y轴旋转形成的旋转体的体积.

解 平面图形如图3.29所示.

绕x轴旋转时,$x\in[0,2]$,旋转体的体积为

$$V_x = \pi \int_0^2 [f(x)]^2 dx = \pi \int_0^2 x^4 dx = \frac{\pi}{5} x^5 \Big|_0^2 = \frac{32}{5}\pi.$$

平面图形绕 y 轴旋转时,图形是矩形旋转形成的圆柱体中间挖去了由抛物线 $y=x^2$、直线 $y=4$ 以及 y 轴围成的图形绕 y 轴旋转形成旋转体.因此其体积是

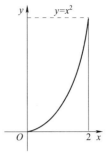

$$V_y = \pi \cdot 2^2 \cdot 4 - \pi \int_0^4 [\varphi(y)]^2 \mathrm{d}y$$

$$= 16\pi - \pi \int_0^4 y \mathrm{d}y = 16\pi - \frac{1}{2}\pi \cdot y^2 \Big|_0^4 = 8\pi.$$

* 3. 平面曲线的弧长

图 3.29

函数 $y=f(x)$ 在 $[a,b]$ 可导,它的图形是一段光滑的平面曲线弧 $\overset{\frown}{AB}$. 如何计算它的长度?

在 $[a,b]$ 上任取 $[x,x+\mathrm{d}x]$,对应的一小段曲线弧记为 $\overset{\frown}{MN}=\Delta l$(见图 3.30),则

$$\Delta l = \overset{\frown}{MN} \approx \overline{MN} = \sqrt{(\Delta x)^2+(\Delta y)^2} \approx \sqrt{(\mathrm{d}x)^2+(\mathrm{d}y)^2}$$

$$= \sqrt{1+\left(\frac{\mathrm{d}y}{\mathrm{d}x}\right)^2}\,\mathrm{d}x = \sqrt{1+(y')^2}\,\mathrm{d}x = \mathrm{d}s.$$

曲线弧长

$$l = \int_a^b \mathrm{d}l = \int_a^b \mathrm{d}s = \int_a^b \sqrt{1+(y')^2}\,\mathrm{d}x. \tag{3.20}$$

例 4 求悬链线 $y=\frac{1}{2}(\mathrm{e}^x+\mathrm{e}^{-x})$ 在 $[0,1]$ 上的弧长(见图 3.31).

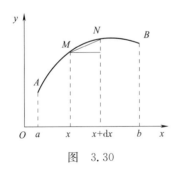

图 3.30

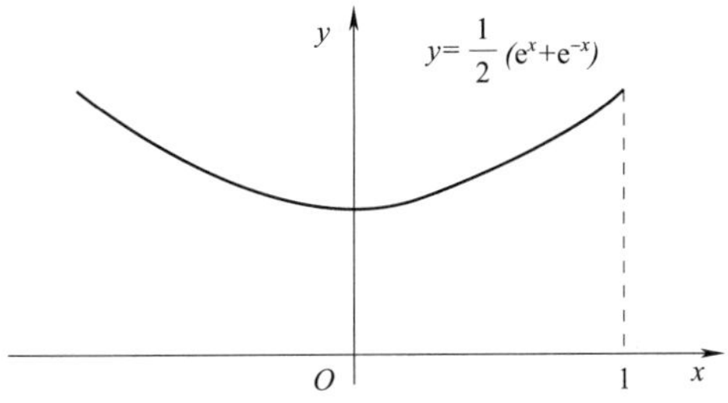

图 3.31

解 $y'=\frac{1}{2}(\mathrm{e}^x-\mathrm{e}^{-x})$,于是弧长为

$$l = \int_0^1 \sqrt{1+\frac{1}{4}(\mathrm{e}^x-\mathrm{e}^{-x})^2}\,\mathrm{d}x$$

$$= \int_0^1 \sqrt{\frac{1}{4}(\mathrm{e}^x+\mathrm{e}^{-x})^2}\,\mathrm{d}x = \int_0^1 \frac{1}{2}(\mathrm{e}^x+\mathrm{e}^{-x})\,\mathrm{d}x$$

$$= \frac{1}{2}(\mathrm{e}^x-\mathrm{e}^{-x})\Big|_0^1 = \frac{1}{2}(\mathrm{e}-\mathrm{e}^{-1}).$$

* 三、定积分的物理应用

1. 变力沿直线所做的功

一物体沿直线 x 轴运动,受到与直线方向一致的变力 $F(x)$ 的作用,从 $x=a$ 点移动到 $x=b$ 点(见图 3.32),求变力所做的功.

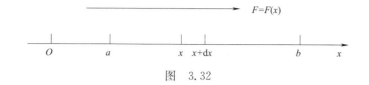

图 3.32

在区间 $[a,b]$ 上任取一个小区间 $[x,x+\mathrm{d}x]$，近似看成恒力做功，物体在这一小段上移动所做的功是 $\mathrm{d}W=F(x)\mathrm{d}x$，于是物体从 $x=a$ 点移动到 $x=b$ 点，变力所做的功为 $W=\int_a^b F(x)\mathrm{d}x$。

例 5 修建大桥桥墩时先要下围图，抽尽其中的水才能施工。已知围图半径为 10 m，水深 27 m，围图高出水面 3 m，求抽尽水所做的功。

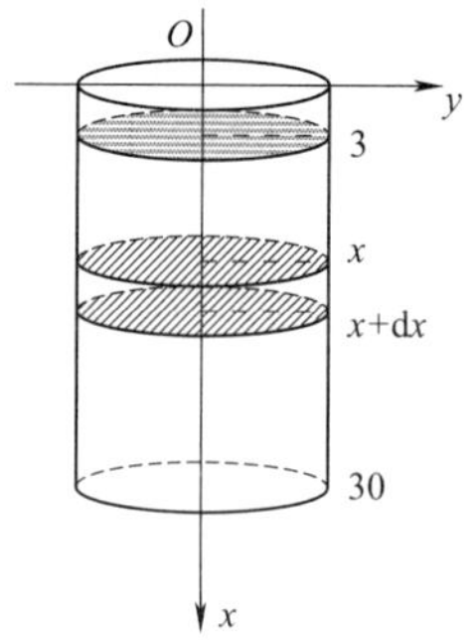

解 建立如图 3.33 所示坐标系，$x\in[3,30]$。在 $[x,x+\mathrm{d}x]$ 上薄水层的重力 $\pi\cdot r^2\rho g\mathrm{d}x$（其中，$r=10$ m，$\rho=1$ t/m^3，$g=9.8$ m/s^2），抽出这层水所做的功即为功的微元。

$$\mathrm{d}W=x\pi\cdot r^2\rho g\mathrm{d}x=9.8\times10^5\pi x\mathrm{d}x,$$

于是所做的功为

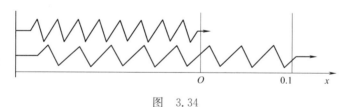

图 3.33

$$W=\int_3^{30}9.8\times10^5\pi x\mathrm{d}x=9.8\times10^5\pi\left(\frac{x^2}{2}\right)\Big|_3^{30}\approx1.37\times10^9(\mathrm{J}).$$

即抽尽所有的水所做的功约是 1.37×10^9 J。

例 6 设有一水平放置的弹簧，已知弹簧被拉长 0.01 m 时，需 6 N 的力。求弹簧被拉长 0.1 m 时，克服弹性力所做的功。

解 如图 3.34 所示，取弹簧的平衡位置为原点建立坐标系。$x\in[0,0.1]$。由胡克定律弹簧被拉长 x 时，外力为 $F(x)=kx(k>0)$。

图 3.34

由已知条件，当 $x=0.01$ 时，$F=6$ N，得 $k=600$，于是 $F(x)=600x$。弹簧被拉长 0.1 m 时，外力所做的功是

$$W=\int_0^{0.1}600x\mathrm{d}x=3(\mathrm{J}).$$

2. 液体的压力

由物理学知识，在稳定的液体中的任意一点，在任意方向所受的压力是相同的，在液体深为 h 处的压强为 $p=\gamma\cdot h=\rho\cdot g\cdot h$（$\gamma=\rho\cdot g$，$\rho$ 为液体密度，$g=9.8$ m/s^2）。

将面积为 A 的平面薄板水平放置于液体深度 h 处，则薄板一侧所受的压力为 $F=pA=\gamma\cdot h\cdot A$。

将平面薄板竖直放入液体中,由于深度不同,其压强也不同,如何求平板一侧所受的压力?

如图 3.35 所示建立坐标系.在 x 轴上取小区间 $[x,x+\mathrm{d}x]$,对应的一小窄条近似看成在深度为 x、面积为 $f(x)\mathrm{d}x$ 的一小块水平放置的薄板.于是,这一小窄条薄板所受的压力为 $\mathrm{d}F=\gamma\cdot x\cdot f(x)\mathrm{d}x$,则薄板所受的总压力是 $F=\gamma\displaystyle\int_a^b xf(x)\mathrm{d}x$.其中 $\gamma=\rho\cdot g,\rho$ 为液体密度,$g=9.8\ \mathrm{m/s^2}$.

例 7　有一梯形水闸(见图 3.36),它的顶宽为 20 m,底宽为 8 m,高为 12 m.当水面与闸门顶面齐平时,试求闸门所承受的总压力.

解　选取坐标系如图 3.36 所示,由题意得点 $A(0,10),B(12,4)$,过两点的直线方程是 $y=10-\dfrac{x}{2},x\in[0,12]$.注意到闸门具有对称性,则闸门所受的压力为

$$F=2\gamma\int_0^{12}x\left(10-\frac{x}{2}\right)\mathrm{d}x=2\gamma\left(5x^2-\frac{x^3}{6}\right)\Big|_0^{12}=864\gamma.$$

其中,水的重力 $\gamma=\rho\cdot g=10^3\ \mathrm{kg/m^3}\cdot9.8\ \mathrm{m/s^2}=9.8\times10^3\ \mathrm{N/m^3}$.于是,闸门所受的总压力为

$$F=864\times9.8\times10^3(\mathrm{N})=8.467\times10^6(\mathrm{N}).$$

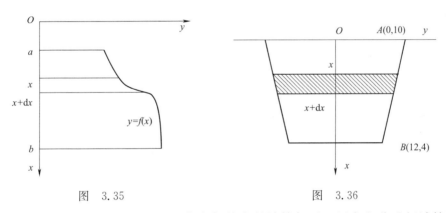

图　3.35　　　　　　　　　　图　3.36

定积分是积累过程,凡是具有类似特点的计算都可以用定积分进行计算.如水箱的水位与水流量、机械运动中转速与转矩、加热器的温度与电动率、电容器的电量与电流等.

示例 1　齿轮与齿条.

齿条的位移 $x(t)$ 和齿轮的角速度 $\omega(t)$ 满足 $\dfrac{\mathrm{d}x(t)}{\mathrm{d}t}=\omega(t)r$,则位移是

$$x(t)=r\int\omega(t)\mathrm{d}t.$$

示例 2　电动机的转速与转矩.

电动机的转速 $T(t)$ 与转矩 $n(t)$ 满足 $T(t)=J\dfrac{\mathrm{d}n(t)}{\mathrm{d}t}$(式中 J 为转动惯量),则转矩是

$$n(t)=\int\frac{1}{J}T(t)\mathrm{d}t.$$

示例 3 水箱的水位与水流量.

水箱中水的体积 $V(t)$、水位高度 $H(t)$、水流量 $Q(t)$ 满足 $Q(t)=\dfrac{\mathrm{d}V(t)}{\mathrm{d}t}=S\dfrac{\mathrm{d}H(t)}{\mathrm{d}t}$（式中，$S$ 为水箱底面积），则水位高度是

$$H(t)=\frac{1}{S}\int Q(t)\mathrm{d}t.$$

示例 4 加热器的温度与电功率

加热器的温度与电功率之间是积分关系，温度 $T(t)$、热量 $Q(t)$、电功率 $p(t)$，则有

$$T(t)=\frac{1}{C}Q(t)=\frac{0.24}{C}\int p(t)\mathrm{d}t.$$

式中，C 为热容.

练 习 3.8

1. 求有下列曲线所围成的图形面积.

(1) $y=x^2$，$y=2x-1$，$y=0$；

(2) $xy=1$，$y=4x$，$x=2$，$y=0$；

(3) $y^2=2x+1$，$y=x-1$.

2. 求下列曲线围成的图形绕 x 轴旋转形成的旋转体的体积.

(1) $xy=4$，$y=0$，$x=2$，$x=4$；

(2) $y=\sin x(0\leqslant x\leqslant\pi)$，$y=0$.

3. 求下列曲线围成的图形绕 y 轴旋转形成的旋转体的体积.

(1) $y=x^2$，$y=1$；　　(2) $y=x^2$，$y=x$.

4. 求 $y^2=4x$ 以及其在 $M(1,2)$ 处的法线所围成图形的面积.

*5. 一弹簧原长为 1 m，把它压缩 1 cm 所用的力为 5 N. 求把它从 80 cm 压缩到 60 cm 所做的功.

*6. 半径为 a 的半圆形闸门垂直的放置于水中，水面正好与直径平齐. 求水对闸门的压力.

小 结

一、主要知识点

不定积分、定积分的概念，几何意义，性质；变上限函数的概念，性质；不定积分基本公式；微积分基本公式；直接积分法，换元积分发，分部积分法；反常积分的概念和计算；定积分的微元法；定积分的几何应用，物理应用.

二、主要的数学思想方法

1. 数形结合：结合图形，抽象问题直观化；建立坐标系，处理问题简单化.

2. 公式法：熟记公式并会代用，或者变形后代用公式.

3. 变换法：变换是高等数学重要的思想方法，本章介绍的换元积分法、分部

积分法、微元法都是变换的具体应用,通过变换将复杂形式化为简单形式来解决问题.

4.近似法:在大的区间上,直线和曲线差别明显,在小的区间上就可以"以直代曲"近似代替.

5.数学建模:把实际问题设计为数学问题,建立数学模型并对模型进行求解,最后分析模型、改进模型、指导实践.在本章中涉及的几何应用、物理应用可以推而广之,运用在工程技术、经济管理、人口与社会管理,以及力学、电学、几何学等各个领域中.

三、主要题型及解法

1.求不定积分:根据被积函数的形式特点,在直接积分法、换元积分法、分部积分法中选取适当的方法求解.要明确常见的不同形式的被积函数所用到的积分法,只有选择对了,计算才方便.

直接积分法是利用基本积分公式求积分,主要是了解公式、熟悉公式,有的先变形才能积分,这些技巧在换元法和分部法中仍有运用,这也是积分的基础问题.

第一换元积分法重点是解决在被积函数中复合函数及其导数乘积形式的积分,不少题目还要凑微分,这是个多做题才能熟练的过程,凑微分重点,对于一些常见的凑微分必须熟练掌握,一旦熟练之后就可以"只凑微分不换元".

第二换元法主要用于解决无理式函数的积分,也就是含有根式函数的积分问题.本书主要介绍幂代换(多项式代换)求无理式的积分.对于三角代换(三角代换是固定的)仅作了解.

分部积分法是解决两个基本初等函数乘积形式的积分,通过分部积分,实现积分的转化.要做到转化后的比转化前的更为简单,选择非常重要的,其规律也非常清楚.

2.求定积分

不定积分是一族函数,而定积分是一个常数.定积分除了有与不定积分相似的性质外,还有不同于不定积分的性质.

定积分的计算,首先要掌握牛顿-莱布尼茨公式.必须注意:函数在积分区间上连续,如果是分段连续就必须分段积分.定积分的换元法要注意:换元同时对应换限,计算数值不需要再代回到原来的积分变量.定积分的分部积分法与不定积分的分部法的思路并无不同.

3.求变上限函数的导数:变上限函数是被积函数的一个原函数,上限是一个函数的变上限函数则是复合函数.

4.定积分的应用:求平面图形的面积、旋转体的体积、平面曲线的弧长、变力做功、液体压力等,在理解定积分的"微元法"的基础上,根据题意,恰当地建立坐标系,确定积分变量、积分区间,在一个小的区间上用"以直代曲,以不变代变"的思想确定所求量的微元,求积分即得.

5.计算反常积分:它是定积分的推广,计算上是求定积分的极限.

自 测 题 3

一、选择题

1. $\sqrt{x}$ 是( )的一个原函数.

A. $\dfrac{1}{2x}$ B. $\dfrac{1}{2\sqrt{x}}$ C. $\ln x$ D. $x\sqrt{x}$

2. $\left(\displaystyle\int \arcsin x \, \mathrm{d}x\right)' = ($).

A. $\dfrac{1}{\sqrt{1-x^2}}+C$ B. $\dfrac{1}{\sqrt{1-x^2}}$ C. $\arcsin x + C$ D. $\arcsin x$

3. 若 $F(x)$ 是 $f(x)$ 的一个原函数,则( ).

A. $\displaystyle\int f(x)\,\mathrm{d}x = F(x)$ B. $\displaystyle\int F(x)\,\mathrm{d}x = f(x)+C$

C. $\displaystyle\int f(x)\,\mathrm{d}x = F(x)+C$ D. $\displaystyle\int F(x)\,\mathrm{d}x = f(x)$

4. 下列凑微分正确的是( ).

A. $\ln x \, \mathrm{d}x = \mathrm{d}\dfrac{1}{x}$ B. $\sqrt{x}\,\mathrm{d}x = \mathrm{d}\sqrt{x}$

C. $\dfrac{1}{x^2}\,\mathrm{d}x = \mathrm{d}\left(-\dfrac{1}{x}\right)$ D. $\sin x \, \mathrm{d}x = \mathrm{d}\cos x$

5. 设 $\varPhi(x) = \displaystyle\int_a^{x^2} f(t)\,\mathrm{d}t$,则 $\varPhi'(x) = ($).

A. $2xf(x^2)$ B. $xf(x)$ C. $xf(x^2)$ D. $2xf(x)$

6. 下列反常积分收敛的是( ).

A. $\displaystyle\int_1^{+\infty} \dfrac{\ln x}{x}\,\mathrm{d}x$ B. $\displaystyle\int_1^{+\infty} \dfrac{1}{x}\,\mathrm{d}x$

C. $\displaystyle\int_e^{+\infty} \dfrac{1}{x\ln x}\,\mathrm{d}x$ D. $\displaystyle\int_e^{+\infty} \dfrac{1}{x\ln^2 x}\,\mathrm{d}x$

二、填空题

1. $\displaystyle\int \dfrac{1}{2\sqrt{x}}\,\mathrm{d}x = $ _____ ;   2. $\displaystyle\int e^{3x}\,\mathrm{d}x = $ _____ ;

3. $\displaystyle\int_{-1}^{1} (x^2\sin x^5 + 2)\,\mathrm{d}x = $ _____ ;   4. $\displaystyle\int_{-\infty}^{0} e^{2x}\,\mathrm{d}x = $ _____ .

三、计算积分

1. $\displaystyle\int \dfrac{1}{x\ln x}\,\mathrm{d}x$;   2. $\displaystyle\int x\sqrt{5-3x^2}\,\mathrm{d}x$;

3. $\displaystyle\int \dfrac{1}{x^2}\cos\dfrac{1}{x}\,\mathrm{d}x$;   4. $\displaystyle\int \dfrac{1}{\sqrt{x}-1}\,\mathrm{d}x$;

5. $\displaystyle\int_1^2 \dfrac{1}{1+\sqrt{x-1}}\,\mathrm{d}x$;   6. $\displaystyle\int_0^1 \dfrac{1}{e^x + e^{-x}}\,\mathrm{d}x$;

7. $\displaystyle\int_{-3}^{0} \dfrac{x+1}{\sqrt{x+4}}\,\mathrm{d}x$;   8. $\displaystyle\int_1^e x\ln x\,\mathrm{d}x$.

四、应用题

(1)求由 $y = x^2 - 1$ 和 $y = 3$ 所围成的面积；

(2)求 $y = x^2, y^2 = x$ 围成的图形绕 x 旋转的立体体积.

延 伸 学 习

积 分 方 法

一、直接积分法

在直接积分法中有许多关于三角函数式的积分,首先用三角公式进行变形,常用到同角关系、倍角和半角公式等.

例 1 求积分 $\int (\tan x + \cot x)^2 \mathrm{d}x$.

解 因为 $(\tan x + \cot x)^2 = \tan^2 x + 2 + \cot^2 x = (\tan^2 x + 1) + (1 + \cot^2 x) = \sec^2 x + \csc^2 x$,所以

$$\int (\tan x + \cot x)^2 \mathrm{d}x = \int (\sec^2 x + \csc^2 x) \mathrm{d}x = \tan x - \cot x + C.$$

例 2 求积分 $\int \dfrac{\cos 2x}{\cos^2 x - \cos^4 x} \mathrm{d}x$.

解 因为

$$\frac{\cos 2x}{\cos^2 x - \cos^4 x} = \frac{\cos^2 x - \sin^2 x}{\cos^2 x (1 - \cos^2 x)} = \frac{\cos^2 x - \sin^2 x}{\cos^2 x \sin^2 x} = \frac{1}{\sin^2 x} - \frac{1}{\cos^2 x},$$

所以 $\int \dfrac{\cos 2x}{\cos^2 x - \cos^4 x} \mathrm{d}x = \int \left(\dfrac{1}{\sin^2 x} - \dfrac{1}{\cos^2 x} \right) \mathrm{d}x = -\cot x - \tan x + C.$

二、换元积分法

1. 当中间变量较为复杂时

复合函数的积分,中间变量可以是基本初等函数,也可以是简单函数(基本初等函数的和差积商形式),对于中间变量较为复杂的形式的积分,举例如下:

例 3 求积分:(1) $\int \dfrac{\cos x - \sin x}{\sin x + \cos x} \mathrm{d}x$；   (2) $\int \dfrac{\ln x + 1}{(x \ln x)^2} \mathrm{d}x$.

解 (1)设 $\sin x + \cos x = u, u' = \cos x - \sin x$,即

$$(\cos x - \sin x) \mathrm{d}x = \mathrm{d}(\sin x + \cos x) = \mathrm{d}u,$$

$$\int \frac{\cos x - \sin x}{\sin x + \cos x} \mathrm{d}x = \int \frac{1}{\sin x + \cos x} \mathrm{d}(\sin x + \cos x)$$

$$= \int \frac{1}{u} \mathrm{d}u = \ln |u| + C = \ln |\sin x + \cos x| + C.$$

(2)设 $x \ln x = u, u' = \ln x + 1$,即 $(\ln x + 1) \mathrm{d}x = \mathrm{d}u$,

$$\int \frac{\ln x + 1}{(x \ln x)^2} \mathrm{d}x = \int \frac{1}{(x \ln x)^2} \mathrm{d}(x \ln x) = -\frac{1}{x \ln x} + C.$$

2. 含有指数函数形式

对于含有指数函数形式的积分,可以直接设指数函数为中间变量求积分.

例 4 求积分 $\int \dfrac{\mathrm{d}x}{\mathrm{e}^x + \mathrm{e}^{3x}}$.

解 设 $\mathrm{e}^x = t, x = \ln t, \mathrm{d}x = \dfrac{1}{t}\mathrm{d}t,$

$$\int \frac{\mathrm{d}x}{\mathrm{e}^x + \mathrm{e}^{3x}} = \int \frac{1}{t^2 + t^4}\mathrm{d}t = \int\left(\frac{1}{t^2} - \frac{1}{1+t^2}\right)\mathrm{d}t = -\frac{1}{t} - \arctan t + C$$
$$= -\mathrm{e}^{-x} - \arctan \mathrm{e}^x + C.$$

3. 含有 $f(x, \sqrt{a^2-x^2}), f(x, \sqrt{a^2+x^2}), f(x, \sqrt{x^2-a^2})$ 的积分

对于含有 $f(x, \sqrt{a^2-x^2}), f(x, \sqrt{a^2+x^2}), f(x, \sqrt{x^2-a^2})$（其中 f 是根式和幂函数的积商形式）的积分,为了消去根式,一般采用三角代换法:

$\sqrt{a^2-x^2}$ 的定义域 $a^2-x^2 \geqslant 0$,则 $\left|\dfrac{x}{a}\right| \leqslant 1$,设 $x = a\sin t$,那么

$$\sqrt{a^2-x^2} = a\cos t, \quad \mathrm{d}x = a\cos t\mathrm{d}t;$$

$\sqrt{x^2-a^2}$ 的定义域 $x^2-a^2 \geqslant 0$,则 $\left|\dfrac{a}{x}\right| \leqslant 1$,设 $x = \dfrac{a}{\cos t} = a\sec t$,那么

$$\sqrt{x^2-a^2} = a\tan t, \quad \mathrm{d}x = a\sec t\tan t\mathrm{d}t.$$

$\sqrt{a^2+x^2}$ 的定义域是 $(-\infty, +\infty)$,设 $x = a\tan t$,那么

$$\sqrt{a^2+x^2} = a\sec t, \quad \mathrm{d}x = a\sec^2 t\mathrm{d}t.$$

例 5 求积分. (1) $\int \dfrac{\sqrt{x^2-1}}{x}\mathrm{d}x$; (2) $\int \dfrac{x^2}{(1+x^2)^2}\mathrm{d}x$.

解 (1)令 $x = \sec t, \mathrm{d}x = \sec t\tan t\mathrm{d}t, \sqrt{x^2-1} = \tan t$,则

$$\int \frac{\sqrt{x^2-1}}{x}\mathrm{d}x = \int \frac{\tan t}{\sec t}\sec t\tan t\mathrm{d}t = \int(\sec^2 t - 1)\mathrm{d}t = \tan t - t + C$$
$$= \sqrt{x^2-1} - \arccos\frac{1}{x} + C.$$

(2)令 $x = \tan t, \mathrm{d}x = \sec^2 t\mathrm{d}t, x^2+1 = \sec^2 t$,则

$$\int \frac{x^2}{(1+x^2)^2}\mathrm{d}x = \int \frac{\tan^2 t}{(1+\tan^2 t)^2}\sec^2 t\mathrm{d}t = \int \sin^2 t\mathrm{d}t = \int \frac{1-\cos 2t}{2}\mathrm{d}t$$
$$= \frac{1}{2}t - \frac{1}{4}\sin 2t + C = \frac{1}{2}t - \frac{1}{2}\sin t\cos t + C$$
$$= \frac{1}{2}\arctan x - \frac{x}{x^2+1} + C.$$

三、分部积分法

1. 多次运用分部积分公式的情况

如 $\int x^n\mathrm{e}^x\mathrm{d}x, \int x^n\sin x\mathrm{d}x, \int x^n\cos x\mathrm{d}x$ 都要用 n 次分部积分公式,$\int x^n\ln^k x\mathrm{d}x$ 要用 k 次分部积分公式,$\int x(\arctan x)^2\mathrm{d}x$ 要用两次分部积分公式.

例 6 求积分 $\int x(\arctan x)^2\mathrm{d}x$.

解 $\int x(\arctan x)^2\mathrm{d}x = \dfrac{1}{2}\int(\arctan x)^2\mathrm{d}x^2$

$$= \frac{1}{2}\left[(\arctan x)^2 x^2 - \int \frac{x^2 2\arctan x}{1+x^2}\mathrm{d}x\right]$$

$$= \frac{1}{2}(\arctan x)^2 x^2 - \int \left(1 - \frac{1}{1+x^2}\right)\arctan x \mathrm{d}x$$

$$= \frac{1}{2}(\arctan x)^2 x^2 - \int \arctan x \mathrm{d}x + \int \frac{1}{1+x^2}\arctan x \mathrm{d}x.$$

2. "间接法"求积分

例 7 求积分 $\int \sec^3 x \mathrm{d}x$.

解 $\int \sec^3 x \mathrm{d}x = \int \sec x \mathrm{d}\tan x = \sec x \tan x - \int \tan x \mathrm{d}\sec x$

$$= \sec x \tan x - \int \tan^2 x \sec x \mathrm{d}x$$

$$= \sec x \tan x - \int \sec^3 x \mathrm{d}x + \int \sec x \mathrm{d}x$$

$$= \sec x \tan x - \int \sec^3 x \mathrm{d}x + \ln|\sec x + \tan x| ,$$

把等式右边的 $\int \sec^3 x \mathrm{d}x$ 移到左边, 两边各除以 2, 便得

$$\int \sec^3 x \mathrm{d}x = \int \sec x \mathrm{d}\tan x = \frac{1}{2}(\sec x \tan x + \ln|\sec x + \tan x|) + C.$$

四、有关变上限函数的问题

例 8 求 $f(x) = \int_{\cos x}^{1} \mathrm{e}^t \mathrm{d}t$ 的导数.

解 此为"变下限的函数", 先用定积分的性质换为变上限函数:

$$f(x) = \int_{\cos x}^{1} \mathrm{e}^t \mathrm{d}t = -\int_{1}^{\cos x} \mathrm{e}^t \mathrm{d}t ,$$

那么 $f'(x) = \left(-\int_{1}^{\cos x} \mathrm{e}^t \mathrm{d}t\right)' = -\mathrm{e}^{\cos x}(-\sin x) = \mathrm{e}^{\cos x}\sin x$.

例 9 求由 $\int_{0}^{y} \mathrm{e}^t \mathrm{d}t + \int_{0}^{x} \cos t \mathrm{d}t = 0$ 所确定的函数的导数 $\dfrac{\mathrm{d}y}{\mathrm{d}x}$.

解 两边对 x 求导 $\mathrm{e}^y \dfrac{\mathrm{d}y}{\mathrm{d}x} + \cos x = 0$, 所以 $\dfrac{\mathrm{d}y}{\mathrm{d}x} = \dfrac{-\cos x}{\mathrm{e}^y}$.

例 10 当 x 取何值时, 函数 $F(x) = \int_{0}^{x} t\mathrm{e}^{-t^2} \mathrm{d}t$ 有极值? 并求极值.

解 $F(x) = \int_{0}^{x} t\mathrm{e}^{-t^2} \mathrm{d}t$ 的定义域为 $(-\infty, +\infty)$, 且 $F'(x) = x\mathrm{e}^{-x^2}$.
由 $F'(x) = x\mathrm{e}^{-x^2} = 0$ 得 $x = 0$, 并且 $x < 0$ 时 $F'(x) = x\mathrm{e}^{-x^2} < 0$, $x > 0$ 时 $F'(x) = x\mathrm{e}^{-x^2} > 0$, 因此当 $x = 0$ 时, 函数 $F(x) = \int_{0}^{x} t\mathrm{e}^{-t^2} \mathrm{d}t$ 有极小值 $F(0) = \int_{0}^{0} t\mathrm{e}^{-t^2} \mathrm{d}t = 0$.

五、定积分的计算

1. 原函数不易求得函数的积分问题
有的函数的原函数不易求得, 但是运用定积分的换元法和性质却可以求出

定积分的值.

例 11 证明 $\int_0^\pi xf(\sin x)\mathrm{d}x = \dfrac{\pi}{2}\int_0^\pi f(\sin x)\mathrm{d}x$，并计算 $\int_0^\pi \dfrac{x\sin x}{1+\cos^2 x}\mathrm{d}x$.

注意到 $\int_0^\pi \dfrac{\sin x}{1+\cos^2 x}\mathrm{d}x = -\int_0^\pi \dfrac{1}{1+\cos^2 x}\mathrm{d}\cos x = -\arctan\cos x\Big|_0^\pi = $

$-\left(-\dfrac{\pi}{4}-\dfrac{\pi}{4}\right) = \dfrac{\pi}{2}$.

因此，只要能把 $\int_0^\pi \dfrac{x\sin x}{1+\cos^2 x}\mathrm{d}x$ 变成 $\int_0^\pi \dfrac{\sin x}{1+\cos^2 x}\mathrm{d}x$ 就可以求积分.

证 设 $x=\pi-t$，则 $\mathrm{d}x=-\mathrm{d}t$，且当 $x=0$ 时 $t=\pi$，当 $x=\pi$ 时 $t=0$，

$$\int_0^\pi xf(\sin x)\mathrm{d}x = -\int_\pi^0 (\pi-t)f[\sin(\pi-t)]\mathrm{d}t = \int_0^\pi (\pi-t)f(\sin t)\mathrm{d}t$$

$$= \int_0^\pi \pi f(\sin t)\mathrm{d}t - \int_0^\pi tf(\sin t)\mathrm{d}t$$

$$= \int_0^\pi \pi f(\sin x)\mathrm{d}x - \int_0^\pi xf(\sin x)\mathrm{d}x.$$

所以 $\int_0^\pi xf(\sin x)\mathrm{d}x = \dfrac{\pi}{2}\int_0^\pi f(\sin x)\mathrm{d}x$.

利用上述结论，那么

$$\int_0^\pi \dfrac{x\sin x}{1+\cos^2 x}\mathrm{d}x = \dfrac{\pi}{2}\int_0^\pi \dfrac{\sin x}{1+\cos^2 x}\mathrm{d}x = \dfrac{\pi^2}{4}.$$

2. 周期函数的积分问题

例 12 设 $f(x)$ 是连续的周期函数，周期为 T，证明：$\int_a^{a+T} f(x)\mathrm{d}x = \int_0^T f(x)\mathrm{d}x$.

证 用变上限函数证明：记 $\varPhi(x) = \int_x^{x+T} f(t)\mathrm{d}t = \int_x^c f(t)\mathrm{d}t + \int_c^{x+T} f(t)\mathrm{d}t = $

$\int_c^{x+T} f(t)\mathrm{d}t - \int_c^x f(t)\mathrm{d}t$.

因为 $\varPhi'(x) = f(x+T) - f(x) = 0$，所以 $\varPhi(x) = \int_x^{x+T} f(t)\mathrm{d}t$ 是常数函数，因此 $\varPhi(0) = \varPhi(a)$，即

$$\int_a^{a+T} f(x)\mathrm{d}x = \int_0^T f(x)\mathrm{d}x.$$

用换元法证明：由于 $\int_a^{a+T} f(x)\mathrm{d}x = \int_a^0 f(x)\mathrm{d}x + \int_0^T f(x)\mathrm{d}x + \int_T^{a+T} f(x)\mathrm{d}x$，因此只需证明 $\int_T^{a+T} f(x)\mathrm{d}x = -\int_a^0 f(x)\mathrm{d}x$.

设 $x=t+T$，则 $\mathrm{d}x=\mathrm{d}t$，且当 $x=T$ 时 $t=0$，当 $x=a+T$ 时 $t=a$，那么

$\int_T^{a+T} f(x)\mathrm{d}x = \int_0^a f(t+T)\mathrm{d}t = \int_0^a f(t)\mathrm{d}t = \int_0^a f(x)\mathrm{d}x = -\int_a^0 f(x)\mathrm{d}x$.

原式得证.

六、反常积分的运用

Γ 函数设 $\alpha>0$，称广义积分 $\int_0^{+\infty} x^{\alpha-1}\mathrm{e}^{-x}\mathrm{d}x$ 为 Γ 函数，记作

$$\Gamma(\alpha) = \int_0^{+\infty} x^{\alpha-1} e^{-x} dx \quad (\alpha > 0).$$

它有性质:

(1)递推公式 $\Gamma(\alpha+1) = \alpha\Gamma(\alpha)$;

(2)对于任意正整数 n 都有 $\Gamma(n+1) = n!$.

证 (1)因为 $\int_0^{+\infty} x^{\alpha} e^{-x} dx = -\int_0^{+\infty} x^{\alpha} de^{-x} = -\left(x^{\alpha} e^{-x} \Big|_0^{+\infty} - \int_0^{+\infty} \alpha x^{\alpha-1} e^{-x} dx \right)$

$$= \alpha \int_0^{+\infty} x^{\alpha-1} e^{-x} dx.$$

即 $\Gamma(\alpha+1) = \alpha\Gamma(\alpha).$

(2)当 $\alpha=1$ 时,$\Gamma(1) = \int_0^{+\infty} e^{-x} dx = e^{-x} \Big|_0^{+\infty} = 1$,由递推公式得

$$\Gamma(2) = 2\Gamma(1) = 2 \times 1, \Gamma(3) = 3\Gamma(2) = 3 \times 2 \times 1, \cdots\cdots,$$

一般地,对于正整数 n 都有,$\Gamma(n+1) = n!$.

例如,$\int_0^{+\infty} x^5 e^{-x} dx = \int_0^{+\infty} x^{6-1} e^{-x} dx = \Gamma(6) = \Gamma(5+1) = 5! = 120.$

第 4 章

多元函数微积分

【学习目标与要求】

1.理解多元函数的基本概念,会计算简单二元函数的偏导数及全微分.

2.理解多元函数极值的概念,会计算简单二元函数的极值与最值.

3.了解二重积分的概念,会计算简单的二重积分.

前面研究的一元函数是只有一个自变量的函数,多元函数就是有多个自变量的函数.多元函数是一元函数的推广,它仍保留一元函数的许多性质,但有些性质与一元函数的性质不同.在掌握二元函数的有关理论与方法以后,可以较容易地将二元函数推广到三元或更多元函数.本章重点介绍二元函数的微积分法及其应用.

§4.1 多元函数的基本概念

一、多元函数的概念

日常活动中经常用到不是一元函数的函数.例如,矩形的面积 S 依赖于两个独立的自变量,长 x 和宽 y,且 $S=xy(x>0,y>0)$.称变量 S 为 x 和 y 的二元函数.

1. 二元函数的定义

定义 4.1 设有三个变量 x,y,z,当 x,y 在一定的范围内每取定一对数值 (x,y) 时,按照一定的对应法则,z 都有唯一的值与之相对应,则 z 称是关于 x,y 的二元函数,记作 $z=f(x,y)$.其中 x,y 称为**自变量**,z 称为**函数**(或**因变量**).自变量 x,y 的允许取值的数对 (x,y) 的集合称为函数的**定义域**,对应的函数 z 的集合称为函数的**值域**.

同样,可定义三元函数 $u=f(x,y,z),(x,y,z)\in D$,以及三元以上的函数.二元以及二元以上的函数统称**多元函数**.

2. 二元函数的定义域

我们将平面上由几条直线或曲线所围成的点的集合或者整个平面称为平面区域.若区域延伸到无穷远处,则该区域称为**无界区域**,如果区域总可以被包围一个圆心在原点的圆内,则该区域称为**有界区域**.围成区域的直线或曲线也称**区域的边界**,包括边界的区域称为**闭区域**,不包括边界的区域称为**开区域**,包括部分边界的区域称为**半开半闭区域**.

例如,$D_1=\{(x,y)\,|\,x+y>0\}$是一个无界的开区域(见图 4.1),$D_2=\{(x,y)\,|\,x^2+y^2\leqslant1\}$是一个有界的闭区域(见图 4.2).

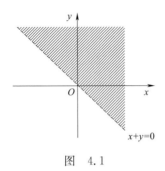

图 4.1　　　　　　　　　　图 4.2

二元函数定义域的求法与一元函数定义域的求法相似:实例函数要考虑变量的实际意义;对于数式函数,则使该数式有意义的自变量的取值范围就是函数的定义域.

例 1　求二元函数 $z=\ln(9-x^2-y^2)+\sqrt{x^2+y^2-1}$ 的定义域.

解　要使该二元函数有意义,必须满足 $\begin{cases}9-x^2-y^2>0\\x^2+y^2-1\geqslant0\end{cases}$,即 $1\leqslant x^2+y^2<9$.故函数的定义域为 $D=\{(x,y)\,|\,1\leqslant x^2+y^2<9\}$.即 D 是一个圆环区域,但不包括外圆边界(见图 4.3).

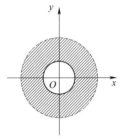

图 4.3

例 2　求二元函数 $z=\ln(y-x)+\dfrac{\sqrt{x}}{\sqrt{1-x^2-y^2}}$ 的定义域.

解　要使该二元函数有意义,必须满足 $\begin{cases}y-x>0\\x^2+y^2<1\\x\geqslant0\end{cases}$,即函数的定义域为 $D=\{(x,y)\,|\,y-x>0,x^2+y^2<1,x\geqslant0\}$,该区域是一个扇形,如图 4.4 所示.

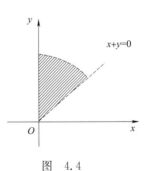

图 4.4

3. 二元函数的函数值

对于二元函数 $z=f(x,y)$,给定 x,y 的一组值 (x_0,y_0)时,由关系式 $z=f(x,y)$可得到其相应的函数值,记作 $f(x_0,y_0)$或 $z\Big|_{\substack{x=x_0\\y=y_0}}$或 $z\,|_{(x_0,y_0)}$.

例 3　已知二元函数 $f(x,y)=x^2+2y^2-5x+3$,求 $f(0,-2)$与 $f\left(1,\dfrac{y}{x}\right)$.

解　$f(0,-2)=0^2+2\times(-2)^2-5\times0+3=11$,
$$f\left(1,\frac{y}{x}\right)=1^2+2\times\left(\frac{y}{x}\right)^2-5\times1+3=\frac{2y^2}{x^2}-1.$$

4. 二元函数的几何意义

一般地，一元函数 $y=f(x)$，$x\in D$ 的图像为平面直角坐标系中的一条曲线，且该曲线在 x 轴上的投影点集就是该函数的定义域 D. 同理，由图 4.5 可以看出：二元函数 $z=f(x,y)$，$(x,y)\in D$ 表示空间直角坐标系中的一张空间曲面，且该曲面在 xOy 平面上的投影点集就是该函数的定义域 D.

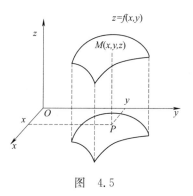

图　4.5

5. 几种常用二元函数的图形

（1）$z=\sqrt{R^2-x^2-y^2}$，上半球面（见图 4.6）；

（2）$z=x^2+y^2$，旋转抛物面（见图 4.7）；

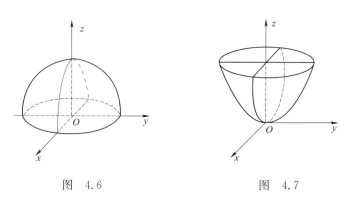

图　4.6　　　　　　　　　　图　4.7

（3）$z=\sqrt{x^2+y^2}$，上半圆锥面（见图 4.8）；

（4）$z=-x^2+y^2$，双曲抛物面（马鞍面）（见图 4.9）.

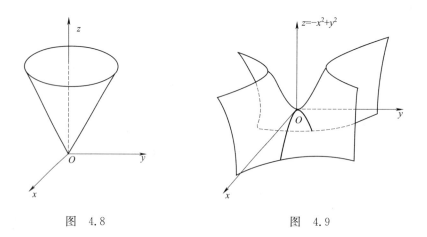

图　4.8　　　　　　　　　　图　4.9

二、二元函数的极限

我们把满足不等式 $(x-x_0)^2+(y-y_0)^2<\delta^2$ 的点 $P(x,y)$ 组成的区域称为点 $P_0(x_0,y_0)$ 的 δ 邻域，记为 $U(P_0,\delta)$，这是一个圆形开区域，去掉圆心后，

称为点 P_0 的去心 δ 邻域,记为 $\overset{\circ}{U}(P_0,\delta)$.

定义 4.2　设 $z=f(x,y)$ 在点 $P_0(x_0,y_0)$ 的某个 $\overset{\circ}{U}(P_0,\delta)$ 内有定义. 若动点 $P(x,y)$ 沿任意路径趋向于定点 $P_0(x_0,y_0)$ 时,对应的 $f(x,y)$ 都趋向于同一个确定的常数 A,则称函数 $f(x,y)$ 当 (x,y) 趋向于点 (x_0,y_0) 时的极限为 A. 记作 $\lim\limits_{(x,y)\to(x_0,y_0)}f(x,y)=A$ 或 $\lim\limits_{\substack{x\to x_0\\y\to y_0}}f(x,y)=A$.

为了区别于一元函数的极限,将二元函数的极限称为**二重极限**.

注:(1)函数在某点的极限是否存在与它在该点是否有定义无关(见例 5(1));

(2)动点 $P(x,y)$ 趋向于定点 $P_0(x_0,y_0)$ 的路径是任意的(见图 4.10).

(3)一元函数极限中的四则运算法则、两个重要极限、无穷小的性质、夹逼定理等可以相应地推广到二元函数.

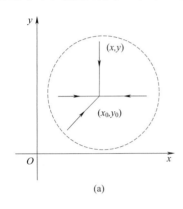
(a)

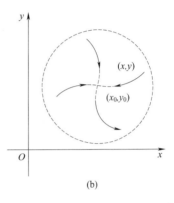
(b)

图　4.10

例 4　求下列极限.

(1) $\lim\limits_{(x,y)\to(0,2)}\dfrac{\sin(xy)}{x}$;　　(2) $\lim\limits_{(x,y)\to(0,0)}\dfrac{\sqrt{xy+1}-1}{xy}$.

解　(1)原式 $=\lim\limits_{\substack{x\to0\\y\to2}}\left[\dfrac{\sin(xy)}{xy}y\right]=\lim\limits_{xy\to0}\dfrac{\sin(xy)}{xy}\cdot\lim\limits_{y\to2}y=1\cdot2=2$;

(2)原式 $=\lim\limits_{(x,y)\to(0,0)}\dfrac{xy+1-1}{xy(\sqrt{xy+1}+1)}=\lim\limits_{(x,y)\to(0,0)}\dfrac{1}{(\sqrt{xy+1}+1)}=\dfrac{1}{2}$.

例 5　讨论下列函数在点 $(0,0)$ 处的极限.

(1) $f(x,y)=(x^2+y^2)\sin\dfrac{1}{x^2+y^2}$;(2) $f(x,y)=\dfrac{xy}{x^2+y^2}$.

解　(1)函数在点 $(0,0)$ 处无定义. 动点沿任意路径 $(x,y)\to(0,0)$ 时,都有 $(x^2+y^2)\to0$,又 $\left|\sin\dfrac{1}{x^2+y^2}\right|\leqslant1$ 有界,根据性质"无穷小与有界变量之积仍为无穷小",得

$$\lim\limits_{\substack{x\to0\\y\to0}}(x^2+y^2)\sin\dfrac{1}{x^2+y^2}=0.$$

(2)函数在点$(0,0)$处没有定义. 当动点$P(x,y)$沿直线$y=kx$趋向于原点时,$\lim\limits_{\substack{x\to 0 \\ y\to 0}}\dfrac{xy}{x^2+y^2}=\dfrac{k}{1+k^2}$随$k$而变,不是一个确定的常数,极限不存在.

三、二元函数的连续性

1. 二元函数连续的定义

定义 4.3 设函数$z=f(x,y)$在点$P_0(x_0,y_0)$的某邻域内有定义,如果有$\lim\limits_{\substack{x\to x_0 \\ y\to y_0}}f(x,y)=f(x_0,y_0)$,则称函数$f(x,y)$在点$(x_0,y_0)$处**连续**,且点$(x_0,y_0)$为函数的**连续点**;否则称函数$f(x,y)$在点$(x_0,y_0)$不连续且点$(x_0,y_0)$为函数的**间断点**. 若函数$f(x,y)$在区域$D$内所有点都连续,则称函数**在区域$D$上连续**;称$D$为该函数的**连续区域**.

2. 二元连续函数的性质

二元连续函数的和、差、积、商(分母不为零)及复合仍是连续函数.

3. 二元初等函数及其连续性

由变量x,y的基本初等函数经过有限次的四则运算与复合而成,并且用一个式子表示的函数称为**二元初等函数**.

定理 4.1 二元初等函数在其定义区域内都是连续的,二元初等函数的连续区域就是其定义区域.

例 6 指出下列二元初等函数的间断点或间断线,并写出其连续区域D.

$$(1)z=\frac{1}{x^2+y^2}; \qquad (2)z=\sin\frac{1}{x^2+y^2-1}.$$

解 (1)间断点为原点$O(0,0)$,连续区域$D=\{(x,y)\mid x^2+y^2\neq 0\}$;

(2)间断线为圆周$x^2+y^2=1$,连续区域$D=\{(x,y)\mid x^2+y^2\neq 1\}$.

4. 有界闭区域上连续二元函数的性质

性质 1 在有界闭区域上连续的二元函数,一定能取到最大值和最小值.

性质 2 在有界闭区域上连续的二元函数是有界的.

性质 3 在有界闭区域上连续的二元函数,一定能取到介于最小值和最大值之间的一切值.

练 习 4.1

1. 已知$f(x,y)=\dfrac{x+y}{xy}$,求$f(-2,3)$,$f(x+y,x-y)$.

2. 求并画出以下函数的定义域D.

$$(1)z=x+\frac{1}{\sqrt{y}}; \qquad (2)z=\ln(x^2+y^2-1)+\frac{1}{\sqrt{9-x^2-y^2}}.$$

3. 利用两个重要极限和无穷小的性质求下列极限.

$$(1)\lim\limits_{(x,y)\to(2,0)}(1+xy)^{\frac{1}{y}}; \qquad (2)\lim\limits_{(x,y)\to(0,0)}y\sin\frac{1}{x^2+y^2}.$$

4.指出下列二元初等函数的间断点或间断线并写出其连续区域 D.

(1) $z=\dfrac{1}{\sqrt{x^2+y^2}}$;　　　　　　(2) $z=\dfrac{1}{x^2-y^2}$.

【阅读材料】

空间直角坐标系

经过空间内一个定点 O,作三条两两互相垂直的数轴 Ox,Oy,Oz(即将两数轴 Ox 和 Oy 配置在水平面上,则数轴 Oz 就是该水平面上的铅垂线),并且指定其正向符合右手法则(见图 4.11),这样的三条数轴 Ox,Oy,Oz 就建立起了一个空间直角坐标系(见图 4.12).

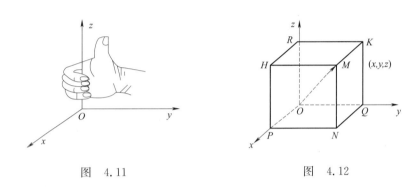

图　4.11　　　　　　　　　　　图　4.12

(1)定点 O 称为坐标原点;三条数轴 Ox,Oy,Oz 称为坐标轴,分别称为横轴、纵轴、竖轴.

(2)如果空间内的一个点 M 到三个坐标轴上的投影数量分别为 x,y,z,则有序数组 (x,y,z) 就表示点 M 的坐标,分别称 x 为横坐标,y 为纵坐标,z 为竖坐标.

(3)任意两条坐标轴所确定的平面称为坐标平面.由两条坐标轴 Ox 与 Oy 所确定的坐标平面称为 xOy 坐标平面,同样可得 yOz 坐标平面和 Ozx 坐标平面.

(4)三个坐标平面将空间分为八个部分,其每一部分称为一个卦限.位于三条坐标轴 Ox,Oy,Oz 的正半轴的那个方位的卦限叫第一卦限,在 xOy 坐标平面的上方,并且按照逆时针的方向而依次确定的三个卦限分别叫第二、第三、第四卦限,第一卦限的下方的那个卦限叫第五卦限,并且按照逆时针的方向而依次确定,这八个卦限分别用罗马字母Ⅰ、Ⅱ、Ⅲ、Ⅳ、Ⅴ、Ⅵ、Ⅶ、Ⅷ来表示,如图 4.13 所示.

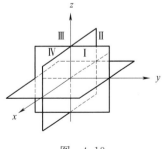

图　4.13

(5)原点 O 的坐标为 $(0,0,0)$;Ox 轴上的点坐标为 $(x,0,0)$;Oy 轴上的点坐标为 $(0,y,0)$;Oz 轴上的点坐标为 $(0,0,z)$;xOy 坐标平面上的点坐标为 $(x,y,0)$;yOz 坐标平面上的点坐标为 $(0,y,z)$;xOz 坐标平面上的点坐标为 $(x,0,z)$.

熟悉空间坐标系以后,可以比较容易地得到空间中两点 $M_1(x_1,y_1,z_1)$ 和 $M_2(x_2,y_2,z_2)$ 的距离,即 $|M_1M_2|=\sqrt{(x_1-x_2)^2+(y_1-y_2)^2+(z_1-z_2)^2}$.

§4.2 多元函数的偏导数与全微分

与一元函数相类似,对于多元函数而言,当自变量变化时,同样要考虑相应函数的变化率(或导数). 本节以二元函数 $z=f(x,y)$ 为例,讨论当自变量变化时相应函数的变化率.

一、偏导数的概念

1. 偏导数的定义

定义 4.4 设二元函数 $z=f(x,y)$ 在点 (x_0,y_0) 的某邻域内有定义,当动点 (x,y) 从 $(x_0,y_0)\rightarrow(x_0+\Delta x,y_0)$ 时,相应地函数有增量 $\Delta z_x=f(x_0+\Delta x,y_0)-f(x_0,y_0)$(称为 z 对 x 的**偏增量**). 如果极限 $\lim\limits_{\Delta x\rightarrow 0}\dfrac{\Delta z_x}{\Delta x}=\lim\limits_{\Delta x\rightarrow 0}\dfrac{f(x_0+\Delta x,y_0)-f(x_0,y_0)}{\Delta x}$ 存在,则称此极限值为函数 $z=f(x,y)$ 在 (x_0,y_0) 点对 x 的**偏导数**,记作

$$z'_x\big|_{(x_0,y_0)} \text{ 或 } f'_x(x_0,y_0) \text{ 或 } \frac{\partial z}{\partial x}\Big|_{(x_0,y_0)} \text{ 或 } \frac{\partial f}{\partial x}\Big|_{(x_0,y_0)}.$$

即

$$f'_x(x_0,y_0)=\lim_{\Delta x\rightarrow 0}\frac{\Delta z_x}{\Delta x}=\lim_{\Delta x\rightarrow 0}\frac{f(x_0+\Delta x,y_0)-f(x_0,y_0)}{\Delta x} \tag{4.1}$$

同理,函数 $z=f(x,y)$ 在点 (x_0,y_0) 对 y 的**偏导数**

$$f'_y(x_0,y_0)=\lim_{\Delta y\rightarrow 0}\frac{\Delta z_y}{\Delta y}=\lim_{\Delta y\rightarrow 0}\frac{f(x_0,y_0+\Delta y)-f(x_0,y_0)}{\Delta y}. \tag{4.2}$$

或记作 $z'_y\big|_{(x_0,y_0)}$ 或 $\dfrac{\partial z}{\partial y}\Big|_{(x_0,y_0)}$ 或 $\dfrac{\partial f}{\partial y}\Big|_{(x_0,y_0)}.$

这里用记号 ∂ 代替 d,以区别于一元函数的导数.

2. 二元函数偏导数的几何意义

我们知道,一元函数 $y=f(x)(x\in D)$ 在点 x_0 处的导数 $f'(x_0)$ 是曲线 $y=f(x)$ 在其上点 $(x_0,f(x_0))$ 处的切线的斜率(见图 4.14),即

$$K=\tan\alpha=f'(x_0).$$

实际上,二元函数 $z=f(x,y)$ 的偏导数 $f'_x(x_0,y_0)$ 表示空间曲面 $z=f(x,y)$ 与平面 $y=y_0$ 的交线 $\begin{cases}z=f(x,y_0)\\y=y_0\end{cases}$ 在点 $M_0(x_0,y_0,z_0)$ 处的切线对 x 轴的斜率,即 $f'_x(x_0,y_0)=\tan\alpha$;偏导数 $f'_y(x_0,y_0)$ 表示空间曲面 $z=f(x,y)$ 与平面 $x=x_0$ 的交线 $\begin{cases}z=f(x_0,y)\\x=x_0\end{cases}$ 在点 $M_0(x_0,y_0,z_0)$ 处的切线对 y 轴的斜率,即 $f'_x(x_0,y_0)=\tan\beta$(见图 4.15).

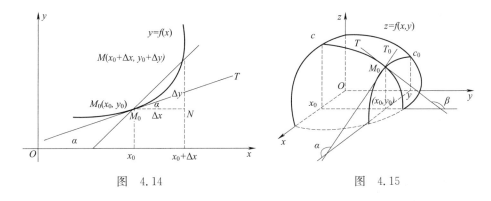

图　4.14　　　　　　　　　　　图　4.15

3. 偏导函数

若二元函数 $z=f(x,y)$ 在区域 D 内的每一个点 $P(x,y)$ 处对自变量 x 的偏导数 $f_x'(x,y)$ 都存在,则该偏导数仍然是自变量 x 与自变量 y 的函数,称为二元函数 $z=f(x,y)$ 对自变量 x 的偏导函数,记作 $\dfrac{\partial z}{\partial x},\dfrac{\partial f}{\partial x},z_x'$ 或 $f_x'(x,y)$. 类似地,可以定义二元函数 $z=f(x,y)$ 对自变量 y 的偏导函数,记作 $\dfrac{\partial z}{\partial y},\dfrac{\partial f}{\partial y},z_y'$ 或 $f_y'(x,y)$.

今后,在不至于混淆的地方,将偏导数和偏导函数统称偏导数. 根据偏导函数的定义可知,二元函数 $z=f(x,y)$ 在点 $P_0(x_0,y_0)$ 处对自变量的偏导数 $f_x'(x_0,y_0)$ 或 $f_y'(x_0,y_0)$ 就是偏导函数 $f_x'(x,y)$ 或 $f_y'(x,y)$ 在点 $P_0(x_0,y_0)$ 处的函数值.

二、偏导数的计算

实际上,由于偏导数的定义中只有一个自变量在变化,把另一个看成固定的,所以偏导数的计算,就是按照一元函数的微分法计算.

例 1　求 $z=x^2\sin y$ 的偏导数.

解　$z_x'=(x^2\sin y)_x'=2x\sin y,z_y'=(x^2\sin y)_y'=x^2\cos y.$

例 2　设 $z=x\ln(x^2+y^2)$ 求 $\dfrac{\partial z}{\partial x},\dfrac{\partial z}{\partial y}$. 并求 $\dfrac{\partial z}{\partial x}\Big|_{(1,1)},\dfrac{\partial z}{\partial x}\Big|_{(1,1)}$

解　由乘积和复合函数的求导法则:

$$\frac{\partial z}{\partial x}=[x\ln(x^2+y^2)]_x'=(x)_x'\ln(x^2+y^2)+x\left[\ln(x^2+y^2)\right]_x'$$

$$=\ln(x^2+y^2)+x\frac{2x}{x^2+y^2}=\ln(x^2+y^2)+\frac{2x^2}{x^2+y^2}.$$

$$\frac{\partial z}{\partial y}=[x\ln(x^2+y^2)]_y'=x\left[\ln(x^2+y^2)\right]_y'=x\frac{2y}{x^2+y^2}=\frac{2xy}{x^2+y^2}.$$

$$\frac{\partial z}{\partial x}\Big|_{(1,1)}=\ln 2+1,\frac{\partial z}{\partial x}\Big|_{(1,1)}=1.$$

例 3　求三元函数 $u=\ln(1+x^2+y^2+z^2)$ 的偏导数.

解 u 对 x 求偏导时,将字母 y,z 视为常数,即

$$u'_x = \left[\ln(1+x^2+y^2+z^2)\right]'_x = \frac{2x}{1+x^2+y^2+z^2},$$

同理 $u'_y = \dfrac{2y}{1+x^2+y^2+z^2}, u'_z = \dfrac{2z}{1+x^2+y^2+z^2}.$

注:偏导数记号是一个整体符号,上下不能拆分,此与一元函数 $y=f(x)$ 的

导数 $\dfrac{dy}{dx}$ 可拆分为两微分 dy 与 dx 之商不同.

我们知道,一元函数在一点可导则一定连续.二元函数在一点偏导数存在是否也一定连续呢?

例 4 $f(x,y)=\begin{cases} \dfrac{xy}{x^2+y^2} & \text{当}(x,y)\neq(0,0) \\ 0 & \text{当}(x,y)=(0,0) \end{cases}.$ 讨论函数在点 $(0,0)$ 处的

(1)连续性;(2)偏导数.

解 (1)由 4.1 节中例 5(2)知,极限 $\lim\limits_{\substack{x\to 0 \\ y\to 0}}\dfrac{xy}{x^2+y^2}$ 不存在,于是 $f(x,y)$ 在点

$(0,0)$ 处不连续;

$$(2) f'_x(0,0) = \lim_{\Delta x\to 0}\frac{f(0+\Delta x,0)-f(0,0)}{\Delta x} = \lim_{\Delta x\to 0}\frac{f(\Delta x,0)}{\Delta x} = \lim_{\Delta x\to 0}\frac{0}{(\Delta x)^2} = 0,$$

$$f'_y(0,0) = \lim_{\Delta y\to 0}\frac{f(0,0+\Delta y)-f(0,0)}{\Delta y} = \lim_{\Delta y\to 0}\frac{f(0,\Delta y)}{\Delta y} = \lim_{\Delta y\to 0}\frac{0}{(\Delta y)^2} = 0.$$

由此可见,偏导数存在二元函数不一定连续,此与一元函数不同.

三、高阶偏导数

如果二元函数 $z=f(x,y)$ 的一阶偏导数 $\dfrac{\partial z}{\partial x}=f'_x(x,y), \dfrac{\partial z}{\partial y}=f'_y(x,y)$ 仍然

有偏导数,那么这两个偏导函数的偏导数称为函数 $z=f(x,y)$ 的**二阶偏导数**.
共有四个,分别记为:

$$z''_{xx} = f''_{xx}(x,y) = \frac{\partial^2 z}{\partial x^2} = (z'_x)'_x; \quad z''_{yy} = f''_{yy}(x,y) = \frac{\partial^2 z}{\partial y^2} = (z'_y)'_y;$$

$$z''_{xy} = f''_{xy}(x,y) = \frac{\partial^2 z}{\partial x \partial y} = (z'_x)'_y; \quad z''_{yx} = f''_{yx}(x,y) = \frac{\partial^2 z}{\partial y \partial x} = (z'_y)'_x.$$

其中,后两个称为**混合偏导数**.类似地可定义三阶、四阶甚至 n 阶偏导数,二阶及以上的偏导数统称**高阶偏导数**.

定理 4.2 若 $z=f(x,y)$ 的二阶混合偏导数 z''_{xy} 和 z''_{yx} 在区域 D 内连续,则 $z''_{xy}=z''_{yx}.$

例 5 求函数 $z=x^3y-3x^2y^3$ 的二阶偏导数.

解 由 $z'_x=3x^2y-6xy^3, z'_y=x^3-9x^2y^2$,得

$$z''_{xx}=6xy-6y^3, \quad z''_{yy}=-18x^2y,$$

$$z''_{xy}=(z'_x)'_y=(3x^2y-6xy^3)'_y=3x^2-18xy^2,$$

$$z''_{yx}=(z'_y)'_x=(x^3-9x^2y^2)'_x=3x^2-18xy^2.$$

四、多元函数的全微分

与一元函数的微分定义方法类似,对于二元函数,考察当自变量变化时相应函数的增量的近似值.

定义 4.5　如果二元函数 $z=f(x,y)$ 在点 $P(x,y)$ 处的全增量 $\Delta z=f(x+\Delta x,y+\Delta y)-f(x,y)$ 可以表示为 $\Delta z=A\Delta x+B\Delta y+o(\rho)$ 的形式,(其中两个常数 A,B 与 $\Delta x,\Delta y$ 无关,仅与 x,y 有关,$\rho=\sqrt{(\Delta x)^2+(\Delta y)^2}$),则称二元函数 $z=f(x,y)$ 在点 $P(x,y)$ 处可微,并称 $A\Delta x+B\Delta y$ 为二元函数 $z=f(x,y)$ 在点 $P(x,y)$ 处的**全微分**,记作 $\mathrm{d}z$,即

$$\mathrm{d}z=A\Delta x+B\Delta y$$

可以证明,若二元函数 $z=f(x,y)$ 在点 $P(x,y)$ 的某邻域内的偏导数 $f'_x(x,y),f'_y(x,y)$ 连续,则该二元函数 $z=f(x,y)$ 在点 $P(x,y)$ 处**可微**,并且全微分为

$$\mathrm{d}z=f'_x(x,y)\Delta x+f'_y(x,y)\Delta y,$$

又因为自变量的改变量等于自变量的微分,所以上式也可写为

$$\mathrm{d}z=f'_x(x,y)\mathrm{d}x+f'_y(x,y)\mathrm{d}y. \tag{4.3}$$

例 6　求二元函数 $z=x^2y^2$ 在点 $(2,-1)$ 处当 $\Delta x=0.02$、$\Delta y=-0.01$ 时的全增量与全微分.

解　全增量为

$$\Delta z=(2+0.02)^2\times(-1-0.01)^2-2^2\times(-1)^2=0.162\,4.$$

由于该二元函数 $z=x^2y^2$ 的两个偏导数分别为 $\dfrac{\partial z}{\partial x}=2xy^2,\dfrac{\partial z}{\partial y}=2x^2y$,于是所求点 $(2,-1)$ 处的全微分为

$$\mathrm{d}z=\frac{\partial z}{\partial x}\bigg|_{(2,-1)}\Delta x+\frac{\partial z}{\partial y}\bigg|_{(2,-1)}\Delta y$$

$$=2\times2\times(-1)^2\times0.02+2\times2^2\times(-1)\times(-0.01)=0.16.$$

练　习　4.2

1. 求下列函数的偏导数.

(1)$z=y^2\cos 2x$;　　　　　　　(2)$z=5x^4y+10x^2y^3$.

2. 求下列函数在指定点的偏导数.

(1)$f(x,y)=x^2+3xy+y^2$,求 $f'_x(1,2),f'_y(1,2)$;

(2)$f(x,y,z)=\ln(xy+z)$,求 $f'_x(2,1,0),f'_y(2,1,0),f'_z(2,1,0)$.

3. 求下列函数的二阶偏导数.

(1)$z=x^4+y^4-4x^2y^2$;　　　(2)$z=x^y$;

(3)$z=\dfrac{x}{y}$.

4. 求下列函数的全微分.

(1)$z=xy+\dfrac{x}{y}$;　　　　　　(2)$z=\mathrm{e}^{xy}$ 在点 $(2,1)$ 处.

§4.3 多元复合函数与隐函数的偏导数

一、多元复合函数的偏导数

由于我们可以将多元复合函数视作一元复合函数的推广,因此多元复合函数求偏导数的方法与一元复合函数求导数的方法类似.

定理 4.3 若函数 $u=\varphi(t)$ 及 $v=\psi(t)$ 都在点 t 处可导,并且二元函数 $z=f(u,v)$ 在相对应的点 (u,v) 处具有连续的偏导数,则复合函数 $z=f(\varphi(t),\psi(t))$ 在点 t 处可导,且

$$\frac{dz}{dt}=\frac{\partial z}{\partial u}\frac{du}{dt}+\frac{\partial z}{\partial v}\frac{dv}{dt}. \tag{4.4}$$

该公式称为全导公式.此复合函数各变量间的关系如图 4.16 所示,函数与自变量间的路径数与求导数公式中的项数相对应,而每条路径反映的又是函数与自变量之间的复合关系.

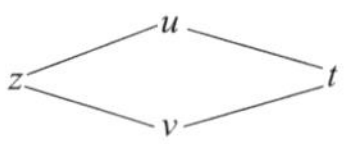

图　4.16

例 1 已知 $z=e^u\sin v,u=x^2,v=2x+1$,求 $\dfrac{dz}{dx}$.

解 因为 $\dfrac{\partial z}{\partial u}=(e^u\sin v)'_u=e^u\sin v,\dfrac{\partial z}{\partial v}=(e^u\sin v)'_v=e^u\cos v,$

$$\frac{du}{dx}=2x,\frac{dv}{dx}=2,$$

所以
$$\frac{dz}{dt}=\frac{\partial z}{\partial u}\frac{du}{dt}+\frac{\partial z}{\partial v}\frac{dv}{dt}=e^u\sin v\cdot 2x+e^u\cos v\cdot 2$$
$$=e^{x^2}\sin(2x+1)\cdot 2x+e^{x^2}\cos(2x+1)\cdot 2.$$

如果中间变量 u,v 是二元函数,不妨设 $u=\varphi(x,y),v=\psi(x,y)$,则函数 z 对自变量的偏导数求法法则如下:

定理 4.4 若两个二元函数 $u=\varphi(x,y),v=\psi(x,y)$,在点 (x,y) 处的偏导数 $\dfrac{\partial u}{\partial x},\dfrac{\partial u}{\partial y},\dfrac{\partial v}{\partial x},\dfrac{\partial v}{\partial y}$ 都存在,并且在对应的点 (u,v) 处,二元函数 $z=f(u,v)$ 具有连续的偏导数,则复合函数 $z=f(\varphi(x,y),\psi(x,y))$ 在点 (x,y) 处对两个自变量 x,y 的偏导数存在,且

$$\frac{\partial z}{\partial x}=\frac{\partial z}{\partial u}\frac{\partial u}{\partial x}+\frac{\partial z}{\partial v}\frac{\partial v}{\partial x},\quad \frac{\partial z}{\partial y}=\frac{\partial z}{\partial u}\frac{\partial u}{\partial y}+\frac{\partial z}{\partial v}\frac{\partial v}{\partial y}. \tag{4.5}$$

该公式称为偏导公式.此复合函数的各变量间的关系如图 4.17 所示.使用公式法的解题步骤是:画出关系图,确定路径链,写出偏导公式.注意区别使用导数和偏导数的符号.

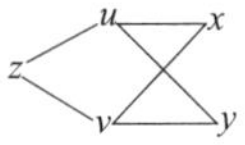

图　4.17

例 2 设 $z=e^u\sin v,u=xy,v=x+y$,求 $\dfrac{\partial z}{\partial x}$ 和 $\dfrac{\partial z}{\partial y}$.

解 $\dfrac{\partial z}{\partial x}=\dfrac{\partial z}{\partial u}\dfrac{\partial u}{\partial x}+\dfrac{\partial z}{\partial v}\dfrac{\partial v}{\partial x}=e^u\sin v\cdot y+e^u\cos v\cdot 1$

$$=e^u(y\sin v+\cos v)=e^{xy}[y\sin(x+y)+\cos(x+y)];$$

$$\frac{\partial z}{\partial y}=\frac{\partial z}{\partial u}\frac{\partial u}{\partial y}+\frac{\partial z}{\partial v}\frac{\partial v}{\partial y}=e^u\sin v\cdot x+e^u\cos v\cdot 1$$

$$=e^u(x\sin v+\cos v)=e^{xy}[x\sin(x+y)+\cos(x+y)].$$

例 3　设 $z=f(x,y)=x^2+\ln y,y=\sin x,$ 求 $\dfrac{\mathrm{d}z}{\mathrm{d}x}.$

解　将中间变量 $y=\sin x$ 代入函数 $z=x^2+\ln y,$ 得 $z=x^2+\ln\sin x,$ 于是

$$\frac{\mathrm{d}z}{\mathrm{d}x}=(x^2+\ln\sin x)'_x=2x+\frac{\cos x}{\sin x}=2x+\cot x.$$

例 4　设 $u=f(x,y,z)=e^{2x+3y-z},$ 而 $z=x\sin y,$ 求 $\dfrac{\partial u}{\partial x},\dfrac{\partial u}{\partial y}.$

解　将中间变量 $z=x\sin y$ 代入函数 $u=e^{2x+3y-z},$ 得 $u=e^{2x+3y-x\sin y},$ 于是

$$\frac{\partial u}{\partial x}=(e^{2x+3y-x\sin y})'_x=e^{2x+3y-x\sin y}(2x+3y-x\sin y)'_x=e^{2x+3y-x\sin y}(2-\sin y);$$

$$\frac{\partial u}{\partial y}=(e^{2x+3y-x\sin y})'_y=e^{2x+3y-x\sin y}(2x+3y-x\sin y)'_y=e^{2x+3y-x\sin y}(3-x\cos y).$$

例 5　设 $z=f(x^2-y^2,xy),$ 其中 $f(u,v)$ 具有连续偏导数,求 $\dfrac{\partial z}{\partial x},\dfrac{\partial z}{\partial y}.$

解　令 $u=x^2-y^2,v=xy,$ 则 $z=f(u,v),$ 变量关系如图 4.17 所示,所以

$$z'_x=z'_u u'_x+z'_v v'_x=z'_u\cdot 2x+z'_v\cdot y;$$

$$z'_y=z'_u u'_y+z'_v v'_y=z'_u\cdot(-2y)+z'_v\cdot x.$$

遇到抽象函数(表达式未知)时,为书写方便和容易理解,可用换元法求解.

二、隐函数的偏导数

与一元函数的隐函数类似,多元函数的隐函数也是由方程式来确定的一个函数.比如,由三元方程 $F(x,y,z)=0$ 所确定的函数 $z=f(x,y)$ 叫做**二元隐函数**.

定理 4.5　设 $z=f(x,y)$ 由 $F(x,y,z)=0$ 确定,则 $z'_x=\dfrac{-F'_x}{F'_z},z'_y=\dfrac{-F'_y}{F'_z}.$

注意:

(1) 如果一元函数 $y=f(x)$ 隐藏于二元方程 $F(x,y)=0$ 中,则该隐函数的导数为 $\dfrac{\mathrm{d}y}{\mathrm{d}x}=\dfrac{-F'_x}{F'_y}.$

(2)定理 4.5 的公式可以推广到三元隐函数的求导.

例 6　求由方程 $x^2+xy+y^2=4$ 所确定的隐函数的导数.

解　公式法.

令 $F(x,y)=x^2+xy+y^2-4,$ 则 $F'_x=2x+y,F'_y=x+2y,$

所以
$$\frac{\mathrm{d}y}{\mathrm{d}x}=\frac{-F'_x}{F'_y}=\frac{-(2x+y)}{x+2y}.$$

直接法.

对方程 $x^2+xy+y^2=4$ 两边对 x 求导,得

$$(x^2)'_x+(xy)'_x+(y^2)'_x=(4)'_x,$$

即
$$2x+y+xy'+2yy'=0,$$

解得
$$y' = \frac{-(2x+y)}{x+2y}.$$

例 7 求由方程 $e^{-xy} - 2z + e^z = 0$ 所确定的隐函数的偏导数.

解 令 $F(x,y,z) = e^{-xy} - 2z + e^z$, 则 $F'_x = -ye^{-xy}$, $F'_y = -xe^{-xy}$, $F'_z = e^z - 2$, 所以

$$z'_x = \frac{-F'_x}{F'_z} = \frac{ye^{-xy}}{e^z - 2}, \quad z'_y = \frac{-F'_y}{F'_z} = \frac{xe^{-xy}}{e^z - 2}.$$

综上所述,求复合函数偏导数时,方法不限,以既快又准为原则;求一元隐函数的导数或多元隐函数的偏导数时,公式法要比直接法容易得多.

练 习 4.3

1. 求下列复合函数的一阶导数或一阶偏导数.

(1) $z = uv + \sin t$, 且 $u = e^t$, $v = \cos t$;

(2) $z = e^u \cos v$, 且 $u = xy$, $v = x + y$.

2. 求下列二元方程所确定的一元隐函数 $y = f(x)$ 的一阶导数 $\dfrac{dy}{dx}$.

(1) $x^2 + xy - e^y = 0$; (2) $x^2 - xy + 2y^2 + x - y - 1 = 0$, 在 $(0,1)$ 点.

3. 求下列三元方程所确定的二元隐函数 $z = f(x,y)$ 的一阶偏导数.

(1) $z^3 - 2xz + y = 0$; (2) $e^{-xy} - 2z + e^z = 0$.

【阅读材料】

幂指函数的导数

在一元函数微分学中,我们讨论幂指型函数 $y = f(x)^{g(x)}$ ($f(x) > 0$) 的导数时,通常采用对数求导法,即先两边取对数,再两边同时对 x 求导,然后从等式中解出导数 y', 并代回 y, 便可得到最终结果. 下面给出另外一种方法.

已知 $f(x)$, $g(x)$ ($f(x) > 0$) 可导, 求 $y = (f(x))^{g(x)}$ 的导数.

设 $u = f(x)$, $v = g(x)$, 则 $y = u^v$, 由全导公式得

$$y' = y'_u u'_x + y'_v v'_x = vu^{v-1} \cdot f'(x) + u^v \ln u \cdot g'(x).$$

例 1 求函数 $y = (x^2 + 1)^{\sin x}$ 的导数.

解 设 $u = x^2 + 1$, $v = \sin x$, 则 $y = u^v$, 则

$$y'_u = vu^{v-1}, \quad y'_v = u^v \ln u, \quad u'_x = 2x', \quad v'_x = \cos x.$$

由全导公式得

$$\frac{dy}{dx} = y'_x = y'_u u'_x + y'_v v'_x = vu^{v-1} \cdot 2x + u^v \ln u \cdot \cos x$$

$$= \sin x(x^2+1)^{\sin x - 1} \cdot 2x + (x^2+1)^{\sin x} \ln(x^2+1) \cdot \cos x.$$

二元函数也有幂指型函数.

已知 $f(x,y)$, $g(x,y)$ ($f(x,y) > 0$) 可微, 求 $z = (f(x,y))^{g(x,y)}$ 的偏导数.

设 $u = f(x,y)$, $v = g(x,y)$, 则 $y = u^v$, 由偏导公式得

$$z'_x = y'_u u'_x + y'_v v'_x = vu^{v-1} \cdot f'_x(x,y) + u^v \ln u \cdot g'_x(x,y),$$

$$z'_y = y'_u u'_y + y'_v v'_y = vu^{v-1} \cdot f'_y(x,y) + u^v \ln u \cdot g'_y(x,y).$$

例 2 求函数 $y=(x^2+y^2)^{xy}$ 的导数.

解 设 $u=x^2+y^2$，$v=xy$，则 $y=u^v$，所以

$$y'_u=vu^{v-1}, \quad y'_v=u^v\ln u, \quad u'_x=2x, \quad v'_x=y, \quad u'_y=2y, \quad v'_y=x,$$

由全导公式得

$$\frac{\partial z}{\partial x}=z'_u u'_x+z'_v v'_x=vu^{v-1}\cdot 2x+u^v\ln u\cdot y$$

$$=xy(x^2+y^2)^{xy-1}\cdot 2x+(x^2+y^2)^{xy}\ln(x^2+y^2)\cdot y,$$

$$\frac{\partial z}{\partial y}=z'_u u'_y+z'_v v'_y=vu^{v-1}\cdot 2y+u^v\ln u\cdot x$$

$$=xy(x^2+y^2)^{xy-1}\cdot 2y+(x^2+y^2)^{xy}\ln(x^2+y^2)\cdot x.$$

§4.4 多元函数的极值与最值

在实际的问题中，往往会遇到多元函数的极值与最值问题.与一元函数相类似，多元函数的最大值、最小值与极大值、极小值也有着密切的联系.

一、多元函数的极值

1. 多元函数极值的定义

下面以二元函数为例讨论多元函数的极值.

定义 4.6 设二元函数 $z=f(x,y)$ 在点 $P_0(x_0,y_0)$ 的某一个邻域内有定义，对于该邻域内异于 $P_0(x_0,y_0)$ 的一切点 $P(x,y)$，若均有 $f(x,y)<f(x_0,y_0)$ 成立，则称 $f(x_0,y_0)$ 为 $z=f(x,y)$ 的**极大值**；若均有 $f(x,y)>f(x_0,y_0)$ 成立，则称 $f(x_0,y_0)$ 为 $z=f(x,y)$ 的**极小值**.极大值与极小值统称**极值**，点 $P_0(x_0,y_0)$ 称为**极值点**.

例如，二元函数 $z=\sqrt{R^2-x^2-y^2}$ 在 $(0,0)$ 处取得极大值 $z(0,0)=R$（见图 4.6）.

二元函数 $z=\sqrt{x^2+y^2}$ 在点 $M(0,0)$ 处有极小值 $z(0,0)=0$（见图 4.8）.

二元函数 $z=-x^2+y^2$ 在 $(0,0)$ 处无极值（见图 4.9）.

2. 极值存在的必要条件

一元函数的可能极值点（待定极值点）是一阶导数不存在的点或驻点.二元函数的极值也有类似的结论.

定理 4.6（必要条件） 若二元函数 $z=f(x,y)$ 在点 $P_0(x_0,y_0)$ 处有极值，并且两个偏导数都存在，则有 $\begin{cases} f'_x(x,y)=0 \\ f'_y(x,y)=0 \end{cases}$.

这里，满足 $\begin{cases} f'_x(x,y)=0 \\ f'_y(x,y)=0 \end{cases}$ 的点 $P_0(x_0,y_0)$ 称为函数 $z=f(x,y)$ 的驻点.与一元函数相类似，驻点不一定是极值点.

例如，点 $M(0,0)$ 是二元函数 $z=xy$ 的驻点，但是二元函数 $z=xy$ 在该点并无极值.

3. 极值存在的充分条件

定理 4.7（充分条件） 设二元函数 $z=f(x,y)$ 在点 $P_0(x_0,y_0)$ 的某一个邻域内连续并且具有二阶连续的偏导数,并且 $P_0(x_0,y_0)$ 是驻点.令 $f''_{xx}(x_0,y_0)=A$,$f''_{xy}(x_0,y_0)=B$,$f''_{yy}(x_0,y_0)=C$,则:

(1)当 $AC-B^2>0$ 时具有极值,当 $A<0$ 时有极大值,当 $A>0$ 时有极小值;

(2)当 $AC-B^2<0$ 时无极值;

(3)当 $AC-B^2=0$ 时可能有极值.也可能无极值,需另作讨论.

利用极值存在的必要条件和充分条件,将具有二阶连续偏导数的二元函数 $z=f(x,y)$ 的极值求法归纳如下:

第一步:解方程组 $\begin{cases} f'_x(x,y)=0 \\ f'_y(x,y)=0 \end{cases}$,求出所有的驻点 $P_i(x_i,y_i)$;

第二步:对每一个驻点 $P_i(x_i,y_i)$,求出其二阶偏导数 A,B,C 的值;

第三步:讨论 $AC-B^2$ 的符号,然后根据定理(充分条件)判定该点是否取为极点.

例1 求二元函数 $f(x,y)=x^3-y^3+3x^2+3y^2-9x$ 的极值.

解 先解方程组 $\begin{cases} f'_x(x,y)=3x^2+6x-9=0 \\ f'_y(x,y)=-3y^2+6y=0 \end{cases}$,求得驻点分别为 $P_1(1,0)$,$P_2(1,2)$,$P_3(-3,0)$,$P_4(-3,-2)$.

二阶偏导数分别为 $f''_{xx}(x,y)=6x+6$,$f''_{xy}(x,y)=0$,$f''_{yy}(x,y)=-6y+6$.

在点 $P_1(1,0)$ 处,由于 $AC-B^2=12\times6>0$,并且 $A=12>0$,因此该二元函数在点 $P_1(1,0)$ 处有极小值 $f(1,0)=-5$;

在点 $P_2(1,2)$ 处,由于 $AC-B^2=12\times(-6)<0$,因此该二元函数在点 $P_2(1,2)$ 处无极值;

在点 $P_3(-3,0)$ 处,由于 $AC-B^2=-12\times6<0$,因此该二元函数在点 $P_3(-3,0)$ 处无极值;

在点 $P_4(-3,-2)$ 处,由于 $AC-B^2=-12\times(-6)>0$,并且 $A=-12<0$,因此该二元函数在点 $P_4(-3,-2)$ 处有极大值 $f(-3,2)=31$.

和一元函数可能的极值点情况类似,二元函数的一阶偏导数不存在的点也可能是极值点.例如二元函数 $z=\sqrt{x^2+y^2}$ 在点 $(0,0)$ 处的一阶偏导数不存在,但是该二元函数在点 $(0,0)$ 处却有极小值 0.

4. 二元函数的条件极值

以上函数 $z=f(x,y)$ 的极值是没有约束条件的,称为函数的无条件极值.函数 $z=f(x,y)$ 在约束条件 $g(x,y)=0$ 下的极值,称为**条件极值**.

例2 求二元函数 $z=f(x,y)=\sqrt{1-x^2-y^2}$ 的(1)极大值;(2)在条件 $g(x,y)=x+y-1=0$ 下的极大值.

解 (1)此为无条件极值.显然,函数的极大点为 $(0,0)$,所以极大值为 $f(0,0)=1$;

（2）此为条件极值.从几何上看（见图 4.18），就是上半球面 $z=\sqrt{1-x^2-y^2}$ 与平面 $x+y-1=0$ 的交线上的最高点的竖坐标.

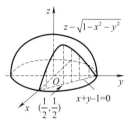

图 4.18

应用拉格朗日乘数法.

先构造拉格朗日函数 $L(x,y,\lambda)=f(x,y)+\lambda g(x,y)$（$\lambda$ 为非零参数），然后通过三元方程组

$$\begin{cases} L_x'(x,y,\lambda)=0 \\ L_y'(x,y,\lambda)=0 \\ L_\lambda'(x,y,\lambda)=0 \end{cases}$$

消去参数 λ，可得目标函数唯一的驻点 (x_0,y_0)，也称**拉格朗日驻点**，再依实际问题加以确定.

（1）构造拉格朗日函数. $L(x,y,\lambda)=f(x,y)+\lambda g(x,y)=\sqrt{1-x^2-y^2}+\lambda(x+y-1)$，$\lambda$ 为非零参数.

（2）解三元方程组 $\begin{cases} L_x'=\dfrac{-x}{\sqrt{1-x^2-y^2}}+\lambda=0 \\ L_y'=\dfrac{-y}{\sqrt{1-x^2-y^2}}+\lambda=0 \\ L_\lambda'=x+y-1=0 \end{cases}$，消参数 λ，得唯一驻点 $\left(\dfrac{1}{2},\dfrac{1}{2}\right)$.

（3）由题意，极大点是存在的，驻点 $\left(\dfrac{1}{2},\dfrac{1}{2}\right)$ 即为目标函数 $z=f(x,y)=\sqrt{1-x^2-y^2}$ 在条件 $x+y-1=0$ 下的极大点，因此所求的条件极大值为 $f\left(\dfrac{1}{2},\dfrac{1}{2}\right)=\dfrac{\sqrt{2}}{2}$.

注意：该题目也可以用代入法求解.

二、多元函数的最值

与一元函数相类似，可以利用函数的极值来求函数的最值.对于闭区域 D 上连续的二元函数 $z=f(x,y)$，一定有最大值和最小值.若使二元函数 $z=f(x,y)$ 取得最大值或最小值的点在区域 D 的内部取得，则该点一定是该二元函数 $z=f(x,y)$ 的极值点；若使二元函数 $z=f(x,y)$ 取得最大值或最小值的点是在区域 D 的边界上，则该点一定是该二元函数 $z=f(x,y)$ 在边界上的最大值或最小值.因此，在求二元函数 $z=f(x,y)$ 的最值时，只需将区域 D 内部可能的极值点所对应的函数值与区域 D 边界上的函数的最大值与最小值进行比较即可，其中，最大者就是闭区域 D 上连续的二元函数 $z=f(x,y)$ 的最大值，最小者就是闭区域 D 上连续的二元函数 $z=f(x,y)$ 的最小值.

对于实际问题中的最值问题，若根据问题的属性能够判断其函数的最大值或最小值在区域的内部取得，而函数在该区域的内部只有一个驻点，则该驻点处的函数值就是该函数在该区域内的最大值或最小值.因此，求实际问题中的

最大值或最小值的步骤如下:

第一步:根据实际的问题建立函数关系,并且确定其函数的定义域;

第二步:求出唯一的驻点;

第三步:结合实际问题的属性求出其最大值或最小值.

例3 某厂需用铁板做成一个体积为 2 m^3 的有盖长方体水箱,问:当长、宽、高分别取多少时,才能使得所用的材料最省.

解 设水箱的长、宽、高分别为 x,y,z,表面积为 S,则
$$S=2(xy+yz+xz).$$

由于 $xyz=2$,即 $z=\dfrac{2}{xy}$,因此 $S=2\left(xy+\dfrac{2}{x}+\dfrac{2}{y}\right)$.

显然其表面积 S 是一个二元函数,其定义域为 $D=\{(x,y)\,|\,x>0,y>0\}$.

解方程组 $\begin{cases}\dfrac{\partial S}{\partial x}=2\left(y-\dfrac{2}{x^2}\right)=0 \\[2mm] \dfrac{\partial S}{\partial y}=2\left(x-\dfrac{2}{y^2}\right)=0\end{cases}$,得驻点为 $(\sqrt[3]{2},\sqrt[3]{2})$.根据题意可知,水箱所用

材料的最小值一定存在.又因为该二元函数 $S=2\left(xy+\dfrac{2}{x}+\dfrac{2}{y}\right)$ 在区域 D 的内部只有唯一的驻点 $(\sqrt[3]{2},\sqrt[3]{2})$,因此可以判定当 $x=\sqrt[3]{2}$. $y=\sqrt[3]{2}$ 时,其表面积 S 为最小值,此时的高 $z=\dfrac{2}{xy}=\sqrt[3]{2}$.

由此可知,体积一定的长方体中,正方体的表面积最小.

练 习 4.4

1. 函数 $z=xy$ 在附加条件 $x+y=1$ 下的极_____值为_____.

2. 求下列函数的极值.

(1) $f(x,y)=(6x-x^2)(4y-y^2)$;　　(2) $f(x,y)=3x^2y+y^3-3x^2-3y^2+2$.

3. 欲做一个容积为 1 m^3 的有盖圆柱形铅桶,问底半径和高各为多少时,才能使用料最省.

§4.5 二重积分的概念与性质

一元函数积分学中,我们曾经用和式的极限来定义一元函数 $f(x)$ 在区间 $[a,b]$ 上的定积分,本节将把这一方法推广到多元函数的情形,便得到重积分的概念及性质.

一、引例

设有一个立体,它的底是 xOy 坐标平面上的有界闭区域 D,它的侧面是以 D 的边界曲线为准线而母线平行于坐标轴 Oz 的柱面,它的顶是曲面 $z=f(x,y)$,这里 $f(x,y)\geqslant0$ 并且在 D 上连续(见图 4.19).将这种立体称为**曲顶柱体**.空间内由曲面所围成的体积总可以分割成一些比较简单的曲顶柱体的体积的和.

下面就来讨论如何定义. 并且计算曲顶柱体的体积 V.

我们知道, 平顶柱体的体积公式为底面积×高. 而曲顶柱体的高是不断变化着的. 我们可以借鉴一元函数的定积分中求曲边梯形面积的方法来帮助解决曲顶柱体的体积计算问题.

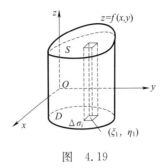

图 4.19

对于有界闭区域 D 上的连续函数 $z=f(x,y)$.

(1) 分割 D 为 n 个小闭区域 $\sigma_1, \sigma_2, \cdots, \sigma_n$, 它们所对应的直径分别为 $d_1, d_2, \cdots, d_n$, 各小闭区域的面积分别为 $\Delta\sigma_1, \Delta\sigma_2, \cdots, \Delta\sigma_n$, 于是曲顶柱体就被分割成了 n 个小曲顶柱体;

(2) 在每一个小闭区域 $\sigma_i (i=1,2,\cdots,n)$ 上任取一个点 $P_i(\xi_i, \eta_i) \in \sigma_i$, 以该点所对应的函数值 $f(\xi_i, \eta_i)$ 来近似地代替小曲顶柱体的高, 则每一个小曲顶柱体体积的近似值为 $f(\xi_i, \eta_i)\Delta\sigma_i (i=1,2,\cdots,n)$;

(3) 对这 n 个小曲顶柱体的体积求和, 得曲顶柱体体积的近似值为

$$\sum_{i=1}^{n} f(\xi_i, \eta_i)\Delta\sigma_i ;$$

(4) 当分割无限地细密时, 则小闭区域的数量就越来越多, 小闭区域 σ_i 的面积 $\Delta\sigma_i$ 也就越来越小; 当这 n 个小闭区域中最大的直径 $d=\max\{d_1, d_2, \cdots, d_n\}$ 都趋向于零时, 上述和式 $\sum_{i=1}^{n} f(\xi_i, \eta_i)\Delta\sigma_i$ 的极限就是该曲顶柱体的体积 V, 即

$$V = \lim_{d \to 0} \sum_{i=1}^{n} f(\xi_i, \eta_i)\Delta\sigma_i .$$

这样, 求曲顶柱体的体积问题就归结为求上述和式的极限. 事实上, 实际应用过程中的许多量的相应改变量问题反映在图像上与上述问题类似. 例如, 非均匀分布的平面薄片的质量, 在图形上反映为以薄片为底, 以密度函数 $\rho(x,y)$ $(\rho(x,y) \geqslant 0)$ 为顶的曲顶柱体的体积.

二、二重积分的概念

1. 二重积分的定义

定义 4.7 设 $z=f(x,y)$ 是有界闭区域 D 上的有界函数, 将 D 任意分割成 n 个小闭区域 $\sigma_1, \sigma_2, \cdots, \sigma_n$, 它们所对应的直径分别为 $d_1, d_2, \cdots, d_n$, 各小闭区域的面积分别为 $\Delta\sigma_1, \Delta\sigma_2, \cdots, \Delta\sigma_n$. 在每一个小闭区域 $\sigma_i (i=1,2,\cdots,n)$ 上任取一个点 $P_i(x_i, y_i) \in \sigma_i$, 当小闭区域中的最大直径 $d \to 0$ 时, 若极限 $\lim_{d \to 0} \sum_{i=1}^{n} f(x_i, y_i)\Delta\sigma_i$ 存在, 则此极限称为函数 $z=f(x,y)$ 在 D 上的**二重积分**, 记作 $\iint\limits_{D} f(x,y)\mathrm{d}\sigma$, 即

$$\iint\limits_{D} f(x,y)\mathrm{d}\sigma = \lim_{d \to 0} \sum_{i=1}^{n} f(x_i, y_i)\Delta\sigma_i .$$

其中，$\iint$ 称为**二重积分号**，D 称为**积分区域**，$f(x,y)$ 称为**被积函数**，$f(x,y)\mathrm{d}\sigma$ 称为**被积表达式**，两个自变量 x,y 称为**积分变量**，$\mathrm{d}\sigma$ 称为**面积元素**，$\sum\limits_{i=1}^{n}f(x_i,y_i)\Delta\sigma_i$ 称为**积分和**.

在二重积分的定义中，对有界闭区域 D 的划分是任意的，为了使问题的解决得以简化，在直角坐标系 xOy 中，可以用平行于坐标轴的直线网来分割 D，因此，除了包含边界点的一些小闭区域（这些小闭区域可以近似处理）外，其余的小闭区域都是矩形闭区域，在 x 与 $x+\Delta x$ 和 y 与 $y+\Delta y$ 之间的闭区域面积为 $\Delta\sigma=\Delta x\Delta y$（见图 4.20），为了方便起见，将 $\mathrm{d}\sigma$ 写成 $\mathrm{d}x\mathrm{d}y$. 于是二重积分

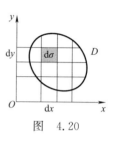

图 4.20

也可以记作 $\iint\limits_{D}f(x,y)\mathrm{d}x\mathrm{d}y$. 与一元函数的定积分的存在性一样，有界闭区域上的连续二元函数的二重积分也一定存在.

2. 二重积分的几何意义

若被积函数 $f(x,y)\geqslant 0$，二重积分 $\iint\limits_{D}f(x,y)\mathrm{d}\sigma$ 在数量上表示以有界闭区域 D 为底、以二元函数 $z=f(x,y)$ 为曲顶面的曲顶柱体的体积.

若被积函数 $f(x,y)\leqslant 0$，则该曲顶柱体在空间直角坐标系中 xOy 平面下方，故该二重积分在数量上等于曲顶柱体体积的相反数.

若被积函数 $f(x,y)$ 在 D 的若干部分区域上是正的，而在 D 的其他部分区域上是负的，则被积函数 $f(x,y)$ 在 D 上的二重积分就等于 xOy 坐标平面上方部分的曲顶柱体体积与下方部分的曲顶柱体体积的差.

例 1 若在有界闭区域 D 上，被积函数 $f(x,y)=1$，σ 为 D 的面积，求 D 的面积 σ.

解 由二重积分的几何意义知 $\sigma=\iint\limits_{D}1\mathrm{d}\sigma=\iint\limits_{D}\mathrm{d}\sigma$，即高为 1 的平顶柱体的体积在数值上就等于其底面积.

三、二重积分的性质

与定积分的性质类似，二重积分有如下类似的性质.

性质 1 可以将被积函数中的常数因子提到二重积分的积分号外面. 即

$$\iint\limits_{D}kf(x,y)\mathrm{d}\sigma=k\iint\limits_{D}f(x,y)\mathrm{d}\sigma \quad (k \text{ 为常数}). \tag{4.6}$$

性质 2 被积函数的和（或差）的二重积分等于各个被积函数的二重积分的和（或差）. 即

$$\iint\limits_{D}[f(x,y)\pm g(x,y)]\mathrm{d}\sigma=\iint\limits_{D}f(x,y)\mathrm{d}\sigma\pm\iint\limits_{D}g(x,y)\mathrm{d}\sigma. \tag{4.7}$$

性质 3（积分区域的可加性） 若有界闭区域 D 被有限条曲线分割为有限

个小闭区域,则在 D 上的二重积分等于各小闭区域上的二重积分的和.

例如,有界闭区域 D 被分割为两个小闭区域 D_1,D_2(最多边界重合),则

$$\iint_D f(x,y)\mathrm{d}\sigma = \iint_{D_1} f(x,y)\mathrm{d}\sigma + \iint_{D_2} f(x,y)\mathrm{d}\sigma. \tag{4.8}$$

性质 4(比较定理)　若在有界闭区域 D 上,两个被积函数有如下的关系 $f(x,y) \leqslant g(x,y)$,则

$$\iint_D f(x,y)\mathrm{d}\sigma \leqslant \iint_D g(x,y)\mathrm{d}\sigma.$$

特别地,有 $\left| \iint_D f(x,y)\mathrm{d}\sigma \right| \leqslant \iint_D |f(x,y)|\mathrm{d}\sigma.$

性质 5(估值定理)　设 M,m 分别是被积函数 $f(x,y)$ 在有界闭区域 D 上的最大值和最小值,σ 为 D 的面积,则 $m\sigma \leqslant \iint_D f(x,y)\mathrm{d}\sigma \leqslant M\sigma.$

例 2　估算 $\iint_D (x+y+1)\mathrm{d}\sigma$ 的值,其中积分区域 $D = \{(x,y) \mid 0 \leqslant x \leqslant 1, 0 \leqslant y \leqslant 2\}$.

解　由于区域 $D = \{(x,y) \mid 0 \leqslant x \leqslant 1, 0 \leqslant y \leqslant 2\}$,可知区域 D 的面积为 $\iint_D \mathrm{d}\sigma = 1 \times 2 = 2$,而由于 $0 \leqslant x \leqslant 1, 0 \leqslant y \leqslant 2$,可得 $0 \leqslant x+y \leqslant 3$,从而 $1 \leqslant x+y+1 \leqslant 4$,由二重积分性质 5 即得

$$\iint_D 1\mathrm{d}\sigma \leqslant \iint_D (x+y+1)\mathrm{d}\sigma \leqslant \iint_D 4\mathrm{d}\sigma$$

亦即 $\qquad\qquad 2 \leqslant \iint_D (x+y+1)\mathrm{d}\sigma \leqslant 8.$

性质 6(中值定理)　设被积函数 $f(x,y)$ 在有界闭区域 D 上连续,σ 为 D 的面积,则在 D 上至少存在一点 (ξ,η),使得下式成立

$$\iint_D f(x,y)\mathrm{d}\sigma = f(\xi,\eta)\sigma. \tag{4.9}$$

实际上,$f(\xi,\eta)$ 是函数 $f(x,y)$ 在 D 上的平均值.

练 习 4.5

1.根据二重积分性质,比较 $\iint_D \ln(x+y)\mathrm{d}\sigma$ 与 $\iint_D [\ln(x+y)]^2 \mathrm{d}\sigma$ 的大小,其中 D 表示矩形区域 $\{(x,y) \mid 3 \leqslant x \leqslant 5, 0 \leqslant y \leqslant 2\}$.

2.根据二重积分的几何意义,确定下列积分的值.

$$\iint_D \sqrt{a^2 - x^2 - y^2}\mathrm{d}\sigma, \quad D = \{(x,y) \mid x^2 + y^2 \leqslant a^2\}.$$

3.根据二重积分的性质,估计下列积分的值.

$$I = \iint\limits_{D} \sqrt{4+xy}\,\mathrm{d}\sigma, D = \{(x,y)\,|\,0 \leqslant x \leqslant 2, 0 \leqslant y \leqslant 2\}.$$

§4.6 二重积分的计算

一般情况下，直接利用定义计算函数的二重积分是非常困难的. 下面从二重积分的几何意义出发，来介绍计算二重积分的方法，该方法将二重积分的计算问题化为两次定积分的计算问题.

一、直角坐标系下二重积分的计算

在几何上，当被积函数 $f(x,y) \geqslant 0$ 时，二重积分 $\iint\limits_{D} f(x,y)\,\mathrm{d}\sigma$ 的值等于以 D 为底、以曲面 $z = f(x,y)$ 为顶的曲顶柱体的体积. 下面用"切片法"来求曲顶柱体的体积 V.

设积分区域 D 由两条平行直线 $x=a$，$x=b$ 及两条连续曲线 $y = \varphi_1(x)$，$y = \varphi_2(x)$（见图4.21）所围成，其中 $a < b$，$\varphi_1(x) < \varphi_2(x)$，则 D 可表示为
$$D = \{(x,y)\,|\,a \leqslant x \leqslant b, \varphi_1(x) \leqslant y \leqslant \varphi_2(x)\}.$$

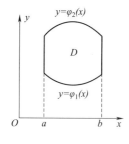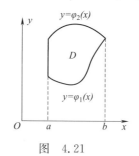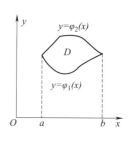

图 4.21

用平行于 yOz 坐标面的平面 $x = x_0\,(a \leqslant x_0 \leqslant b)$ 去截曲顶柱体，得一截面，它是一个以区间 $[\varphi_1(x_0), \varphi_2(x_0)]$ 为底、以 $z = f(x_0, y)$ 为曲边的曲边梯形（见图4.22），所以这截面的面积为 $A(x_0) = \int_{\varphi_1(x_0)}^{\varphi_2(x_0)} f(x_0, y)\,\mathrm{d}y$.

由此，可以看到这个截面面积是 x_0 的函数. 一般地，过区间 $[a,b]$ 上任一点且平行于 yOz 坐标面的平面，与曲顶柱体相交所得截面的面积为 $A(x) = \int_{\varphi_1(x)}^{\varphi_2(x)} f(x,y)\,\mathrm{d}y$，其中，$y$ 是积分变量，x 在积分时保持不变. 因此在区间 $[a,b]$ 上，$A(x)$ 是 x 的函数，应用计算平行截面面积为已知的立体体积的方法，得曲顶柱体的体积为

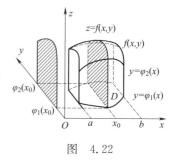

图 4.22

$$V = \int_a^b A(x)\,\mathrm{d}x = \int_a^b \left[\int_{\varphi_1(x)}^{\varphi_2(x)} f(x,y)\,\mathrm{d}y\right]\mathrm{d}x,$$

即得

$$\iint\limits_{D}f(x,y)\mathrm{d}\sigma=\int_{a}^{b}\Big[\int_{\varphi_1(x)}^{\varphi_2(x)}f(x,y)\mathrm{d}y\Big]\mathrm{d}x=\int_{a}^{b}\mathrm{d}x\int_{\varphi_1(x)}^{\varphi_2(x)}f(x,y)\mathrm{d}y.$$

上式右端是一个先对 y 后对 x 积分的**二次积分或累次积分**. 这里应当注意的是:做第一次积分时,因为是在求 x 处的截面积 $A(x)$,所以 x 是 a,b 之间一个固定的值, y 是积分变量;做第二次积分时,是沿着 x 轴累加这些薄片的体积 $A(x) \cdot \mathrm{d}x$,所以 x 是积分变量.

在上面的讨论中,开始假定了 $f(x,y) \geqslant 0$,而事实上,没有这个条件,上面的公式仍然正确. 此结论叙述如下:

若 $z=f(x,y)$ 在闭区域 D 上连续, $D:a \leqslant x \leqslant b,\varphi_1(x) \leqslant y \leqslant \varphi_2(x)$,则

$$\iint\limits_{D}f(x,y)\mathrm{d}x\mathrm{d}y=\int_{a}^{b}\mathrm{d}x\int_{\varphi_1(x)}^{\varphi_2(x)}f(x,y)\mathrm{d}y. \tag{4.10}$$

类似地.若 $z=f(x,y)$ 在闭区域 D 上连续,积分区域 D 由两条平行直线 $y=a,y=b$ 及两条连续曲线 $x=\varphi_1(y),x=\varphi_2(y)$(见图 4.23)所围成,其中 $c<d$, $\varphi_1(x)<\varphi_2(x)$,则 D 可表示为 $D=\{(x,y) \mid c \leqslant y \leqslant d,\varphi_1(y) \leqslant x \leqslant \varphi_2(y)\}$.则有

$$\iint\limits_{D}f(x,y)\mathrm{d}x\mathrm{d}y=\int_{c}^{d}\mathrm{d}y\int_{\varphi_1(x)}^{\varphi_2(x)}f(x,y)\mathrm{d}x. \tag{4.11}$$

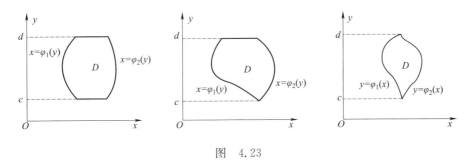

图 4.23

以后,称图 4.21 所示的积分区域 D 为 X 型区域,称图 4.25 所示的积分区域 D 为 Y 型区域.

可以看出将二重积分化为两次定积分,首先必须正确地画出 D 的图形,将 D 表示为 X 型区域或 Y 型区域. 如果 D 不能直接表示成 X 型区域或 Y 型区域(见图 4.24),则应将 D 划分成若干个无公共点的小的 X 型区域或 Y 型区域,再利用二重积分的区域可加性计算.

例 1 计算二重积分 $\iint\limits_{D}xy\mathrm{d}\sigma$,其中 D 为直线 $y=x$ 与抛物线 $y=x^2$ 所包围的闭区域.

解 先画出区域 D 的图形(见图 4.25),再求出 $y=x$ 与 $y=x^2$ 两条曲线的交点,它们是 $(0,0)$ 及 $(1,1)$. 区域 D 可看成 X 型区域且可表示为 $0 \leqslant x \leqslant 1$, $x^2 \leqslant y \leqslant x$,所以

$$\iint\limits_{D}xy\mathrm{d}\sigma=\int_{0}^{1}x\mathrm{d}x\int_{x^2}^{x}y\mathrm{d}y=\int_{0}^{1}\Big(\frac{x}{2}y^2\Big)\Big|_{x^2}^{x}\mathrm{d}x=\frac{1}{2}\int_{0}^{1}(x^3-x^5)\mathrm{d}x=\frac{1}{24}.$$

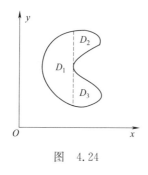

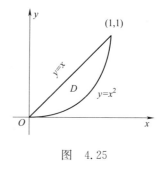

图 4.24　　　　　　　　　图 4.25

例 2 计算二重积分 $\iint\limits_{D} \dfrac{\sin x}{x} \mathrm{d}\sigma$，其中 D 是直线 $y=x$ 与抛物线 $y=x^2$ 所围成的闭区域.

解 先画出区域 D 的图形(见图 4.25)，再求出 $y=x$ 与 $y=x^2$ 两条曲线的交点，它们是 $(0,0)$ 及 $(1,1)$. 把区域 D 表示为 X 型区域，即 $D=\{(x,y)\,|\,0\leqslant x\leqslant 1, x^2\leqslant y\leqslant x\}$. 于是

$$\iint\limits_{D} \frac{\sin x}{x} \mathrm{d}\sigma = \int_0^1 \mathrm{d}x \int_{x^2}^{x} \frac{\sin x}{x} \mathrm{d}y = \int_0^1 \left(\frac{\sin x}{x} y\right)\Big|_{x^2}^{x} \mathrm{d}x = \int_0^1 (1-x)\sin x \,\mathrm{d}x$$

$$= (-\cos x + x\cos x - \sin x)\Big|_0^1 = 1 - \sin 1.$$

注：如果化为 y 型区域即先对 x 积分，则有

$$\iint\limits_{D} \frac{\sin x}{x} \mathrm{d}\sigma = \int_0^1 \mathrm{d}y \int_y^{\sqrt{y}} \frac{\sin x}{x} \mathrm{d}x.$$

由于 $\dfrac{\sin x}{x}$ 的原函数不能由初等函数表示，往下计算就困难了，这也说明计算二重积分时，除了要注意积分区域 D 的特点外，还应注意被积函数的特点，并适当选择积分次序.

二、极坐标系下二重积分的计算

我们知道，有些曲线方程在极坐标系下比较简单，因此，有些二重积分 $\iint\limits_{D} f(x,y)\mathrm{d}\sigma$ 用极坐标代换后，计算起来比较方便，这里假设 $z=f(x,y)$ 在区域 D 上连续.

下面讨论在极坐标系下二重积分的计算方法. 把极点放在直角坐标系的原点，极轴与 x 轴正向重合，那么点 P 的极坐标 $P(r,\theta)$ 与该点的直角坐标 $P(x,y)$ 有如下关系：

$$x=r\cos\theta, y=r\sin\theta; 0\leqslant r<+\infty, 0\leqslant\theta\leqslant 2\pi;$$

$$r=\sqrt{x^2+y^2}, \theta=\arctan\frac{y}{x}; -\infty<x<+\infty, -\infty<y<+\infty.$$

在极坐标系中，用" $r=$ 常数"的一族同心圆，以及" $\theta=$ 常数"的一族过极点的射线，将区域 D 分成 n 个小区域 $\Delta\sigma_{ij}(i,j=1,2,\cdots,n)$，如图 4.26 所示.

小区域面积可以近似为 $\mathrm{d}\sigma=r\mathrm{d}r\mathrm{d}\theta$.

则

$$\iint\limits_{D} f(x,y)\mathrm{d}\sigma = \iint\limits_{D} f(r\cos\theta, r\sin\theta)r\mathrm{d}r\mathrm{d}\theta.$$

(4.12)

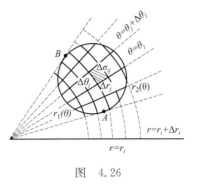

图 4.26

下面分三种情况讨论.

(1)极点 O 在区域 D 外部,如图 4.27
(a)所示.

设区域 D 在两条射线 $\theta=\alpha, \theta=\beta$ 之间,
两射线和区域边界的交点分别为 A, B,将
区域 D 边界分为两部分,其方程分别为 $r=$
$r_1(\theta), r=r_2(\theta)$ 且均为 $[\alpha,\beta]$ 上的连续函数. 此时 $D=\{(r,\theta)\,|\,r_1(\theta)\leqslant r\leqslant r_2(\theta), \alpha\leqslant \theta\leqslant\beta\}$,于是

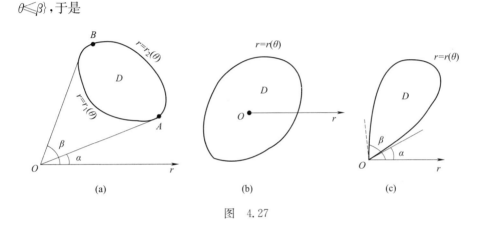

图 4.27

$$\iint\limits_{D} f(r\cos\theta, r\sin\theta)r\mathrm{d}r\mathrm{d}\theta = \int_{\alpha}^{\beta}\mathrm{d}\theta\int_{r_1(\theta)}^{r_2(\theta)} f(r\cos\theta, r\sin\theta)r\mathrm{d}r.$$

(2)极点 O 在区域 D 内部,如图 4.27(b)所示. 若区域 D 的边界曲线方程为
$r=r(\theta)$,这时积分区域 D 为

$$D=\{(r,\theta)\,|\,0\leqslant r\leqslant r(\theta), 0\leqslant\theta\leqslant 2\pi\},$$

且 $r(\theta)$ 在 $[0,2\pi]$ 上连续,于是

$$\iint\limits_{D} f(r\cos\theta, r\sin\theta)r\mathrm{d}r\mathrm{d}\theta = \int_{0}^{2\pi}\mathrm{d}\theta\int_{0}^{r(\theta)} f(r\cos\theta, r\sin\theta)r\mathrm{d}r.$$

(3)极点 O 在区域 D 的边界上,积分区域 D 如图 4.27(c)所示.

$$D=\{(r,\theta)\,|\,\alpha\leqslant\theta\leqslant\beta, 0\leqslant r\leqslant r(\theta)\},$$

且 $r(\theta)$ 在 $[0,2\pi]$ 上连续,则有

$$\iint\limits_{D} f(r\cos\theta, r\sin\theta)r\mathrm{d}r\mathrm{d}\theta = \int_{\alpha}^{\beta}\mathrm{d}\theta\int_{0}^{r(\theta)} f(r\cos\theta, r\sin\theta)r\mathrm{d}r.$$

一般来说,当积分区域为圆域或部分圆域,及被积函数可表示为 $f(x^2+y^2)$
或 $f\left(\dfrac{y}{x}\right)$ 等形式时,常采用极坐标变换,简化二重积分的计算.

例3 计算二重积分 $\iint\limits_{D}\sqrt{x^2+y^2}\,\mathrm{d}\sigma$,其中 D 是单位圆在第 I 象限的部分.

解 采用极坐标系. D 可表示为 $0\leqslant\theta\leqslant\dfrac{\pi}{2}$，$0\leqslant r\leqslant1$(见图 4.28)，于是有

$$\iint\limits_{D}\sqrt{x^2+y^2}\,\mathrm{d}\sigma=\int_0^{\frac{\pi}{2}}\mathrm{d}\theta\int_0^1 r\cdot r\mathrm{d}r=\theta\Big|_0^{\frac{\pi}{2}}\cdot\frac{1}{3}r^3\Big|_0^1=\frac{\pi}{6}.$$

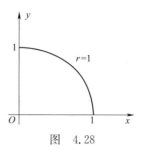

图 4.28

例 4 计算二重积分 $\iint\limits_{D}x^2\mathrm{d}\sigma$，其中 D 是圆 $x^2+y^2=1$ 和 $x^2+y^2=4$ 之间的环形闭区域.

解 区域 D：$0\leqslant\theta\leqslant2\pi$，$1\leqslant r\leqslant2$，如图 4.29 所示，于是

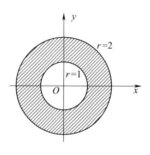

图 4.29

$$\iint\limits_{D}x^2\mathrm{d}\sigma=\int_0^{2\pi}\mathrm{d}\theta\int_1^2 r^2\cos^2\theta\cdot r\mathrm{d}r=\int_0^{2\pi}\frac{1+\cos2\theta}{2}\mathrm{d}\theta\int_1^2 r^3\mathrm{d}r=\frac{15}{4}\pi.$$

练 习 4.6

1. 画出积分区域，把 $\iint\limits_{D}f(x,y)\mathrm{d}\sigma$ 化为累次积分.

(1) $D=\{(x,y)\,|\,x+y\leqslant1,y-x\leqslant1,y\geqslant0\}$；

(2) $D=\{(x,y)\,|\,y\geqslant x-2,x\geqslant y^2\}$.

2. 画出积分区域，改变累次积分的积分次序.

(1) $\displaystyle\int_0^2\mathrm{d}y\int_{y^2}^{2y}f(x,y)\mathrm{d}x$；   (2) $\displaystyle\int_1^e\mathrm{d}x\int_0^{\ln x}f(x,y)\mathrm{d}y$.

3. 计算下列二重积分.

(1) $\displaystyle\iint\limits_{D}\frac{x^2}{y^2}\mathrm{d}x\mathrm{d}y,D：1\leqslant x\leqslant2,\frac{1}{x}\leqslant y\leqslant x$；

(2) $\displaystyle\iint\limits_{D}\frac{x}{y}\mathrm{d}x\mathrm{d}y,D$ 由抛物线 $y^2=x$，直线 $x=0$ 与 $y=1$ 所围；

(3) $\displaystyle\iint\limits_{D} \sin\sqrt{x^2+y^2}\,\mathrm{d}x\mathrm{d}y, D=\{(x,y)\mid\pi^2\leqslant x^2+y^2\leqslant 4\pi^2\}$.

小　结

一、主要知识点

多元函数的概念,二元函数的极限与连续;二元函数偏导数及全微分;二元复合函数、隐函数求导公式;多元函数的极值与最值;二重积分的概念和性质;直角坐标系和极坐标系下二重积分的计算.

二、主要数学思想与方法

1. 类比与归纳方法

类比一元函数的极限、连续、极值、最值等概念,学习多元函数的极限、连续、极值、最值等概念,并从中归纳二者的异同.

2. 转化与化归思想

计算直角坐标系及极坐标系下的二重积分时,常常会转化为一元函数的定积分.

三、主要题型与解法

1. 求二元函数的极限

解法:运用函数的四则运算法则、两个重要极限及无穷小的性质.如 4.1 节中的例 4 和例 5.

2. 求二元函数的偏导数和全微分

解法:理解偏导数的概念,即函数对一个变量求偏导时,其他变量看作常数,然后运用一元函数基本求导公式及运算法则对函数求导,如 4.2 节中的例 1、例 5;利用全微分公式 $\mathrm{d}z=f'_x(x,y)\mathrm{d}x+f'_y(x,y)\mathrm{d}y$ 或 $\mathrm{d}z=f'_x(x,y)\Delta x+f'_y(x,y)\Delta y$,如 4.2 节中的例 8.

3. 求多元复合函数与隐函数的偏导数

解法:画出关系图、确定路径链,然后利用链式法则,注意区别使用导数还是偏导数,如 4.3 节中的例 3 和例 5;利用定理 5 来求隐函数的偏导数,如 4.3 节中的例 7.

4. 求多元函数的极值(无条件极值)与最值

解法:利用极值的必要和充分条件来求极值,即 4.4 节中的三步走做法,如 4.4 节中的例 1;类似极值的求法,最值的求法也利用 4.4 节中的三步走做法,如 4.4 节中的例 3.

5. 直角坐标系和极坐标系下二重积分的计算

解法:画出积分区域、确定积分区域类型、选择相应类型的积分公式,如 4.6 节中的例 1 和例 4;一般来说,当积分区域为圆域或部分圆域或被积函数可表示为 $f(x^2+y^2)$ 或 $f\left(\dfrac{y}{x}\right)$ 等形式时,常采用极坐标变换,简化二重积分的计算,如 4.6 节中的例 5.

自 测 题 4

一、填空题

1. $\lim\limits_{\substack{x\to 0 \\ y\to 2}} \dfrac{\sin xy}{x} = $ _____.

2. 函数 $z=\sqrt{4-x^2-y^2}+\ln(x^2+y^2-1)$ 的定义域为 _____.

3. $z=x^y$,则 $\dfrac{\partial z}{\partial x}=$ _____,$\dfrac{\partial z}{\partial y}=$ _____.

4. 设 $z=xy\ln y$,则 $\mathrm{d}z=$ _____.

5. 设方程 $\mathrm{e}^z=xyz$ 确定函数 $z=z(x,y)$,则 $\dfrac{\partial z}{\partial x}=$ _____,$\dfrac{\partial z}{\partial y}=$ _____.

6. 二元函数在 _____ 点可能是极值点.

7. 设积分区域 D 为 $1\leqslant x^2+y^2\leqslant 4$,$\iint\limits_D 2\mathrm{d}x\mathrm{d}y=$ _____.

8. 设平面区域 $D:1\leqslant x^2+y^2\leqslant 4$,则 $\iint\limits_D f(\sqrt{x^2+y^2})\mathrm{d}x\mathrm{d}y=$ _____.

9. 设 $z=x\sin(2x+3y)$,则 $\dfrac{\partial^2 z}{\partial x\partial y}=$ _____.

10. 改变二次积分 $\int_0^1 \mathrm{d}x\int_0^{x^2} f(x,y)\mathrm{d}y$ 的积分次序得 _____.

二、选择题

1. 二元函数 $z=\ln xy$ 的定义域是(　　).

A. $x\geqslant 0, y\geqslant 0$ 　　　　　　　　B. $x<0, y<0$

C. $x<0, y<0$ 与 $x>0, y>0$ 　　　　D. $x<0, y<0$ 或 $x>0, y>0$

2. $z=f(x,y)$ 在 (x_0,y_0) 的某邻域内连续且有一阶及二阶连续偏导数,又 (x_0,y_0) 是驻点,令 $f''_{xx}(x_0,y_0)=A, f''_{xy}(x_0,y_0)=B, f''_{yy}(x_0,y_0)=C$,则 $f(x,y)$ 在 (x_0,y_0) 处取得极值的条件为(　　).

A. $B^2-AC>0$ 　　　　　　　　B. $B^2-AC=0$

C. $B^2-AC<0$ 　　　　　　　　D. A,B,C 任何关系

3. 设 $z=x^{xy}$,则 $\dfrac{\partial z}{\partial x}$ 等于(　　).

A. xyx^{xy-1} 　　　　　　　　　B. $x^{xy}\ln x$

C. $yx^{xy}+yx^{xy}\ln x$ 　　　　　D. $xyx^{xy}+x^{xy}\ln x$

4. 如果函数 $z=f(x,y)$ 在点 (x_0,y_0) 处有 $f'_x(x_0,y_0)=0, f'_y(x_0,y_0)=0$,则在 (x_0,y_0) 处(　　).

A. 连续 　　　　　　　　　　　B. 极限存在

C. 偏导数存在 　　　　　　　　D. 极值存在

5. 设 $f(x,y)$ 连续,且 $f(x,y)=xy+\iint\limits_D f(u,v)\mathrm{d}u\mathrm{d}v$,其中 D 由 $y=0$,$y=x^2, x=1$ 所围成,则 $f(x,y)=$(　　).

A. xy B. $2xy$

C. $xy+1$ D. $xy+\dfrac{1}{8}$

6. 二元函数 $z=3(x+y)-x^3-y^3$ 的极大值点是(　　).

A. $(1,1)$ B. $(1,-1)$

C. $(-1,1)$ D. $(-1,-1)$

7. 设 $I=\displaystyle\int_1^3 \mathrm{d}x\int_0^{\ln x} f(x,y)\mathrm{d}y$,改变积分次序,则 $I=$_____.

A. $\displaystyle\int_0^{\ln 3} \mathrm{d}y\int_0^{e^y} f(x,y)\mathrm{d}x$ B. $\displaystyle\int_0^{\ln 3} \mathrm{d}y\int_{e^y}^3 f(x,y)\mathrm{d}x$

C. $\displaystyle\int_0^{\ln 3} \mathrm{d}y\int_0^3 f(x,y)\mathrm{d}x$ D. $\displaystyle\int_1^3 \mathrm{d}y\int_0^{\ln x} f(x,y)\mathrm{d}x$

8. 二次积分 $\displaystyle\int_0^{\frac{\pi}{2}} \mathrm{d}\theta\int_0^{\cos\theta} f(r\cos\theta,r\sin\theta)r\mathrm{d}r$ 可以写成_____.

A. $\displaystyle\int_0^1 \mathrm{d}y\int_0^{\sqrt{y-y^2}} f(x,y)\mathrm{d}x$ B. $\displaystyle\int_0^1 \mathrm{d}y\int_0^{\sqrt{1-y^2}} f(x,y)\mathrm{d}x$

C. $\displaystyle\int_0^1 \mathrm{d}x\int_0^1 f(x,y)\mathrm{d}y$ D. $\displaystyle\int_0^1 \mathrm{d}x\int_0^{\sqrt{x-x^2}} f(x,y)\mathrm{d}y$

三、计算题

1. $z=xy\mathrm{e}^{xy}+x^3y^4$,求 $\mathrm{d}z$.

2. 设 $z=1-x-y^2$,求:(1)$z=1-x^2-y^2$ 的极值;(2)$z=1-x^2-y^2$ 在条件 $y=2$ 下的极值.

3. 计算 $\displaystyle\iint\limits_D \mathrm{e}^{6x+y}\mathrm{d}\sigma$,其中 D 由 xOy 面上的直线 $y=1,y=2$ 及 $x=-1,x=2$ 所围成.

4. 计算 $\displaystyle\iint\limits_D \ln(100+x^2+y^2)\mathrm{d}\sigma$,其中,$D=\{(x,y)\,|\,x^2+y^2\leqslant 1\}$.

5. 画出二次积分 $\displaystyle\int_0^2 \mathrm{d}y\int_{2-\sqrt{4-y^2}}^{2+\sqrt{4-y^2}} f(x,y)\mathrm{d}x$ 的积分区域 D 并交换积分次序.

6. 将正数 12 分成三个正数 x,y,z 之和,使得 $u=x^3y^2z$ 为最大.

第 5 章

常微分方程

【学习目标与要求】

1. 理解微分方程的基本概念.

2. 掌握可分离变量微分方程、一阶线性微分方程、二阶常系数线性微分方程的解法.

3. 了解微分方程模型的建立方法,能用微分方程解决简单的实际问题.

微分方程是现代数学的一个重要分支,它的起源可追溯到 17 世纪末,到如今,微分方程已成为研究自然和社会的强有力的工具,被广泛地应用于技术应用和生产管理等领域.本章主要介绍微分方程的基本概念和一些常用微分方程的求解方法.

§5.1 微分方程的基本概念

一、引例

例 1 求曲线方程.已知一曲线过点 $(1,2)$,在该曲线上任一点处的切线斜率均为该点横坐标的 2 倍,求该曲线的方程.

分析 求曲线方程就是求曲线上任一点的坐标的关系式,为此,需先设曲线上任一点的坐标为 (x,y),曲线的方程是 $y=f(x)$,再根据题意用导数的几何意义列出关于 x,y 的关系式.

解 设所求曲线方程是 $y=f(x)$,则依题意知 $\begin{cases} y'=2x \\ y|_{x=1}=2 \end{cases}$,由 $y'=2x$ 得 $y=\int 2x\mathrm{d}x=x^2+C$($C$ 为任意常数),将 $y|_{x=1}=2$ 代入上式,得 $C=1$,因此所求曲线方程为 $y=x^2+1$,如图 5.1 所示.

例 2 列车在平直路上以 20 m/s 的速度行驶,制动时获得加速度 $a=-0.4$ m/s²,求制动后列车的运动规律.

解 设列车在制动后 t 秒行驶了 s 米,即求 $s=s(t)$.

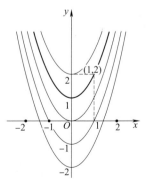

图 5.1

由已知得，
$$\begin{cases} \dfrac{\mathrm{d}^2 s}{\mathrm{d}t^2} = -0.4 \\ s\big|_{t=0} = 0, \dfrac{\mathrm{d}s}{\mathrm{d}t}\Big|_{t=0} = 20 \end{cases},$$

由前一式两次积分，可得 $\qquad s = -0.2t^2 + C_1 t + C_2$，

利用后两式可得 $\qquad\qquad C_1 = 20, \quad C_2 = 0$，

因此所求运动规律为 $\qquad\quad s = -0.2t^2 + 20t$.

二、微分方程的基本概念

例 1 中的方程 $y' = 2x$ 和例 2 中的方程 $\dfrac{\mathrm{d}^2 s}{\mathrm{d}t^2} = -0.4$ 中都是含有未知函数导数的方程，且未知函数只含有一个自变量，像这样的方程还有很多，如：

(1) $y'' - 3xy + 5 = 0$； (2) $y' - 2xy = 0$；

(3) $y'' + 2xy^4 = 3$； (4) $3\mathrm{d}^2 s = (4t - 1)\mathrm{d}t^2$；

(5) $(y')^2 + 3xy = 4\sin x$； (6) $y^{(4)} + xy'' - 3x^5 y' = \mathrm{e}^{2x}$.

一般地，我们给出如下定义.

定义 5.1 含有未知函数导数（或微分）的方程称为**微分方程**；若未知函数仅含有一个自变量，这样的微分方程称为**常微分方程**，简称**微分方程**或**方程**；若未知函数中含有多于一个的自变量，则称**偏微分方程**. 本章学习常微分方程.

微分方程中所含未知函数的导数（或微分）的最高阶数称为该微分方程的阶，二阶及其以上的微分方程统称高阶微分方程. 一般地，n 阶微分方程的一般形式为 $F(x, y, y', \cdots, y^{(n)}) = 0$.

例如，上述所列举方程中的 (2)、(5) 为一阶微分方程，(1)、(3)、(4) 为二阶微分方程，(6) 为四阶微分方程.

微分方程中所含未知函数及其各阶导数均为一次幂时，则称该方程为线性微分方程，在线性微分方程中，若未知函数及其各阶导数的系数均为常数，则称这样的微分方程为常系数线性微分方程，不是线性方程的微分方程则统称非线性微分方程.

例如，上述所列举方程中的 (4) 为常系数线性微分方程，(3)、(5) 为非线性微分方程.

如果函数 $y = f(x)$ 满足一个微分方程，则称此函数为微分方程的**解**，如 $y = x^2 + 1$，$y = x^2 + C$ 都是 $y' = 2x$ 的解. 若微分方程的解中含有相互独立任意常数的个数与微分方程的阶数相同，这样的解称为该微分方程的**通解**，如 $y = x^2 + C$（C 为任意常数）即是 $y' = 2x$ 的通解. 在通解中给任意常数以确定的值或根据所给的条件确定通解中的任意常数而得到的解称为微分方程的**特解**，如而 $y = x^2 + 1$ 是 $y' = 2x$ 满足 $y\big|_{x=1} = 2$ 的一个特解，这种条件称为**初始条件**，n 阶微分方程的初始条件通常记作：

$y\big|_{x=x_0} = y_0, y'\big|_{x=x_0} = y_1, \cdots, y^{(n-1)}\big|_{x=x_0} = y_{n-1}$，其中，$x_0, y_0, y_1, \cdots, y_{n-1}$ 是 n 个已知数.

带有初始条件的微分方程求解称为**初值问题**，求微分方程的解的过程称为解微

扫码看案例

分方程.

为了判断一个函数是否为某微分方程的通解,首先需要验证是否是解,其次就要验证解中的独立任意常数的个数是否与微分方程的阶数一致.如何判定多个任意常数是否相互独立?为了能准确的描述这一问题,我们引入线性无关的定义.

定义 5.2 若函数 y_1, y_2 满足 $\dfrac{y_1}{y_2} \neq k$ (k 为常数),则称 y_1, y_2 为**线性无关**,若 $\dfrac{y_1}{y_2} = k$ (k 为常数),则称 y_1, y_2 **线性相关**.

设 $y = C_1 y_1 + C_2 y_2$ (C_1, C_2 为任意常数)为某二阶微分方程的解,当 y_1, y_2 线性无关时,该解一定是通解,当 y_1, y_2 线性相关即 $\dfrac{y_1}{y_2} = k$ 时,由于 $y = C_1 y_1 + C_2 y_2 = C_1(k \cdot y_2) + C_2 y_2 = (C_1 k + C_2) y_2 = C \cdot y_2$ 解中的两个任意常数 C_1 与 C_2 最终被合并为一个任意常数 $C = C_1 k + C_2$,这时称 C_1 与 C_2 不是相互独立的,所以 $y = C_1 y_1 + C_2 y_2$ (C_1, C_2 为任意常数)不是二阶微分方程的通解.

例 3 判断函数 $y = C_1 e^x + 3 C_2 e^x$ (C_1, C_2 为任意常数)是否为 $y'' - 3y' + 2y = 0$ 的通解?并求满足初始条件 $y|_{x=0} = 2$ 的特解.

解 由于

$$
\begin{aligned}
\text{左端} = y'' - 3y' + 2y &= (C_1 e^x + 3 C_2 e^x)'' - 3(C_1 e^x + 3 C_2 e^x)' + 2(C_1 e^x + 3 C_2 e^x) \\
&= (C_1 e^x + 3 C_2 e^x) - 3(C_1 e^x + 3 C_2 e^x) + 2(C_1 e^x + 3 C_2 e^x) \\
&= 0 = \text{右端},
\end{aligned}
$$

且

$$\frac{e^x}{3 e^x} = \frac{1}{3}, \quad \text{或} \quad y = C_1 e^x + 3 C_2 e^x = (C_1 + 3 C_2) e^x = C e^x,$$

所以 $y = C_1 e^x + 3 C_2 e^x$ (C_1, C_2 为任意常数)是 $y'' - 3y' + 2y = 0$ 的解而非通解.

又因为 $y|_{x=0} = 2$,代入解 $y = C e^x$ 中得 $C = 2$,所求特解为 $y = 2 e^x$.

练 习 5.1

1. 判定下列方程哪些是一阶线性微分方程,哪些是二阶线性常系数方程.

(1) $2y\,dx + (100 + x)\,dy = 0$;   (2) $x'(t) + 2x(t) = 0$;

(3) $(y')^2 + 3xy = 4\sin x$;   (4) $y'' = 3y - \cos x + e^x$;

(5) $xy' + x^3 y = 2x - 1$;   (6) $y'' - 2y' + 3x^2 = 0$.

2. 判定下列函数是否是其对应的微分方程的解.如果是,说明是特解还是通解.

(1) $y = 5x^2$, $xy' = 2y$;   (2) $y = Ce^{-2x} + \dfrac{1}{4} e^{2x}$, $y' + 2y = e^{2x}$;

(3) $y = \dfrac{C}{x}$, $y' = \ln x$;   (4) $y = e^x - \cos x + C$, $y'' = \cos x + e^x$.

3. 思考:已知 $y_1 = e^x$, $y_2 = xe^x$ 均为 $y'' - 2y' + y = 0$ 的解,试问 $y_3 = C_1 y_1 + C_2 y_2 = C_1 e^x + C_2 xe^x$ (C 为任意常数)能作为 $y'' - 2y' + y = 0$ 的通解吗?

【阅读材料】

常微分方程的起源与发展

常微分方程是伴随着微积分发展起来的,微积分是它的母体,生产生活实践是它的生命源泉.常微分方程诞生于数学与自然科学(物理学、力学等)进行崭新结合的 16、17 世纪,成长于生产实践和数学的发展进程,表现出强大的生命力和活力,蕴含着丰富的数学思想方法.

按照历史年代划分,常微分方程研究的历史发展大题可分为四个阶段:18 世纪及其以前;19 世纪初期和中期;19 世纪末期及 20 世纪初期;20 世纪中期以后.按照研究内容可分为:常微分方程经典阶段;常微分方程适定性理论阶段;常微分方程解析理论阶段;常微分方程定性理论阶段.

常微分方程最早的著作出现在数学家彼此的通信中.1676 年,莱布尼茨给牛顿的信中第一次提出"微分方程"这个名词.常微分方程的形成与发展是和力学、天文学、物理学,以及其他科学技术的发展密切相关的.牛顿研究天体力学和机械力学的时候,利用了微分方程这个工具,从理论上得到了行星运动规律.后来,法国天文学家勒维烈和英国天文学家亚当斯使用微分方程各自计算出那时尚未发现的海王星的位置.这些都使人们更加深信微分方程在认识自然、改造自然方面的巨大力量.

后来,瑞士数学家雅克比、伯努利、欧拉,法国数学家莱布尼茨、克雷洛、达朗贝尔、拉格朗日等又不断地研究和丰富了微分方程的理论.求通解在历史上曾作为微分方程的主要目标,1685 年,莱布尼茨向数学界推出求解方程 $\dfrac{dy}{dx} = x^2 + y^2$ 的通解的挑战性问题,这个方程虽然形式简单,但经过 150 年几代数学家的全力冲击仍不得其解.1841 年,法国数学家刘维尔证明意大利数学家黎卡提 1724 年提出的黎卡提方程 $y' = p(x)y^2 + q(x)y + r(x)$ 的解一般不能通过初等函数的积分来表达,从而让大家明白了不是什么方程的通解都可以用积分手段求出.由于碰了黎卡提方程的钉子,从 18 世纪下半叶到 19 世纪,人们从求通解的热潮转向研究常微分方程定解问题的适定性理论,此阶段为常微分方程发展的适定性理论阶段.

为了寻求只通过考察微分方程本身就可以回答关于稳定性等问题的方法,庞加莱从非线性方程出发,发现微分方程的奇点起关键作用,并把奇点分为四类(焦点、鞍点、结点、中心)讨论了解在各种奇点附近的性状;还发现了一些与描述微分方程的解曲线有关的重要的闭曲线,如无接触环、极限环等.庞加莱关于常微分方程定性理论的一系列课题成为动力系统理论的开端.后来的发展表明,能够求出通解的情况不多,在实际应用中所需要的多是求满足某种指定条件的特解.一个常微分方程是不是有特解呢? 如果有,又有几个呢? 这是微分方程论中一个基本的问题,数学家把它归纳成基本定理,叫做存在和唯一性定理.20 世纪六七十年代以后,常微分方程由于计算机级数的发展迎来了新的时期,从"求所有解"转入"求特殊解"时代,发现了具有新性质的特殊解和方程,如混沌(解)、奇异吸引子及孤立子等.

现在,常微分方程在很多学科领域内有着重要的应用,自动控制、各种电子学装置的设计、弹道的计算、飞机和导弹飞行稳定性的研究、化学反应过程稳定性的研究等.这些问题都可以化为求常微分方程的解,或者化为研究解的性质的问题.应该说,应用常微分方程理论已经取得了很大的成就,但是它的现有理论也还远远不能满足需要,尚有待于进一步的发展,使这门学科的理论更加完善.

§5.2 一阶微分方程

本节我们讨论简单的一阶微分方程的解法,其形式为 $y'=f(x,y)$,下面主要讨论三种常见类型的一阶方程的解法.

一、可分离变量的微分方程

顾名思义,可分离变量的微分方程就是可以将变量 x 和变量 y 分别分离到等号两边的微分方程,这种方程一般具有如下形式:
$$y'=f(x) \cdot g(y).$$
可分离变量的微分方程通常采用如下步骤计算其通解:

(1)用 $\dfrac{\mathrm{d}y}{\mathrm{d}x}$ 替换方程中的 y';

(2)分离变量 $\dfrac{1}{g(y)}\mathrm{d}y=f(x)\mathrm{d}x$;

(3)两边积分 $\displaystyle\int \dfrac{1}{g(y)}\mathrm{d}y = \int f(x)\mathrm{d}x$;

(4)设 $G(y)$,$F(x)$ 分别是 $\displaystyle\int \dfrac{1}{g(y)}\mathrm{d}y, \int f(x)\mathrm{d}x$ 的一个原函数,于是可得原方程的通解为 $G(y) = F(x)+C$(C 为任意常数).

例 1 求 $\dfrac{\mathrm{d}y}{\mathrm{d}x}=(2x-1)y^2$ 的通解.

解 这是一个可分离变量方程,分离变量得
$$\frac{\mathrm{d}y}{y^2}=(2x-1)\mathrm{d}x,$$
两边积分 $\displaystyle\int \dfrac{1}{y^2}\mathrm{d}y = \int (2x-1)\mathrm{d}x$,得其通解为
$$-\frac{1}{y}=x^2-x+C, \text{即} \ y=\frac{-1}{x^2-x+C}(C \text{为任意常数}).$$

例 2 求 $y'-2xy=0$ 的特解.

解 方程恒等变形为 $\dfrac{\mathrm{d}y}{\mathrm{d}x}=2xy$,是一个可分离变量的微分方程.

分离变量得
$$\frac{\mathrm{d}y}{y}=2x\mathrm{d}x \quad (y\neq 0),$$
两端积分 $\displaystyle\int \dfrac{1}{y}\mathrm{d}y = \int 2x\mathrm{d}x$,得其通解为

扫码看案例

$$\ln |y| = x^2 + C_1 \quad (C_1 \text{ 为任意常数}).$$

由上式可得 $|y| = e^{x^2 + C_1} = e^{C_1} e^{x^2} \Rightarrow y = \pm e^{C_1} e^{x^2}$. 注意到 $y = 0$ 也是 $y' - 2xy = 0$ 的解, 所以原方程的通解也可以写为

$$y = Ce^{x^2} \quad (C \text{ 为任意常数}).$$

注: 积分后出现对数的情形, 理应都需作类似于上述的讨论, 但这样的演算过程没必要重复, 为方便起见, 今后凡遇到积分后是对数的情形都作如下简化处理. 以例 2 为例, 示范如下: 分离变量后得 $\dfrac{dy}{y} = 2x dx$, 两边积分得 $\ln y = x^2 + \ln C$, $\ln y = \ln Ce^{x^2}$, 即通解为 $y = Ce^{x^2}$, 其中 C 为任意常数.

例 3 医学研究发现, 刀割伤口表面恢复的速度为 $\dfrac{dy}{dt} = -5t^2$ $(t \geqslant 1)$ (单位: cm^2/天), 其中, y 表示伤口的面积, t 表示时间, 假设 $y|_{t=1} = 5 \ cm^2$, 问受伤 5 天后该病人的伤口表面积为多少.

解 由 $\dfrac{dy}{dt} = -5t^2$, 分离变量得 $dy = -5t^2 dt$, 两端积分 $\displaystyle\int dy = \int -5t^2 dt$, 得其通解为 $y = 5t^{-1} + C$ (C 为任意常数), 将 $y|_{t=1} = 5 \ cm^2$ 代入通解得 $C = 0$, 所以 5 天后病人得伤口表面积为 $y|_{t=5} = 1 \ cm^2$.

二、一阶线性微分方程

一阶线性微分方程的标准形式为 $y' + P(x)y = Q(x)$, 其中 $P(x), Q(x)$ 为已知连续函数, $Q(x)$ 称为方程的自由项. 当 $Q(x) \not\equiv 0$ 时称 $y' + P(x)y = Q(x)$ 为**一阶线性非齐次微分方程**, 当 $Q(x) \equiv 0$ 时称 $y' + P(x)y = 0$ 为 $y' + P(x)y = Q(x)$ 所对应的**一阶线性齐次微分方程**.

例 4 将下列一阶线性方程表示为标准型.

(1) $y' = \dfrac{3}{x}y$ $(x > 0)$; (2) $xy' = x^2 + 3y$ $(x > 0)$.

解 (1) 移项得 $y' - \dfrac{3}{x}y = 0$, 即 $y' + \left(-\dfrac{3}{x}\right)y = 0$, 该方程为一阶线性齐次方程, 其中 $P(x) = -\dfrac{3}{x}$.

(2) 两端同除以 x 得 $y' = x + \dfrac{3y}{x}$, 移项得 $y' - \dfrac{3}{x}y = x$, 即 $y' + \left(-\dfrac{3}{x}\right)y = x$, 所以原方程是一阶线性非齐次微分方程, 其中 $P(x) = -\dfrac{3}{x}, Q(x) = x$.

1. 一阶线性齐次微分方程

我们先求一阶线性齐次方程 $y' + P(x)y = 0$ 的通解.

分离变量得 $\dfrac{dy}{y} = -P(x) dx$, 两端积分得 $\ln y = \displaystyle\int -P(x) dx + \ln C$, 即 $y = Ce^{\int -P(x) dx}$ (C 为任意常数).

上式可作为一阶线性齐次方程 $y' + P(x)y = 0$ 的**通解公式**.

线性齐次方程 $y' + p(x)y = 0$ 的求解, 用分离变量法和用通解公式法都可以.

扫码看案例

例 5　求方程 $xy'=3y(x>0)$ 的通解.

解　原方程写成标准型,得

$$y'-\frac{3}{x}y=0,\text{其中 }P(x)=-\frac{3}{x}$$

将其代入通解公式,得

$$y=Ce^{-\int P(x)dx}=Ce^{-\int(-\frac{3}{x})dx}=Ce^{\int\frac{3}{x}dx}=Ce^{3\ln x}=Ce^{\ln x^3}=Cx^3\quad(C\text{ 为任意}$$
常数）.

2. 一阶线性非齐次微分方程

如何求一阶线性非齐次方程 $y'+P(x)y=Q(x)$ 的通解呢? 显然 $y'+P(x)y=Q(x)$ 不是可分离变量的微分方程,考虑到与 $y'+P(x)y=0$ 左边相同,可设想将 $y'+P(x)y=0$ 的通解中的常数 C 换成待定函数 $\Phi(x)$ 后是 $y'+P(x)y=Q(x)$ 的解.

假设 $y=\Phi(x)e^{-\int P(x)dx}$ 是 $y'+P(x)y=Q(x)$ 的解,将其代入方程中,化简后得

$$\Phi'(x)e^{-\int P(x)dx}=Q(x),\quad\text{即 }\Phi'(x)=Q(x)e^{\int P(x)dx},$$

两端积分,得

$$\Phi(x)=\int Q(x)e^{\int P(x)dx}dx+C\quad(C\text{ 为任意常数}),$$

故 $y'+P(x)y=Q(x)$ 的通解为

$$y=\left[\int Q(x)e^{\int P(x)dx}dx+C\right]e^{-\int P(x)dx}\quad(C\text{ 为任意常数})$$

或

$$y=Ce^{-\int P(x)dx}+e^{-\int P(x)dx}\int Q(x)e^{\int P(x)dx}dx.$$

扫码看案例

上式为一阶线性非齐次方程的**通解公式**,上述方法通常称为"**常数变易法**".

若记 $y_c=Ce^{-\int P(x)dx}$,$y^*=e^{-\int P(x)dx}\int Q(x)e^{\int P(x)dx}dx$,则**通解公式**可简记为 $y=y_c+y^*$. 显然 y^* 是 $y'+P(x)y=Q(x)$ 的一个特解,y_c 是对应的齐次方程 $y'+P(x)y=0$ 的通解,非齐次方程的通解就等于对应的齐次方程的通解与自身的一个特解相加之和. 这一结论对于二阶线性微分方程也是适用的,其为线性方程解的**叠加性质**.

对于一阶线性非齐次方程 $y'+p(x)y=Q(x)$ 的求解有两种常用方法:

(1)先求出对应的齐次方程通解,再利用"常数变易法"求其通解(先计算齐次方程的通解,再将常数变易为函数并求之,最后代入齐次通解得非齐次方程通解);

(2)直接利用非齐次方程的通解公式求其通解(先化为标准型确定 $P(x)$,$Q(x)$,再代入通解公式求解,注意公式中的所有不定积分计算时均不需要再另加积分常数).

例 6　求方程 $xy'=x^2+3y(x>0)$ 的通解.

解法一（常数变易法）. 将原方程改写为标准形式,得 $y'-\dfrac{3}{x}y=x$,由例 4 得方程 $y'-\dfrac{3}{x}y=0$ 的通解为 $y=Cx^3(C$ 为任意常数$)$.

将 $y=Cx^3$ 中的任意常数 C 换成待定函数 $\Phi(x)$,令 $y=\Phi(x)x^3$ 为 $xy'=x^2+3y$ 的解,将其代入原方程得 $x[\Phi'(x)x^3+3x^2\Phi(x)]=x^2+3x^3\Phi(x)$,即 $\Phi'(x)=\dfrac{1}{x^2}$,所以 $\Phi(x)=\displaystyle\int\dfrac{1}{x^2}\mathrm{d}x=-\dfrac{1}{x}+C$,故所求原方程的通解为

$$y=Cx^3-x^2 \quad (C \text{ 为任意常数}).$$

解法二（通解公式法）. 将原方程改写为标准形式以确定 $P(x),Q(x)$,得

$$y'-\dfrac{3}{x}y=x,P(x)=-\dfrac{3}{x},Q(x)=x,$$

代入通解公式,得

$$y=C\mathrm{e}^{-\int P(x)\mathrm{d}x}+\mathrm{e}^{-\int P(x)\mathrm{d}x}\int Q(x)\mathrm{e}^{\int P(x)\mathrm{d}x}\mathrm{d}x=C\mathrm{e}^{-\int -\frac{3}{x}\mathrm{d}x}+\mathrm{e}^{-\int -\frac{3}{x}\mathrm{d}x}\int x\cdot\mathrm{e}^{-\int \frac{3}{x}\mathrm{d}x}\mathrm{d}x$$

$$=Cx^3+x^3\int x\mathrm{e}^{\ln x^{-3}}\mathrm{d}x=Cx^3+x^3\int\dfrac{1}{x^2}\mathrm{d}x$$

$$=Cx^3+x^3\left(-\dfrac{1}{x}\right)=Cx^3-x^2 \quad (C \text{ 为任意常数}).$$

例 7　求一阶线性方程 $xy'=x^2+3y(x>0)$ 满足初始条件 $y|_{x=1}=2$ 的特解.

解　由例 6 得知其通解为 $y=Cx^3-x^2(C$ 为任意常数$)$,将初始条件 $y|_{x=1}=2$ 代入通解中,得 $C=3$,所以原方程满足初始条件的特解为

$$y=3x^3-x^2.$$

例 8　已知汽艇在静水中行驶时受到的阻力与汽艇的行驶速度成正比,若一汽艇以 10 km/h 的速度在静水中行驶时关闭了发动机,经 20 s 后汽艇的速度减至 $v_1=6$ km/h,试确定发动机停止 2 min 后汽艇的速度.

解　设汽艇在静水中的行驶时速度为 v,受到的阻力为 F,根据题意有 $F=-kv(k$ 为比例常数,负号是因为 F 与 v 方向相反$)$,又根据牛顿定律知,$F=ma=m\dfrac{\mathrm{d}v}{\mathrm{d}t}$,所以 $m\dfrac{\mathrm{d}v}{\mathrm{d}t}=-kv$,即 $\dfrac{\mathrm{d}v}{\mathrm{d}t}+\dfrac{k}{m}v=0$. 令 $\dfrac{k}{m}=\lambda$,得到关于 v 的一阶线性齐次微分方程 $v'+\lambda v=0$,且有初值条件 $v|_{t=0}=\dfrac{10\ 000}{3\ 600}=\dfrac{25}{9}$(m/s),$v|_{t=20}=\dfrac{6\ 000}{3\ 600}=\dfrac{15}{9}$(m/s). 利用公式法可得微分方程的通解 $v=C\mathrm{e}^{\int-\lambda\mathrm{d}t}=C\mathrm{e}^{-\lambda t}(C$ 为任意常数$)$,代入初值条件得出 $C=\dfrac{25}{9},\lambda=-\dfrac{1}{20}\ln\dfrac{3}{5}$,所以常微分方程的特解为 $v=\dfrac{25}{9}\mathrm{e}^{\left(\frac{1}{20}\ln\frac{3}{5}\right)t}$,所以 $v|_{t=120}\approx0.129\ 6$(m/s),即发动机停止 2 min 后汽艇的行驶速度约为 0.129 6 m/s.

* 三、齐次型微分方程

形如 $\dfrac{\mathrm{d}y}{\mathrm{d}x}=\varphi\left(\dfrac{y}{x}\right)$ 的一阶微分方程称为齐次型微分方程.

与不定积分的换元法类似,可以利用变量替换的技巧将齐次型方程 $\dfrac{\mathrm{d}y}{\mathrm{d}x}=$ $\varphi\left(\dfrac{y}{x}\right)$ 化为可分离变量的方程来求解,引进新的未知函数 $u=\dfrac{y}{x}$,即 $y=ux$,这时 $\varphi\left(\dfrac{y}{x}\right)=\varphi(u)$.

在 $y=ux$ 两端对 x 求导得 $\dfrac{\mathrm{d}y}{\mathrm{d}x}=x\dfrac{\mathrm{d}u}{\mathrm{d}x}+u$,于是齐次型方程转化为

$$u+x\frac{\mathrm{d}u}{\mathrm{d}x}=\varphi(u) \quad \text{或} \quad x\frac{\mathrm{d}u}{\mathrm{d}x}=\varphi(u)-u.$$

这是一个可分离变量方程,分离变量后得

$$\frac{\mathrm{d}u}{\varphi(u)-u}=\frac{\mathrm{d}x}{x} \quad (\varphi(u)-u\neq 0),$$

再对两边积分得

$$\int\frac{\mathrm{d}u}{\varphi(u)-u}=\ln|x|+C \quad (C\text{ 为任意常数}).$$

求出左边的积分后再用 $\dfrac{y}{x}$ 代换 u,就可得齐次型方程 $\dfrac{\mathrm{d}y}{\mathrm{d}x}=\varphi\left(\dfrac{y}{x}\right)$ 的通解.

例 9 求 $\dfrac{\mathrm{d}y}{\mathrm{d}x}=\dfrac{xy-y^2}{x^2}$ 的通解.

解 因为原方程可以化为 $\dfrac{\mathrm{d}y}{\mathrm{d}x}=\dfrac{y}{x}-\left(\dfrac{y}{x}\right)^2$,所以是齐次型方程,令 $u=\dfrac{y}{x}$,则原方程转化为

$$u+x\frac{\mathrm{d}u}{\mathrm{d}x}=u-u^2, \text{或} \frac{\mathrm{d}u}{\mathrm{d}x}=-\frac{u^2}{x},$$

这是一个可分离变量方程,分离变量得

$$-\frac{\mathrm{d}u}{u^2}=\frac{\mathrm{d}x}{x} \quad (u\neq 0),$$

两边积分得

$$\frac{1}{u}=\ln|x|+C \quad (C\text{ 为任意常数}),$$

再用 $\dfrac{y}{x}$ 代换 u 即得 $\dfrac{\mathrm{d}y}{\mathrm{d}x}=\dfrac{xy-y^2}{x^2}$ 的通解为

$$y=\frac{x}{\ln|x|+C} \quad (C\text{ 为任意常数}).$$

注意:$u=0$ 时 $y=0$,显然 $y=0$ 也是原方程的一个解,但不包含在上面的通解之中.

练 习 5.2

1.指出下列方程的类别.

(1)$xy' = \dfrac{e^x}{y}$；　　　　(2)$2y' = 6x^2 y$；

(3)$y' = \dfrac{x^2 + y^2}{2xy}$；　　　(4)$3x^2 + 2x - 5y' = 0$；

(5)$y' = \dfrac{y + x\ln x}{x}$.

2.求下列方程的通解或特解.

(1)$2y' = 6x^2 y, y|_{x=0} = 2$；　　(2)$y' = e^{x^2} + 2xy$.

§5.3　二阶常系数线性微分方程

二阶常系数线性微分方程的标准形式是 $y'' + py' + qy = f(x)$,其中 p,q 为实常数；$f(x)$ 是已知连续函数,称其为方程的自由项.当 $f(x) \equiv 0$ 时,$y'' + py' + qy = 0$ 为 $y'' + py' + qy = f(x)$ 所对应的**二阶常系数线性齐次微分方程**.当 $f(x) \not\equiv 0$ 时为**二阶常系数线性非齐次微分方程**.

例 1　将下列二阶常系数线性微分方程表示为标准型.

(1)$2y'' + 6y' - 8 = 0$；　　　　(2)$xy'' = 2xy + xy'$.

解　(1)等式两边同除以 2 得 $y'' + 3y' - 4 = 0$,将常数项移至等式右边得 $y'' + 3y' = 4$,所以该方程为二阶常系数线性非齐次常微分方程,其中 $p = 3, q = 0$,$f(x) = 4$.

(2)等式两边同除以 x,得 $y'' = 2y + y'$,移项得 $y'' - y' - 2y = 0$,所以该方程为二阶常系数线性齐次常微分方程,其中 $p = -1, q = -2$.

一、二阶常系数线性齐次微分方程

定理 5.1（线性齐次微分方程解的结构定理）　若 y_1, y_2 是二阶常系数线性齐次微分方程 $y'' + py' + qy = 0$ 的两个线性无关的解,则 $y = C_1 y_1 + C_2 y_2$ 是 $y'' + py' + qy = 0$ 的通解,其中 C_1, C_2 为任意常数.

证　因为 y_1, y_2 是二阶常系数线性齐次微分方程 $y'' + py' + qy = 0$ 的解,所以有

$$y_1'' + py_1' + qy_1 = 0, \quad y_2'' + py_2' + qy_2 = 0.$$

将 $y = C_1 y_1 + C_2 y_2$ 代入 $y'' + py' + qy = 0$ 中,得

$$\begin{aligned}
\text{左端} &= (C_1 y_1 + C_2 y_2)'' + p(C_1 y_1 + C_2 y_2)' + q(C_1 y_1 + C_2 y_2) \\
&= C_1 y_1'' + C_2 y_2'' + p(C_1 y_1' + C_2 y_2') + q(C_1 y_1 + C_2 y_2) \\
&= C_1(y_1'' + py_1' + qy_1) + C_2(y_2'' + py_2' + qy_2) \\
&= C_1 \cdot 0 + C_2 \cdot 0 = 0 = \text{右端}
\end{aligned}$$

即 $y = C_1 y_1 + C_2 y_2 (C_1, C_2$ 为任意常数$)$ 是 $y'' + py' + qy = 0$ 的解.

又因为 y_1, y_2 是 $y'' + py' + qy = 0$ 的两个线性无关的解,所以 $y = C_1 y_1 + C_2 y_2$

是 $y''+py'+qy=0$ 的通解.

由定理 5.1 知, 为了得到 $y''+py'+qy=0$ 的通解, 只需求出其两个线性无关的解 y_1 与 y_2. 由于 p,q 为常数, 通过观察可以看出: 若函数 y, y', y'' 之间仅相差一个常数因子时, 则函数 y 可能是 $y''+py'+qy=0$ 的解. 显然指数函数 $y=e^{rx}$（r 为常数）与它的各阶导数都只相差一个常数因子, 是否能选取适当的常数 r, 使得指数函数 $y=e^{rx}$ 是 $y''+py'+qy=0$ 的解?

设 $y=e^{rx}$ 是 $y''+py'+qy=0$ 的解, 其中 r 是待定的常数, 将 $y=e^{rx}$ 代入 $y''+py'+qy=0$ 中, 得

$$(e^{rx})''+p(re^{rx})'+qe^{rx}=(r^2 e^{rx})+pre^{rx}+qe^{rx}=(r^2+pr+q)e^{rx}=0.$$

因为 $e^{rx}\neq 0$, 若上式成立, 则必有

$$r^2+pr+q=0.$$

只要 r 满足该方程, 那么函数 $y=e^{rx}$ 一定是 $y''+py'+qy=0$ 的解.

这是一个关于 r 的一元二次方程, 称其为 $y''+py'+qy=0$ 的**特征方程**, 特征方程的根称为**特征根**.

至此, 求微分方程 $y''+py'+qy=0$ 的解的问题就转化成了求其特征方程 $r^2+pr+q=0$ 的根问题. 根据特征方程判别式 $\Delta=p^2-4q$ 的三种情况, 对应的特征根有三种情况, 从而微分方程 $y''+py'+qy=0$ 的通解就有三种情况.

(1) 当 $\Delta=p^2-4q>0$ 时, 特征根为相异实根: $r_1\neq r_2$.

这时方程 $y''+py'+qy=0$ 有两个特解 $y_1=e^{r_1 x}$, $y_2=e^{r_2 x}$, 因为 $\dfrac{y_1}{y_2}=e^{(r_1-r_2)x}\neq$ 常数, 它们线性无关, 所以方程 $y''+py'+qy=0$ 的通解为

$$y=C_1 e^{r_1 x}+C_2 e^{r_2 x}\quad（C_1, C_2 \text{为任意常数}）.$$

(2) 当 $\Delta=p^2-4q=0$ 时, 特征根为相等的实根（二重实根）: $r_1=r_2=r$.

这时只得到 $y''+py'+qy=0$ 的一个特解 $y_1=e^{rx}$, 还需求出另一个解 y_2, 且要求 $\dfrac{y_1}{y_2}\neq$ 常数, 为此设 $y_2=u(x)e^{rx}$（简记 $u(x)=u\neq$ 常数）是方程 $y''+py'+qy=0$ 的另一个特解, 代入 $y''+py'+qy=0$ 中, 得

$$(ue^{rx})''+p(ue^{rx})'+q(ue^{rx})=e^{rx}[(u''+2ru'+r^2 u)+p(u'+ru)+qu]=0.$$

因为 $e^{rx}\neq 0$, 得

$$(u''+2ru'+r^2 u)+p(u'+ru)+qu=u''+(2r+p)u'+(r^2+pr+q)=0,$$

由于 r 是特征方程 $r^2+pr+q=0$ 的二重实根, 所以

$$2r+p=0,\quad r^2+pr+q=0,$$

于是 $u''=0$, 将它积分两次得 $u=C_1+C_2 x$, 因为只需要得到一个非常数的解, 所以不妨取 $u=x$, 由此得到微分方程 $y''+py'+qy=0$ 的另一个特解 $y_2=xe^{rx}$, 因此微分方程 $y''+py'+qy=0$ 的通解为

$$y=C_1 e^{rx}+C_2 xe^{rx}=(C_1+C_2 x)e^{rx}\quad（C_1, C_2 \text{为任意常数}）.$$

(3) 当 $\Delta=p^2-4q<0$ 时, 特征根为共轭复根: $r_1=\alpha+i\beta, r_2=\alpha-i\beta$.

这时, 微分方程 $y''+py'+qy=0$ 有两个复数形式的解

$$y_1=e^{(\alpha+i\beta)x}=e^{\alpha x}\cdot e^{i\beta x}\quad,\quad y_2=e^{(\alpha-i\beta)x}=e^{\alpha x}\cdot e^{-i\beta x}.$$

又因为 $e^{i\theta}=\cos\theta+i\sin\theta$(欧拉公式),所以上述特解还可改写为

$$y_1=e^{\alpha x}\cdot(\cos\beta x+i\sin\beta x),\quad y_2=e^{\alpha x}\cdot(\cos\beta x-i\sin\beta x).$$

根据定理 5.1,得原方程的两个线性无关的特解

$$\overline{y_1}=\frac{1}{2}y_1+\frac{1}{2}y_2=e^{\alpha x}\cos\beta x,\overline{y_2}=\frac{1}{2i}y_1-\frac{1}{2i}y_2=e^{\alpha x}\sin\beta x,$$

$$\overline{y_1}=e^{\alpha x}\cos\beta x,\quad \overline{y_2}=e^{\alpha x}\sin\beta x,$$

因此,$y''+py'+qy=0$ 的通解为

$$y=e^{\alpha x}(C_1\cos\beta x+C_2\sin\beta x)\quad (C_1,C_2\text{为任意常数}).$$

综上所述,$y''+py'+qy=0$ 的通解求解步骤可以概括如下:

(1)将原方程化为标准型 $y''+py'+qy=0$;

(2)求 $y''+py'+qy=0$ 特征根 r_1,r_2;

(3)按照表 5.1 得到 $y''+py'+qy=0$ 的通解.

表 5.1

$y''+py'+qy=0$ 的特征根	$y''+py'+qy=0$ 的通解
两个不等的实根,$r_1\neq r_2$	$y=C_1e^{r_1}x+C_2e^{r_2}x$ （C_1,C_2为任意常数）
两个相等的实根,$r_1=r_2$	$y=(C_1+C_2x)e^{rx}$ （C_1,C_2为任意常数）
两个共轭复根,$r_1=\alpha+i\beta,r_2=\alpha-i\beta$	$y=e^{\alpha x}(C_1\cos\beta x+C_2\sin\beta x)$ （C_1,C_2为任意常数）

如果求特解将初始条件代入通解确定 C_1,C_2 后,即可得到满足初始条件的特解 y^*.

例 2 求方程 $2y''+10y'+12y=0$ 的通解.

解 原方程可化简为标准型 $y''+5y'+6y=0$,其对应的特征方程为 $r^2+5r+6=0$,即 $(r+2)(r+3)=0$,两个特征根是 $r_1=-2,r_2=-3$,因此原方程的通解为

$$y=C_1e^{-2x}+C_2e^{-3x}\quad (C_1,C_2\text{为任意常数}).$$

例 3 求方程 $y''-2y'+y=0$ 满足初始条件 $y|_{x=0}=1,y'|_{x=0}=2$ 的特解.

解 特征方程为 $r^2-2r+1=0$,即 $(r-1)^2=0$,解之得特征根为 $r_1=r_2=1$,因此原方程的通解为

$$y=(C_1+C_2x)e^x\quad (C_1,C_2\text{为任意常数}).$$

又因为 $y'=C_2e^x+(C_1+C_2x)e^x$,将初始条件 $y|_{x=0}=1$,$y'|_{x=0}=2$ 代入,得

$$\begin{cases}1=C_1\\2=C_2+C_1\end{cases},\quad 从而得\begin{cases}C_1=1\\C_2=1\end{cases},$$

于是,原方程满足初始条件 $y|_{x=0}=1,y'|_{x=0}=2$ 的特解为

$$y=(1+x)e^x.$$

例 4 求方程 $y''-2y'+5y=0$ 的通解.

解 特征方程为 $r^2-2r+5=0$,它有两个共轭复根 $r_1=1+2i,r_2=1-2i$,

因此原方程的通解为 $y=\mathrm{e}^x(C_1\cos 2x+C_2\sin 2x)(C_1,C_2$ 为任意常数).

二、二阶常系数线性非齐次微分方程

定理 5. 2（线性非齐次微分方程解的结构定理） 若 y^* 是 $y''+py'+qy=f(x)$ 的一个特解，y_c 是 $y''+py'+qy=0$ 的通解，则二阶常系数线性非齐次微分方程 $y''+py'+qy=f(x)$ 的通解是 $y=y_c+y^*$.

证 因为 y^* 是 $y''+py'+qy=f(x)$ 的一个特解，所以有 $y^{*''}+py^{*'}+qy^*=f(x)$.

又因为 y_c 是 $y''+py'+qy=0$ 的通解，所以有 $y_c''+py_c'+qy_c=0$.

将 $y=y_c+y^*$ 代入方程 $y''+py'+qy=f(x)$，得

$$左端=(y_c+y^*)''+p(y_c+y^*)'+q(y_c+y^*)$$
$$=(y_c''+y^{*''})+p(y_c'+y^{*'})+q(y_c+y^*)$$
$$=(y_c''+py_c'+qy_c)+(y^{*''}+py^{*'}+qy^*)$$
$$=0+f(x)=f(x)=右端,$$

故 $y=y_c+y^*$ 是 $y''+py'+qy=f(x)$ 的解. 又因为 y_c 是 $y''+py'+qy=0$ 的通解，所以 y_c 中有两个独立的任意常数，因而 $y=y_c+y^*$ 也是 $y''+py'+qy=f(x)$ 的通解.

由定理 5.2 知，$y''+py'+qy=f(x)$ 的通解为 $y=y_c+y^*$，由于已求出 $y''+py'+qy=0$ 的通解 y_c，现在只需求出 $y''+py'+qy=f(x)$ 的一个特解即可.

在这里只讨论自由项 $f(x)$ 为形式 $f(x)=P_m(x)\cdot\mathrm{e}^{ax}$（$\alpha$ 是常数，$P_m(x)$ 是 x 的一个 m 次多项式）时，求特解 y^* 的待定系数法.

由于 p,q 为常数，且 $(\mathrm{e}^{ax})'=\alpha\mathrm{e}^{ax}$，$(\mathrm{e}^{ax})''=\alpha^2\mathrm{e}^{ax}$，可以推测二阶常系数线性非齐次方程 $y''+py'+qy=P_m(x)\cdot\mathrm{e}^{ax}$ 有形如 $y^*=Q(x)\mathrm{e}^{ax}$ 的特解，其中 $Q(x)$ 是某个多项式. 将 $y^*=Q(x)\mathrm{e}^{ax}$ 代入方程 $y''+py'+qy=P_m(x)\cdot\mathrm{e}^{ax}$ 并消去 e^{ax}，得

$$Q''(x)+(2\alpha+p)Q'(x)+(\alpha^2+p\alpha+q)Q(x)=P_m(x).$$

则原方程的特解中 $Q(x)$ 满足 $Q''(x)+(2\alpha+p)Q'(x)+(\alpha^2+p\alpha+q)Q(x)=P_m(x)$.

(1)若 α 不是特征方程 $r^2+pr+q=0$ 的根，则 $\alpha^2+p\alpha+q\neq0$，特解 y^* 中多项式的形式为

$$Q^*=Q_m(x)=b_0x^m+b_1x^{m-1}+\cdots+b_{m-1}x+b_m(b_0,b_1,\cdots,b_m 是常数，且 b_0\neq0),$$

从而 $y^*=Q(x)\mathrm{e}^{ax}=(b_0x^m+b_1x^{m-1}+\cdots+b_{m-1}x+b_m)\cdot\mathrm{e}^{ax}$，将之代入 $y''+py'+qy=P_m(x)\cdot\mathrm{e}^{ax}$ 中，比较两边 x 同次幂的系数，求解以 $b_0,b_1,\cdots,b_m$ 为未知数的 $m+1$ 个方程的方程组便得到原方程的特解为 $y^*=Q_m(x)\mathrm{e}^{ax}$.

(2)若 α 是特征方程 $r^2+pr+q=0$ 的单根，则 $\alpha^2+p\alpha+q=0$，但 $2\alpha+p\neq0$. 则特解 y^* 中多项式的形式为

$$Q^*=xQ_m(x)=x(b_0x^m+b_1x^{m-1}+\cdots+b_{m-1}x+b_m),$$

其中 $b_0, b_1, \cdots, b_m$ 是常数,且 $b_0 \neq 0$.

然后用与(1)同样的方法来确定 $Q_n(x)$ 的系数,得到原方程的特解 $y^* = xQ_n(x)e^{\alpha x}$.

(3)若 α 是特征方程 $r^2 + pr + q = 0$ 的重根,则 $\alpha^2 + p\alpha + q = 0$,且 $2\alpha + p = 0$. 则特解 y^* 中多项式的形式为

$$Q^* = x^2 Q_m(x) = x^2(b_0 x^m + b_1 x^{m-1} + \cdots + b_{m-1}x + b_m),$$ 其中 $b_0, b_1, \cdots, b_m$ 是常数,且 $b_0 \neq 0$,然后用与(1)同样的方法来确定 $Q_m(x)$ 的系数,得到原方程的特解 $y^* = x^2 Q_m(x)e^{\alpha x}$.

综上所述,二阶常系数线性齐次微分方程求解的基本步骤可以概括如下:

(1)将原方程化为标准型 $y'' + py' + qy = f(x)$,按照表 5.1 求 $y'' + py' + qy = 0$ 的通解 y_c;

(2)按照表 5.2 确定 $y'' + py' + qy = f(x)$ 的 y^* 形式并代入原方程最终求出特解 y^*;

(3)根据定理 5.2 求得 $y'' + py' + qy = f(x)$ 的通解 $y = y_c + y^*$;

(4)将初始条件代入通解确定 C_1, C_2 后,即可得到满足初始条件的特解 y^*.

表 5.2

$y'' + py' + qy = P_m(x) \cdot e^{\alpha x}$ 的特解: $y^* = x^k Q_m(x)e^{\alpha x}$
α 不是特征方程的根时, $y^* = Q_m(x)e^{\alpha x}$
α 是特征方程的一重根时, $y^* = xQ_m(x)e^{\alpha x}$
α 是特征方程的二重根时, $y^* = x^2 Q_m(x)e^{\alpha x}$

例5 求 $y'' - 5y' + 6y = 6x + 7$ 的一个特解.

解 这是二阶常系数非齐次线性微分方程, $f(x) = 6x + 7$ 是一次多项式,由于 $\alpha = 0$ 不是特征根,所以可设特解形式为 $y^* = ax + b$,代入原方程得

$$-5a + 6(ax + b) = 6ax - 5a + 6b = 6x + 7,$$

比较等式两端 x 同次幂的系数,得

$$\begin{cases} 6a = 6 \\ -5a + 6b = 7 \end{cases},$$

解之得 $a = 1, b = 2$,于是所求的特解为 $y^* = x + 2$.

例6 求 $y'' + 9y' = 18$ 的通解.

解 原方程对应的齐次方程 $y'' + 9y' = 0$ 的特征方程是 $r^2 + 9r = 0$,即 $r(r + 9) = 0$,特征根是 $r_1 = 0, r_2 = -9$,于是 $y'' + 9y' = 0$ 的通解为

$$y = C_1 + C_2 e^{-9x} \quad (C_1, C_2 \text{为任意常数}).$$

因为 $f(x) = 18$ 是零次多项式, $\alpha = 0$ 不是特征根,故其特解形式为 $y^* = ax$,代入 $y'' + 9y' = 18$ 中得 $9a = 18$,即 $a = 2$,故所求方程 $y'' + 9y' = 18$ 的一个特解为 $y^* = 2x$.

综上, $y'' + 9y' = 18$ 的通解是

$$y = y_c + y^* = C_1 + C_2 e^{-9x} + 2x \quad (C_1, C_2 \text{为任意常数}).$$

例7 求方程 $y'' + 5y' + 6y = 12e^x$ 满足初始条件 $y|_{x=0} = 0, y'|_{x=0} = 0$ 的

特解.

解 第一步:计算原方程对应的齐次方程 $y''+5y'+6y=0$ 通解 y_c.

得 $y_c=C_1 e^{-2x}+C_2 e^{-3x}(C_1,C_2$ 为任意常数$)$.

第二步:计算原方程的特解 y^*.

自由项 $f(x)=12e^x$,由于 $\alpha=1$ 不是特征根,故设 $y^*=ae^x(a\in\mathbf{R})$ 并代入原方程,得 $a=1$,从而 $y^*=e^x$.

第三步:根据定理 5.2 知,$y''+5y'+6y=12e^x$ 的通解为

$$y=y_c+y^*=C_1 e^{-2x}+C_2 e^{-3x}+e^x \quad (C_1,C_2 \text{为任意常数}).$$

第四步:满足初始条件的特解.

将 $y|_{x=0}=0,y'|_{x=0}=0$ 代入通解中,得 $\begin{cases} C_1+C_2+1=0 \\ -2C_1-3C_2+1=0 \end{cases}$,解之,得 $C_1=-4,C_2=3$.

所以,满足初始条件的特解为 $y^*=-4e^{-2x}+3e^{-3x}+e^x$.

练 习 5.3

1. 求下列二阶常系数线性齐次微分方程的通解.

$(1)y''-3y'-4y=0;$ $(2)y''+y'=0;$

$(3)y''+y=0.$

2. 求下列二阶常系数线性非齐次微分方程的通解或满足初始条件的特解.

$(1)y''+y'=2x+1;$

$(2)y''+y'=2e^x,y|_{x=0}=0,y'|_{x=0}=0.$

【阅读材料】

可降阶的二阶微分方程

通过特征根法与待定系数法,可以求解二阶常系数线性微分方程.但能够求解的一般的二阶微分方程 $F(x,y,y',y'')=0$ 相当有限.下面介绍几种特殊的二阶(甚至更高阶)方程,它们经过适当的变量代换可化成一阶的方程来求解.

1. $y''=f(x)$ 型

特点:右端不含 y,y',仅是自变量 x 的函数.

解法:将 y' 作为新的未知函数,令 $p=y' \Rightarrow y''=p'$,$p'=f(x)$ 为变量可分离的一阶方程,积分 $p=\int f(x)\mathrm{d}x+C_1$,即 $y'=\int f(x)\mathrm{d}x+C_1$,再积分 $y=\int\left[\int f(x)\mathrm{d}x+C_1\right]\mathrm{d}x+C_2$.

n 阶方程:$y^{(n)}=f(x)$,令 $p=y^{(n-1)} \Rightarrow p'=f(x)$,积分得 $p=y^{(n-1)}=\int f(x)\mathrm{d}x+C_1$,如此连续积分 n 次,即得原方程的含有 n 个任意常数的通解.

例 1 求 $y^{(4)}=\sin x$ 的通解.

解 $y'''=\int y^{(4)}\mathrm{d}x+C_1=\int \sin x\mathrm{d}x+C_1=-\cos x+C_1.$

$$y'' = \int y''' \mathrm{d}x + C_2 = \int (-\cos x + C_1) \mathrm{d}x + C_2 = -\sin x + C_1 x + C_2 .$$

$$y' = \int y'' \mathrm{d}x + C_3 = \int (-\sin x + C_1 x + C_2) \mathrm{d}x + C_3$$

$$= \cos x + \frac{1}{2} C_1 x^2 + C_2 x + C_3 ,$$

所以原方程的通解为

$$y = \int y' \mathrm{d}x + C_4 = \int \left(\cos x + \frac{1}{2} C_1 x^2 + C_2 x + C_3 \right) \mathrm{d}x + C_4$$

$$= \sin x + \frac{1}{6} C_1 x^3 + \frac{1}{2} C_2 x^2 + C_3 x + C_4 .$$

2. $y'' = f(x, y')$ 型

特点:右端不含 y.

解法:降阶.

令 $y' = p \Rightarrow y'' = p'$,代入原方程得 $p' = f(x, p)$,这是一个一阶微分方程,设其通解为 $p = \varphi(x, C_1)$,回代 $y' = p$ 得 $y' = \varphi(x, C_1)$ 为变量可分离的一阶方程,两边积分得 $y = \int \varphi(x, C_1) \mathrm{d}x + C_2$.

n 阶方程:$y^{(n)} = f(x, y^{(n-1)})$.

特点:不显含未知函数 $y, y', \cdots, y^{(n-2)}$.

解法:令 $p = y^{(n-1)}$,则 $y^{(n)} = p'$,原方程变为关于 p 的一阶方程 $p' = f(x, p)$,求得 p 后,将 $y^{(n-1)} = p$ 连续积分 $n-1$ 次,可得原方程的通解.

例 2 解方程 $y'' = \dfrac{y'}{x}$.

解 令 $y' = p \Rightarrow y'' = p'$,代入原方程得 $p' = \dfrac{p}{x}$,分离变量得 $\dfrac{\mathrm{d}p}{p} = \dfrac{\mathrm{d}x}{x}$,积分得 $p = C_1 x$,即 $y' = C_1 x$,两端再积分得 $y = \dfrac{C_1}{2} x^2 + C_2$.

3. $y'' = f(y, y')$ 型

特点:右端不含 x.

解法:降阶.

令 $y' = p = p(y)$,则 $y'' = p' = \dfrac{\mathrm{d}p}{\mathrm{d}x} = \dfrac{\mathrm{d}p}{\mathrm{d}y} \cdot \dfrac{\mathrm{d}y}{\mathrm{d}x} = p \dfrac{\mathrm{d}p}{\mathrm{d}y}$,代入原方程得 $p \dfrac{\mathrm{d}p}{\mathrm{d}y} = f(y, p)$. 这是一个关于 y, p 的一阶方程,若已求得它的通解为 $y' = p = \varphi(y, C_1)$,变量分离得 $\dfrac{\mathrm{d}y}{\varphi(y, C_1)} = \mathrm{d}x$,两端积分得 $\int \dfrac{1}{\varphi(y, C_1)} \mathrm{d}y = \int \mathrm{d}x + C_2$,即得原方程的通解.

例 3 解方程 $y'' = y' + (y')^3$.

解 令 $y' = p \Rightarrow y'' = p \dfrac{\mathrm{d}p}{\mathrm{d}y} \Rightarrow p \dfrac{\mathrm{d}p}{\mathrm{d}y} = p(1 + p^2)$.

若 $p \neq 0 \Rightarrow \dfrac{\mathrm{d}p}{\mathrm{d}y} = 1 + p^2 \Rightarrow \arctan p = y + C_1$,即 $p = \tan(y + C_1) \Rightarrow$

$\dfrac{\mathrm{d}y}{\tan(y + C_1)} = \mathrm{d}x$,积分得 $\ln \sin(y + C_1) = x + C_2$,$\sin(y + C_1) = C_2 \mathrm{e}^x$ 或 $y =$

arcsin $(C_2 e^x) - C_1$；若 $p=0$，则 $y=C$ 包含在通解中.

§5.4 微分方程的简单应用

微分方程是解决实际问题的重要工具，它在管理和技术应用中都有着广泛的应用.以下举例说明微分方程的一些简单应用.

一、可分离变量微分方程应用举例

例 1（体重问题） 研究人的体重随时间的变化规律.

某运动员每天的食量（能量）是 10 467 J/天，其中 5 038 J/天用于基本的新陈代谢（即自动消耗），在其健身训练中，他每天每千克体重所消耗的能量大约是 69 J，试研究此人的体重随时间变化的规律.

分析：人的体重变化的过程是一个非常复杂的过程，这里进行简化，只考虑饮食和运动这两个主要因素与体重的关系.

1. 基本假定

（1）对于一个成年人来说体重主要由三部分组成：骨骼、水和脂肪，骨骼和水大体上可以认为是不变的，我们不妨以人体脂肪的质量作为体重的标志.体重的变化就是能量的摄取和消耗的过程，已知脂肪的能量转换率为 100%，每千克脂肪可以转换为 40 000 J 的能量.

（2）人体的体重仅仅看成时间 t 的函数 $w(t)$，而与其他因素无关，这意味着在研究体重变化的过程中，忽略了个体间的差异（年龄、性别、健康状况等）对体重的影响.

（3）体重的变化是一个渐变的过程，因此可以认为 $w(t)$ 随时间是连续变化的，即 $w(t)$ 是连续函数且充分光滑，也就是说认为能量的摄取和消耗是随时发生的.

（4）不同的活动对能量的消耗是不同的，例如，体重分别为 50 kg 和 100 kg 的人都跑 1 000 m，所消耗的能量显然是不同的.假设研究对象会为自己制定一个合理且相对稳定的活动计划，可以假设在单位时间（1 日）内人体活动所消耗的能量与其体重成正比.

（5）假设研究对象用于基本新陈代谢（即自动消耗）的能量是一定的.

（6）假设研究对象对自己的饮食有相对严格的控制，为简单计，在本问题中可以假设人体每天摄入的能量（即食量）是一定的.

（7）根据能量的平衡原理，任何时间段内由于体重的改变所引起的人体内能量的变化应该等于这段时间内摄入的能量与消耗的能量的差，即体重的变化等于输入与输出之差，其中，输入是指扣除了基本的新陈代谢之后的净食量吸收，输出是指活动时的消耗.

2. 建模分析与量化

上述问题并没有直接给出有关"导数"的概念，但是体重是时间的连续函数,表示可以用"变化"观察来考察问题.

量化:w_0 为第一天开始时该运动员的体重,t 为时间并以天为单位,则

每天该运动员的体重变化=输入-输出.

输入=总能量-基本新陈代谢能量=净能量吸收=10 467-5 283=5 184(J),

输出=训练时消耗=64 • w(J).

3. 建立模型

$$\lim_{\Delta t \to 0} \frac{\Delta w}{\Delta t} = \frac{\mathrm{d}w}{\mathrm{d}t}, \quad 即 \begin{cases} \dfrac{(10\ 467 - 5\ 283) - 64w}{40\ 000} = \dfrac{\mathrm{d}w}{\mathrm{d}t}. \\ w\big|_{t=0} = w_0 \end{cases}$$

4. 模型求解

应用分离变量法,此运动员体重随时间的变化规律为

$$w = 81 - (81 - w_0)\mathrm{e}^{\frac{-16t}{10\ 000}}.$$

5. 模型讨论

现在再来考虑:此人的体重会达到平衡吗?若能,那么这个人的体重达到平衡时是多少千克?事实上,从 $w(t)$ 的表达式可知,当 $t \to \infty$ 时,$w(t) \to 81$,因此,平衡时体重为 81 kg,我们也可以根据平衡状态下,$w(t)$ 是不发生变化的,从而直接令

$$\frac{\mathrm{d}w}{\mathrm{d}t} = \frac{(10\ 467 - 5\ 283) - 64w}{40\ 000} = 0,$$

求得 $w_{平衡} = 81$.

6. 模型改进

在该问题中只讨论了基本的新陈代谢(即自动消耗)、饮食和活动取固定值时的规律,进一步,还可以考虑饮食量和活动量改变时的情况,以及新陈代谢随体重变化的情况等.

如假设某人每天饮食摄取的能量为 A 焦耳,用于新陈代谢(即自动消耗)的能量为 B 焦耳,进行活动每天每千克体重消耗的能量为 C 焦耳,已知脂肪的能量转换率为 100%,每千克脂肪可以转换为 D 焦耳的能量,则可建立微分方程模型

$$\begin{cases} \dfrac{(A-B) - Cw}{D} = \dfrac{\mathrm{d}w}{\mathrm{d}t}, \\ w\big|_{t=0} = w_0 \end{cases}$$

解上述一阶方程,得

$$w = \frac{A-B}{C} - \left(\frac{A-B}{C} - w_0\right)\mathrm{e}^{-\frac{C}{D} \cdot t}.$$

扫码看案例

因为 $\lim\limits_{t \to +\infty} \omega(t) = \dfrac{A-B}{C}$,所以通过调节饮食、锻炼、生活和新陈代谢可以使体重控制在某个范围内,因此要减肥,就要减少 A 并增加 B, C. 正确的减肥策略主要是有一个良好的饮食工作锻炼习惯,既要适当控制 A 及 C,对于少量肥胖者和运动员来说,研究不伤身体的新陈代谢的改变也是必要的. 从上述分析可知,减肥问题是一个最优控制问题,具体地就是为达到在现有体重 w_0 的前提

下经过 t 天后使体重变为 $w(t)$ 的目标而寻求 A,C 的最佳组合问题.

二、一阶线性微分方程应用举例

例 2（电路充电规律） 在图 5.2 中，电路中的开关在时刻 $t=0$ 时闭合，作为时间函数的电流如何变化？

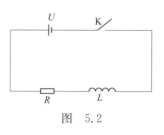

图 5.2

分析 图 5.2 表示一个电路，它的总电阻是常值 R（欧姆），电感是 L 亨利，是个常值，根据欧姆定律有 $L\dfrac{\mathrm{d}i}{\mathrm{d}t}+Ri=U$，这里 t 表示时间（秒），通过解这个方程，我们就可以预测开关闭合后电流随时间是如何变化的.

解 方程 $L\dfrac{\mathrm{d}i}{\mathrm{d}t}+Ri=U$ 是一个相对于时间 t 的函数 i 的一阶线性方程. 它的标准形式是 $\dfrac{\mathrm{d}i}{\mathrm{d}t}+\dfrac{R}{L}i=\dfrac{U}{L}$，其中，$p(t)=\dfrac{R}{L},Q(t)=\dfrac{U}{L}$，当 $t=0$ 时 $i=0$，将之代入 $i(t)=\mathrm{e}^{-\int p(t)\mathrm{d}t}\left(\int Q(t)\mathrm{e}^{\int p(t)\mathrm{d}t}\mathrm{d}t+C\right)$ 中，得

$$i(t)=\mathrm{e}^{-\int\frac{R}{L}\mathrm{d}t}\left(\int\frac{U}{L}\mathrm{e}^{\int\frac{R}{L}\mathrm{d}t}\mathrm{d}t+C\right)=\frac{U}{R}-\frac{U}{R}\mathrm{e}^{-(R/L)t}.$$

因为 $\lim\limits_{t\to\infty}\mathrm{e}^{-(R/L)}=0$，所以

$$\lim_{t\to\infty}i(t)=\lim_{t\to\infty}\left(\frac{U}{R}-\frac{U}{R}\mathrm{e}^{-(R/L)t}\right)=\frac{U}{R}.$$

若 $L=0$（没有电感）或者 $\dfrac{\mathrm{d}i}{\mathrm{d}t}=0$（稳定电流，$i$ 为常数），流过电路的电流将是 $I=\dfrac{U}{R}$，微分方程 $L\dfrac{\mathrm{d}i}{\mathrm{d}t}+Ri=U$ 的解为 $i(t)=\dfrac{U}{R}-\dfrac{U}{R}\mathrm{e}^{-(R/L)t}$，此解由两部分组成，第一项称为稳态解 U/R，第二项为瞬时解 $-\dfrac{U}{R}\mathrm{e}^{-(R/L)t}$，且当 $t\to\infty$ 时趋于零. 数 $t=L/R$ 称为 RL 串联电路的**时间常数**，时间常数是个内在测度，表明一个特定的电路多块达到平稳. 从理论上讲，只有在 $t\to\infty$ 时电路才达到稳态，但由于指数函数开始变化较快，以后逐渐缓慢，当经过 3 倍时间常数时，电流与其稳态值的差不足 5%，经过 5 倍时间常数后电路就基本达到稳态，如图 5.3 所示.

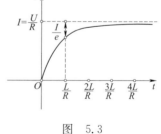

图 5.3

三、二阶常系数线性微分方程应用举例

包含电阻器 R、电感器 L、电容器 C 及电源的电路称为 RLC 电路，根据电学知识，电流 I 经过 R,L,C 的电压分别为 $RL,L\dfrac{\mathrm{d}I}{\mathrm{d}t},\dfrac{Q}{C}$，其中，$Q$ 为电量，它与电流的关系为 $I=\dfrac{\mathrm{d}Q}{\mathrm{d}t}$，根据基尔霍夫（Kirchhoff）第二定律：在闭合回路中，所有支路上的电压的代数和为零.

例3（电路充电规律） 如图 5.4 所示电路中，先将开关拨向 A，使电容器充后再将开关拨向 B. 设开关拨向 B 的时间 $t=0$，求 $t>0$ 时回路中的电流 $i(t)$. 已知 $E=20$ V，$C=0.5$ F，$L=1$ H，$R=3$ Ω.

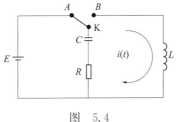

图 5.4

解 根据回路电压定律得 $U_R+U_C+U_L=0$，又由 $U_R=iR$，$U_C=\dfrac{Q}{C}$，$U_L=E_L=L\dfrac{\mathrm{d}i}{\mathrm{d}t}$，代入上式得 $Ri+\dfrac{Q}{C}+L\dfrac{\mathrm{d}i}{\mathrm{d}t}=0$，两边对 t 求导得

$$L\frac{\mathrm{d}^2i}{\mathrm{d}t^2}+R\frac{\mathrm{d}i}{\mathrm{d}t}+\frac{1}{C}i=0, \quad 即 \frac{\mathrm{d}^2i}{\mathrm{d}t^2}+\frac{R}{L}\frac{\mathrm{d}i}{\mathrm{d}t}+\frac{1}{LC}i=0$$

将 $C=0.5$，$L=1$，$R=3$ 代入得 $\dfrac{\mathrm{d}^2i}{\mathrm{d}t^2}+3\dfrac{\mathrm{d}i}{\mathrm{d}t}+2i=0$，特征方程为 $r^2+3r+2=0$，特征根为 $r_1=-1$，$r_2=-2$，所以微分方程的通解为 $i=C_1\mathrm{e}^{-t}+C_2\mathrm{e}^{-2t}$，为求满足初始条件的特解，求导得 $i'=-C_1\mathrm{e}^{-t}-2C_2\mathrm{e}^{-2t}$，将初值条件 $i|_{t=0}=0$ 及从 $E_L=L\dfrac{\mathrm{d}i}{\mathrm{d}t}$ 得出的 $\dfrac{\mathrm{d}i}{\mathrm{d}t}\Big|_{t=0}=\dfrac{U_L|_{t=0}}{L}=\dfrac{E}{L}=20$ 代入得 $\begin{cases}C_1+C_2=0\\-C_1-2C_2=20\end{cases}\Rightarrow C_1=20$，$C_2=-20$，所以回路电流为 $i=20\mathrm{e}^{-t}-20\mathrm{e}^{-2t}$.

练 习 5.4

1. 列车在平直的线路上以 20 m/s 的速度行驶，当制动时列车获得的加速度是 -0.4 m/s^2，问制动后列车需经过多长时间才能停住，制动距离是多少.

2. 牛顿冷却定律指出：物体温度的变化速度与其本身和环境温度之差成正比. $\dfrac{\mathrm{d}T}{\mathrm{d}t}=-k(T-T_0)$，其中，$T$ 为物体温度，T_0 为环境温度，t 表示时间，$T=T(t)$ 表示物体在 t 时刻的温度，k 为散热系数（散热系数只与系统本身的性质有关）. 现有一杯刚烧开的热水（100℃），放在室温为 20℃ 的房间内，经过 20 min 后，水的温度已降为 60℃，问还需经过多长时间，热水的温度才能降为 30℃.

3. 计风力的情况下，设跳伞运动中人和伞的质量为 m，人和伞在下落过程中受到的空气阻力与当时的速度成正比，比例系数为 $k(k>0)$. 试求下落的速度与下落时间的关系 $v(t)$，并就此分析跳伞运动员的极限速度（即 $\lim\limits_{t\to\infty}v(t)$）.

【阅读材料】

微分方程模型的建立方法

建立微分方程模型一般有三种方法：

一是应用已知规律直接列方程建模. 在数学、力学、物理、化学等学科中已有许多经过实践检验的规律和定律，如牛顿运动定律、曲线的切线性质等，这些都涉及某些函数的变化率，由于本身就是微分方程形式，所以可以根据相应的规律直接列出方程，从而建立数学模型.

二是用微元法建模. 用微元法建立常微分方程模型实际上是寻求微元之间

的关系式,在建立这些关系式时也要用到已知的规律和定理.与第一种方法不同之处在于,这里不是直接对未知函数及其导数应用规律和定理来求关系式,而是对某些微元来应用规律,从而建立相关模型.

三是用模拟近似法建立模型.在社会科学、生物学、医学、经济学等学科的实践中,常常要用模拟近似法来建立微分方程模型.在这些领域中的一些现象的规律性我们还不是很清楚,即使有所了解也通常极其复杂,因此,在实际应用中,总要经过一些简化、近似的过程,并在不同的假设下建立微分方程,从数学上求解或分析解的性质,再同实际情况作对比,观察这个模型能否模拟、近似某些实际的现象.

在实际的微分方程建模过程中,往往都是上述三种方法的综合应用.不论应用哪种方法,通常都要根据实际情况,做出一定的假设与简化,并且要把模型的理论或计算结果与实际情况进行对照验证,以修改模型使之更准确地描述实际问题而达到预测预报的目的.

小 结

一、主要知识点

微分方程的基本概念、可分离变量微分方程、一阶线性微分方程、二阶常系数线性微分方程及其解法.

二、主要数学思想和方法

1. 方程思想:微分方程的思想方法是代数方程思想方法的发展,两者基本点是一致的,即把问题归结为求未知量,用含有未知量的式子建立等量关系,并由此求得未知量.

2. 化归思想:常数变易法,将非齐次方程问题转化为齐次方程问题、高阶方程问题转化为低阶方程问题等.

3. 模型化思想:建立微分方程模型的过程就是将微分方程理论知识应用于实际问题的过程,它是当今"大众数学"观下"问题解决"的重要工具.

三、重点题型及解法

根据方程的类别选择对应的求解方法,表5.3对应的是三种典型微分方程的求解步骤.

表 5.3

方程类别	方程标准型	求解步骤
可分离变量微分方程	$\dfrac{\mathrm{d}y}{\mathrm{d}x}=f(x)\cdot g(y)$	分离变量 $\dfrac{\mathrm{d}y}{g(y)}=f(x)\mathrm{d}x$ 两端积分 $\displaystyle\int\dfrac{\mathrm{d}y}{g(y)}=\int f(x)\mathrm{d}x$ 得通解 $G(y)=F(x)+C$
	$\dfrac{\mathrm{d}y}{\mathrm{d}x}=f\left(\dfrac{y}{x}\right)$	令 $u=\dfrac{y}{x}\,(y=ux)$ 原方程化为可分离变量方程 $\dfrac{\mathrm{d}u}{f(u)-u}=\dfrac{\mathrm{d}x}{x}$ 将 $u=\dfrac{y}{x}\,(y=ux)$ 回代,得原方程的解

续表

方程类别	方程标准型	求解步骤
一阶线性微分方程	$y'+p(x)y=0$	通解公式：$y=Ce^{-\int p(x)\mathrm{d}x}$
	$y'+p(x)y=Q(x)$	通解公式：$y=e^{-\int p(x)\mathrm{d}x}\left[\int Q(x)\cdot e^{\int p(x)\mathrm{d}x}\mathrm{d}x+C\right]$
二阶线性常系数微分方程	$y''+py'+qy=0$	特征方程 $r^2+pr+q=0$ 特征根 r_1,r_2，方程通解为 (1) $y=C_1e^{r_1x}+C_2e^{r_2x}$ 　$(r_1\neq r_2\in\mathbf{R})$ (2) $y=(C_1+C_2x)e^{rx}$ 　$(r_1=r_2=r\in\mathbf{R})$ (3) $y=e^{\alpha x}(C_1\cos\beta x+C_2\sin\beta x)$ 　$(r=\alpha\pm i\beta)$
	$y''+py'+qy=p_m(x)\cdot e^{\alpha x}$	设 $y''+py'+qy=0$ 的通解为 $\bar{y}$，设 $y''+py'+qy=p_m(x)$ 的特解为 $y^*=x^kQ_m(x)e^{\alpha x}$ (1) α 不是特征方程的根时，$k=0$； (2) α 是特征方程的一重根时，$k=1$； (3) α 是特征方程的二重根时，$k=2$； 则 $y''+py'+qy=p_m(x)\cdot e^{\alpha x}$ 的通解为 $y=\bar{y}+y^*$

自 测 题 5

一、选择题

1. 微分方程 $xy''+(y')^3+y^4=y\sin x$ 的阶数是(　　).

A. 1　　　　　　　B. 2　　　　　　　C. 3　　　　　　　D. 4

2. 微分方程 $xy'''+y''+y=\sin x$ 通解中相互独立的任意常数的个数是(　　).

A. 1　　　　　　　B. 2　　　　　　　C. 3　　　　　　　D. 4

3. 下列微分方程是一阶线性齐次微分方程的是(　　).

A. $y'+y=1$ 　　　　　　　　　　B. $y''+y'+y=0$

C. $y''+y'+y=e^x$ 　　　　　　　D. $y'+xy=0$

4. 下列微分方程是标准的二阶线性非齐次微分方程的是(　　).

A. $y''=x$ 　　　　　　　　　　B. $y''=xy+e^x$

C. $xy''+y'=xe^x$ 　　　　　　D. $(1+e^x)yy''=e^x$

5. 我们学过并会解的微分方程有 $g(y)\mathrm{d}y=f(x)\mathrm{d}x,\ y'=f\left(\dfrac{y}{x}\right)$，$y'+p(x)y=f(x),\ y^{(n)}=f(x),\ y''=f(x,y'),\ y''+py'+qy=Q(x)$ 六种，下面不属于这些类型的是(　　).

A. $x^2y'=xy-y^2$ 　　　　　　　　B. $3x^2+5y-5y'=0$

C. $x(x+2y)y''+y^2=0$ 　　　　　D. $xy''=y'$

二、求下列微分方程的通解或在给定条件下的特解

1. $y'-\dfrac{1}{x}y=0$；　　　　　　2. $y'=1-2y,y|_{x=0}=\dfrac{3}{2}$；

3. $y''-2y'+y=0$；　　　　　　4. $y''-2y'-3y=3x-1$.

三、解答题

1. 设会议室开始有不含一氧化碳的 $V\ \mathrm{m}^3$ 的空气，从时间 $t=0$ 开始，含有

$a\%$ 的一氧化碳的香烟烟尘以 km^3/min 的速度吹散到室内，排风扇保持室内空气良好循环，并以相同的速度将室内空气排出室外，求室内一氧化碳浓度达到 $b\%$ 的时间（只列出微分方程和初始条件）.

2.（1）重为 4.5 t 的歼击机以 600 km/h 的速度着陆，在减速伞的作用下滑跑 500 m 后速度减为 100 km/h，通常情况下空气对伞的阻力与飞机的速度成正比，问减速伞的阻力系数是多少.

（2）9 t 的轰炸机以 700 km/h 的速度着陆，机场跑道为 1 500 m，问轰炸机能否安全着陆.

延伸学习

拉普拉斯变换

固定形式的方程有固定的求解方法，如一阶线性微分方程可以用公式法或常数变易法求解，但是当方程形式略有变化时，其解题过程就会异常烦琐.下面介绍求解微分方程中常用到的一种积分变换——拉普拉斯变换（The Laplace Transfrom），简称拉氏变换，利用此变换可将微分方程转化为代数方程，再利用拉氏逆变换（Inverse Laplace Transform）将代数方程的解转化为原微分方程的解.

一、拉氏变换的基本概念

定义 设函数 $f(t)$ 在 $t \geqslant 0$ 时有定义，当 $\int_0^{+\infty} f(-t)e^{-pt}dt$ 收敛时，称该反常积分为 $f(t)$ 的拉氏变换式，记为 $L[f(t)] = \int_0^{+\infty} f(t)e^{-pt}dt = F(p)$，$F(p)$ 称为 $f(t)$ 的拉氏变换（或 $f(t)$ 的像函数），$f(t)$ 称为 $F(p)$ 的拉氏逆变换（或 $F(p)$ 的像原函数），记为 $L^{-1}[F(p)] = f(t)$.

例 1 求下列函数的拉氏变换.

（1）$u(t) = e^{at}$ （$a \in \mathbf{R}$）； （2）$f(t) = \begin{cases} 0 & \text{当 } t < 0 \\ 1 & \text{当 } t \geqslant 0 \end{cases}$；

（3）$f(t) = \begin{cases} 0 & \text{当 } t < 0 \\ kt & \text{当 } t \geqslant 0 \end{cases}$.

解 （1）由拉氏变换的定义，得

$$L[e^{at}] = \int_0^{+\infty} e^{at} \cdot e^{-pt}dt = \int_0^{+\infty} e^{(a-p)t}dt,$$

当 $p > a$ 时反常积分收敛，且

$$\int_0^{+\infty} e^{(a-p)t}dt = \frac{e^{(a-p)t}}{a-p}\Big|_0^{+\infty} = \frac{1}{p-a} \quad (p > a),$$

所以

$$L[e^{at}] = \frac{1}{p-a} \quad (p > a).$$

（2）由拉氏变换的定义，得

$$L[f(t)] = \int_0^{+\infty} f(t)e^{-pt}dt = \int_0^{+\infty} 1 \cdot e^{-pt}dt,$$

当 $p>0$ 时,反常积分收敛,且

$$\int_0^{+\infty} 1 \cdot e^{-pt} dt = \frac{1}{-p} \int_0^{+\infty} e^{-pt} d(-pt) = -\frac{1}{p} \cdot e^{-pt} \Big|_0^{+\infty} = \frac{1}{p},$$

所以 $f(t)$ 的拉氏变换为

$$L[f(t)] = \frac{1}{p} \quad (p>0).$$

(3)由拉氏变换的定义,得

$$L[f(t)] = \int_0^{+\infty} f(t) e^{-pt} dt = \int_0^{+\infty} kt \cdot e^{-pt} dt.$$

当 $p>0$ 时,反常积分收敛,且

$$\int_0^{+\infty} kt e^{-pt} dt = \frac{k}{-p} \int_0^{+\infty} t de^{-pt} = -\frac{k}{p} \left[t e^{-pt} \Big|_0^{+\infty} - \int_0^{+\infty} e^{-pt} dt \right]$$

$$= -\frac{k}{p} \left[t e^{-pt} \Big|_0^{+\infty} + \frac{e^{-pt}}{p} \Big|_0^{+\infty} \right] = \frac{k}{p^2},$$

所以 $f(t)$ 的拉氏变换为　$L[f(t)] = \dfrac{k}{p^2} \quad (p>0).$

说明: 在自动控制原理中,函数(2)称为单位阶跃函数(Unit Stemp Function),函数(3)称为斜坡函数(Ramp Function).

为了工程应用方便,常把 $F(p)$ 与 $f(t)$ 的对应关系编成表格,就是一般所说的拉氏变换表. 表 5.4 列出了最常用的几种拉氏变换关系.

表 5.4

序　号	像原函数 $f(t)$	像函数 $F(p)$
1	0	0
2	$k, k \in \mathbf{R}$	k/p
3	kt	k/p^2
4	$kt^n \quad (n=1,2,\cdots)$	$k \cdot \dfrac{n!}{p^{n+1}} \quad (n=1,2,\cdots)$
5	ke^{-at}	$\dfrac{k}{p+a}$
6	$k \cdot t e^{-at}$	$\dfrac{k}{(p+a)^2}$
7	$\sin \omega t$	$\dfrac{\omega}{p^2+\omega^2}$
8	$\cos \omega t$	$\dfrac{p}{s^2+\omega^2}$
9	$e^{-at} \sin \omega t$	$\dfrac{\omega}{(p+a)^2+\omega^2}$
10	$e^{-at} \cos \omega t$	$\dfrac{p+a}{(p+a)^2+\omega^2}$
11	$t \sin \omega t$	$\dfrac{2\omega p}{(p^2+\omega^2)^2}$

序　号	像原函数 $f(t)$	像函数 $F(p)$
12	$t\cos\omega t$	$\dfrac{p^2-\omega^2}{(p^2+\omega^2)^2}$
13	$\sin(\omega t+\varphi)$	$\dfrac{p\sin\varphi+\omega\cos\varphi}{p^2+\omega^2}$
14	$\cos(\omega t+\varphi)$	$\dfrac{p\cos\varphi-\omega\sin\varphi}{p^2+\omega^2}$

例 2　查表求下列函数的拉氏变换.

(1) $f(t)=\mathrm{e}^t$；(2) $f(t)=\mathrm{e}^{-3t}(1-2\sin^2 t)$.

解　(1) 由表 5.4 中的公式 5 知，指数函数 e^t 的拉氏变换为

$$L[\mathrm{e}^t]=\frac{1}{p-1}\quad(p>1).$$

(2) 这个函数在表 5.4 中不能直接查出，此时可先将它变形为

$$f(t)=\mathrm{e}^{-3t}(1-2\sin^2 t)=\mathrm{e}^{-3t}\cdot\cos 2t,$$

由表 5.4 中的公式 10 知，$f(t)$ 的拉氏变换为

$$L[f(t)]=L[\mathrm{e}^{-3t}\cdot\cos 2t]=\frac{p+3}{(p+3)^2+2^2}\quad(p>-3).$$

二、拉氏变换的常用性质

一些较为复杂函数的拉氏变换，常需要借助于拉氏变换性质，现分别叙述如下.

性质 1（线性性质）　若 a,b 是常数，且 $L[f_1(t)]=F_1(p)$，$L[f_2(t)]=F_2(p)$，则有

$$L[af_1(t)+bf_2(t)]=aL[f_1(t)]+bL[f_2(t)]=aF_1(p)+bF_2(p).$$

性质 1 表明函数的线性组合的拉氏变换等于各函数的拉氏变换的线性组合，性质 1 可以推广到有限个函数的线性组合的情形.

性质 2（平移性质）　若 $L[f(t)]=F(p)$，则

$$L[\mathrm{e}^{at}f(t)]=F(p-a)\quad(a\in\mathbf{R});\quad L[f(t-b)]=\mathrm{e}^{-bp}F(p)\quad(b\geqslant 0).$$

性质 3（微分性质）　若 $L[f(t)]=F(p)$，$f^{(k)}(0)=0$，$(k=0,1,2,\cdots,n-1)$，则

$$L[f^{(n)}(t)]=p^nF(p).$$

特别地，当 $f'(0)=0$ 时，$L[f'(t)]=pF(p)$.

借助性质 3 可将一个关于 $f(t)$ 的微分方程转变为关于 p 的代数方程，如在微分方程 $x'(t)+2x(t)=0$ 两端取拉普拉斯变换，并设 $L[x(t)]=X(p)$，得 $L[x'(t)+2x(t)]=L[0]$，再将初始条件 $x(0)=3$ 代入，整理后得 $(p+2)X(p)=3$.

性质 4（积分性质）　若 $L[f(t)]=F(p)$，$(p\neq 0)$，则 $L\left[\int_0^t f(t)\mathrm{d}t\right]=\dfrac{F(p)}{p}$.

性质 4 表明，对一个函数积分后再取拉普拉斯变换，等于这个函数的像函数除以 p. 利用上述性质，再结合拉普拉斯变换表就能求解一些较为复杂函数的拉普拉斯变换.

例 3　求下列函数的拉普拉斯变换.

(1) $f(t)=2-3\mathrm{e}^{-t}$；(2) $f(t)=t^3-2t+3$.

解 (1)由拉普拉斯变换的线性性质,得
$$L[2-3e^{-t}]=L[2]-3L[e^{-t}]=2L[1]-3L[e^{-t}],$$
根据表 5.4 的公式 2 和公式 5,得
$$L[2-3e^{-t}]=2 \cdot \frac{0!}{p^{0+1}}-3 \cdot \frac{1}{p-(-1)}=\frac{2p-1}{p(p+1)} \quad (p>-1).$$

(2)由表 5.4 中的公式 2 和公式 4,得
$$L[f(t)]=L[t^3-2t+3]=L[t^3]-2L[t]+3L[1]$$
$$=\frac{3!}{p^{3+1}}-2 \cdot \frac{1}{p^2}+3 \cdot \frac{1}{p}=\frac{1}{p^4}(6-2p^2+3p^3).$$

三、拉氏逆变换

拉普拉斯变换和逆变换是一一对应的,所以通常可以通过查表来求解原函数,在自动控制理论中常遇到的像函数是关于 p 的有理分式,即 $F(p)=\frac{Q_m(p)}{T_n(p)}$,这种形式的原函数一般不能直接由拉氏变换对照表中查得,因此通常是将其转化为有理分式之和,所求原函数就等于各分式原函数之和.

例 4 求下列像函数 $F(p)$ 的拉氏逆变换 $f(t)$ 的拉氏逆变换.

(1)$F(p)=\frac{2p-5}{p^2}$;   (2)$F(p)=\frac{4p-3}{p^2+4}$.

解 (1)因为 $F(p)=\frac{2p-5}{p^2}=\frac{2}{p}-\frac{5}{p^2},$

对照表 5.4 可查得 $L^{-1}\left[\frac{2}{p}\right]=2, L^{-1}\left[\frac{-5}{p^2}\right]=-5t$,于是
$$f(t)=L^{-1}\left[\frac{2p-5}{p^2}\right]=L^{-1}\left[\frac{2}{p}-\frac{5}{p^2}\right]=L^{-1}\left[\frac{2}{p}\right]-L^{-1}\left[\frac{5}{p^2}\right]=2-5t.$$

(2)因为 $F(p)=\frac{4p-3}{p^2+4}=\frac{4p}{p^2+4}-\frac{3}{p^2+4}=4 \cdot \frac{p}{p^2+4}-\frac{3}{2} \cdot \frac{2}{p^2+2^2},$

对照表 5.4 可查得 $L^{-1}\left[\frac{4p}{p^2+2^2}\right]=4\cos 2t, L^{-1}\left[\frac{3}{2} \cdot \frac{2}{p^2+2^2}\right]=\frac{3}{2}\sin 2t$,于是
$$f(t)=L^{-1}\left[\frac{4p-3}{p^2+4}\right]=L^{-1}\left[4 \cdot \frac{p}{p^2+4}\right]-L^{-1}\left[\frac{3}{2} \cdot \frac{2}{p^2+4}\right]=4\cos 2t-\frac{3}{2}\sin 2t.$$

四、拉氏变换求解常微分方程举例

应用拉氏变换求解常微分方程大体分三步(见图 5.5):

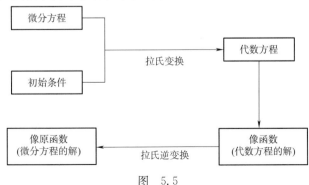

图 5.5

（1）对方程实施拉氏变换并考虑初始条件得到关于像函数的代数方程；

（2）从关于像函数的代数方程中解出像函数；

（3）对求出的像函数作拉氏逆变换，求得原微分方程的解.

例 5 用拉氏变换法求下列微分方程的解.

（1）$\dfrac{\mathrm{d}i}{\mathrm{d}t}+5i(t)=25\sin 5t$ 满足初始条件 $i(0)=0$ 的解；

（2）$y''+5y'+6y=12\mathrm{e}^x$ 满足初始条件 $y|_{x=0}=0$，$y'|_{x=0}=0$ 的特解.

解 （1）对方程取拉氏变换，并设 $L[i(t)]=I(p)$，得 $L\left[\dfrac{\mathrm{d}i}{\mathrm{d}t}+5i(t)\right]=$

$L[25\sin 5t]$，整理得 $[pI(p)-i(0)]+5I(p)=25\times\dfrac{5}{p^2+25}$，代入初始条件

$i(0)=0$，得

$$I(p)=\frac{125}{(p+5)(p^2+25)}=\frac{\frac{5}{2}}{p+5}-\frac{\frac{5}{2}p}{p^2+25}+\frac{\frac{25}{2}}{p^2+25},$$

取拉氏逆变换，得

$$i(t)=\frac{5}{2}\mathrm{e}^{-5t}+\frac{5}{2}\sin 5t-\frac{5}{2}\cos 5t=\frac{5}{2}\mathrm{e}^{-5t}+\frac{5}{2}\sqrt{2}\sin\left(5t-\frac{\pi}{4}\right).$$

（2）方程两端取拉氏变换，并设 $y=f(x)$，$L[y]=L[f(x)]=F(p)$，得

$L[y''+5y'+6y]=L[12\mathrm{e}^x]$，因为 $y|_{x=0}=0$，$y'|_{x=0}=0$，所以

$$L[y''+5y'+6y]=L[y'']+5L[y']+6L[y]=p^2F(p)+$$
$$5pF(p)+6F(p)=F(p)(p^2+5p+6),$$

由表 5.4 中的公式 5 知 $L[12\mathrm{e}^x]=\dfrac{12}{p-1}$，即有

$$F(p)=\frac{12}{(p-1)(p^2+5p+6)}=\frac{1}{p-1}+\frac{3}{p+3}+\frac{-4}{p+2},$$

取拉氏逆变换，得

$$y=f(x)=L^{-1}[F(p)]=L^{-1}\left[\frac{1}{p-1}\right]+3L^{-1}\left[\frac{1}{p+3}\right]-4L^{-1}\left[\frac{1}{p+2}\right]$$
$$=\mathrm{e}^x+3\mathrm{e}^{-3x}-4\mathrm{e}^{-2x}.$$

第6章

无 穷 级 数

【学习目标与要求】

1. 理解数项级数、函数项级数收敛的概念.

2. 能利用比较法、比值法判别常见正项级数的敛散性.

3. 能利用莱布尼茨判别法判定交错级数的敛散性,理解绝对收敛与条件收敛的概念.

4. 会求幂级数的收敛域、和函数,了解常见函数的麦克劳林展开式,了解傅里叶级数及其应用.

无穷级数是高等数学的一个重要组成部分,它是表示函数、研究函数性质以及进行近似计算的重要工具,在数学理论研究和科学技术中都有着广泛的应用.本章首先讨论常数项级数,介绍无穷级数的一些基本内容,然后讨论函数项级数,重点讨论幂级数和傅里叶级数.

§6.1 常数项级数的概念与性质

在高中数学中曾给出过无穷递缩等比数列的求和公式

$$1+q+q^2+\cdots=\frac{1}{1-q}, \quad \text{其中} |q|<1.$$

但是对于其他的无穷数列,如何把全部项相加求和呢? 例如,$1-1+1-1+1-1+\cdots$应该等于多少呢? 把它写成$(1-1)+(1-1)+\cdots=0+0+\cdots$,和等于零,但若写成$1-(1-1)-(1-1)-\cdots=1-0-0-\cdots$,和等于 1. 到底应该怎样计算? 在经过了许多数学家的努力之后,终于利用极限给出了"和"的严格定义,并形成了一个重要的数学学科——无穷级数.

一、常数项级数的概念

定义 6.1 给定一个无穷数列$\{u_n\}$:$u_1,u_2,u_3,\cdots,u_n,\cdots$,则和式

$$\sum_{n=1}^{\infty} u_n = u_1 + u_2 + u_3 + \cdots + u_n + \cdots \tag{6.1}$$

称为**常数项无穷级数**,简称**数项级数**,和式中的第 n 项 u_n 称为级数的**一般项**或**通项**.

要得到无穷多项相加的和,可以先求有限项的和,然后用极限的方法来解

决无穷多项累加的问题.

$$S_n = u_1 + u_2 + \cdots + u_n = \sum_{i=1}^{n} u_i$$ 称为级数 $\sum\limits_{n=1}^{\infty} u_n$ 的前 n 项**部分和**. 显然, 部分和又构成一个新的数列:

$$S_1 = u_1, \quad S_2 = u_1 + u_2, \quad S_3 = u_1 + u_2 + u_3, \quad \cdots,$$
$$S_n = u_1 + u_2 + \cdots + u_n, \cdots,$$

这个数列称为级数 $\sum\limits_{n=1}^{\infty} u_n$ 的部分和数列, 记为 $\{S_n\}$.

定义 6.2 若级数的部分和数列 $\{S_n\}$ 有极限, 即 $\lim\limits_{n\to\infty} S_n = S$, 则称级数 $\sum\limits_{n=1}^{\infty} u_n$ **收敛**, 并称 S 为级数 $\sum\limits_{n=1}^{\infty} u_n$ 的**和**, 也称级数收敛于 S, 记作 $\sum\limits_{n=1}^{\infty} u_n = S$; 若部分和数列 $\{S_n\}$ 的极限不存在, 则称级数 $\sum\limits_{n=1}^{\infty} u_n$ **发散**.

当级数 $\sum\limits_{n=1}^{\infty} u_n$ 收敛时, 级数的和 S 与它的部分和 S_n 之差 $S - S_n$ 称为级数 $\sum\limits_{n=1}^{\infty} u_n$ 的**余项**, 记为 r_n, 即 $r_n = S - S_n = u_{n+1} + u_{n+2} + \cdots$, 余项的绝对值 $|r_n|$ 叫做用 S_n 代替 S 所产生的误差, 显然 n 越大, 产生的误差越小.

例 1 讨论等比级数（几何级数） $\sum\limits_{n=1}^{\infty} aq^{n-1}$ （$a \neq 0$）的敛散性.

解 根据等比数列的求和公式可知:

当 $q \neq \pm 1$ 时, $S_n = \sum\limits_{k=1}^{n} u_k = \dfrac{a}{1-q}(1-q^n)$.

由于 $\lim\limits_{n\to\infty} q^n = \begin{cases} 0 & \text{当} |q| < 1 \\ \infty & \text{当} |q| > 1 \end{cases}$ 则

$$\lim\limits_{n\to\infty} S_n = \lim\limits_{n\to\infty} \dfrac{a}{1-q}(1-q^n) = \begin{cases} \dfrac{a}{1-q} & \text{当} |q| < 1 \\ \infty & \text{当} |q| > 1 \end{cases};$$

当 $q = 1$ 时, $S_n = \sum\limits_{k=1}^{n} u_k = na$, $\lim\limits_{n\to\infty} S_n = \infty$;

当 $q = -1$ 时, $S_n = \sum\limits_{k=1}^{n} u_k = \begin{cases} a & \text{当} n = 2k-1 \\ 0 & \text{当} n = 2k \end{cases}$, $\lim\limits_{n\to\infty} S_n$ 不存在.

故当 $|q| < 1$ 时, $\sum\limits_{n=1}^{\infty} aq^{n-1} = \dfrac{a}{1-q}$ 收敛; 当 $|q| \geqslant 1$ 时, $\sum\limits_{n=1}^{\infty} aq^{n-1}$ 发散.

例 2 讨论级数 $\sum\limits_{n=1}^{\infty} \dfrac{1}{n(n+1)}$ 的敛散性.

解 因为 $u_n = \dfrac{1}{n(n+1)} = \dfrac{1}{n} - \dfrac{1}{n+1}$, 所以

$$S_n = \left(1 - \dfrac{1}{2}\right) + \left(\dfrac{1}{2} - \dfrac{1}{3}\right) + \cdots + \left(\dfrac{1}{n} - \dfrac{1}{n+1}\right) = 1 - \dfrac{1}{n+1};$$

又因为 $\lim\limits_{n\to\infty} S_n = \lim\limits_{n\to\infty}\left(1 - \dfrac{1}{n+1}\right) = 1$, 故级数 $\sum\limits_{n=1}^{\infty} \dfrac{1}{n(n+1)}$ 收敛, 其和为 1.

例3 讨论调和级数 $\sum\limits_{n=1}^{\infty}\dfrac{1}{n}$ 的敛散性.

解 因为调和级数前 n 项和为 $S_n=1+\dfrac{1}{2}+\dfrac{1}{3}+$ $\cdots+\dfrac{1}{n}$,它可以看成函数 $y=\dfrac{1}{x}$ 在 $x=1,2,3,\cdots$ 各整数点处的函数值之和,也可以看成是 n 个以 1 为底、高为 $\dfrac{1}{n}$ 的小矩形面积之和,如图 6.1 中阴影部分的面积.

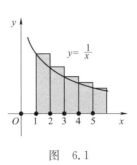

图 6.1

由定积分的几何意义知, $\int_1^n\dfrac{1}{x}\mathrm{d}x$ 表示积分区间为 $[1,n]$ 内的曲边梯形的面积,显然,

$$S_n=1+\frac{1}{2}+\frac{1}{3}+\cdots+\frac{1}{n}>\int_1^n\frac{1}{x}\mathrm{d}x=\ln x\Big|_1^n=\ln n,$$

两边取极限,得

$$\lim_{n\to\infty}S_n>\lim_{n\to\infty}\int_1^n\frac{1}{x}\mathrm{d}x=\lim_{n\to\infty}\ln n=+\infty,$$

这表明部分和数列 $\{S_n\}$ 无极限,所以调和级数 $\sum\limits_{n=1}^{\infty}\dfrac{1}{n}$ 发散.

定理6.1(数项级数收敛的必要条件) 若级数 $\sum\limits_{n=1}^{\infty}u_n$ 收敛,则必有 $\lim\limits_{n\to\infty}u_n=0$.

证 设 $\sum\limits_{n=1}^{\infty}u_n=S$,则 $\lim\limits_{n\to\infty}S_n=\lim\limits_{n\to\infty}S_{n-1}=S$;又因为 $u_n=S_n-S_{n-1}$,所以

$$\lim_{n\to\infty}u_n=\lim_{n\to\infty}(S_n-S_{n-1})=\lim_{n\to\infty}S_n-\lim_{n\to\infty}S_{n-1}=S-S=0.$$

说明: $\lim\limits_{n\to\infty}u_n=0$ 只是 $\sum\limits_{n=1}^{\infty}u_n$ 收敛的必要条件,所以若 $\lim\limits_{n\to\infty}u_n\neq0$,则可肯定级数 $\sum\limits_{n=1}^{\infty}u_n$ 发散,但不是充分条件,因此当 $\lim\limits_{n\to\infty}u_n=0$ 时,级数 $\sum\limits_{n=1}^{\infty}u_n$ 不一定收敛.

例如,调和级数 $\sum\limits_{n=1}^{\infty}\dfrac{1}{n}$,其 $\lim\limits_{n\to\infty}u_n=\lim\limits_{n\to\infty}\dfrac{1}{n}=0$,但它却是发散的.

例4 判别级数 $\sum\limits_{n=1}^{\infty}\dfrac{2n}{3n+1}$ 的敛散性.

解 因为 $u_n=\dfrac{2n}{3n+1}$,而 $\lim\limits_{n\to\infty}u_n=\lim\limits_{n\to\infty}\dfrac{2n}{3n+1}=\dfrac{2}{3}\neq0$,所以级数 $\sum\limits_{n=1}^{\infty}\dfrac{2n}{3n+1}$ 发散.

二、收敛级数的基本性质

根据无穷级数收敛的定义与极限的运算法则,容易得出级数的几个基本性质.

性质1 若 k 为非零常数,则级数 $\sum\limits_{n=1}^{\infty}u_n$ 与级数 $\sum\limits_{n=1}^{\infty}ku_n$ 同时收敛或同时发散.在级数收敛时,若 $\sum\limits_{n=1}^{\infty}u_n=s$,则 $\sum\limits_{n=1}^{\infty}ku_n=k\sum\limits_{n=1}^{\infty}u_n=ks$.

例如,级数 $\displaystyle\sum_{n=0}^{\infty}\left(\frac{1}{3}\right)^n=\frac{1}{1-\frac{1}{3}}=\frac{3}{2}$,则级数 $\displaystyle\sum_{n=1}^{\infty}4\left(\frac{1}{3}\right)^n=4\sum_{n=1}^{\infty}\left(\frac{1}{3}\right)^n=$

$4\cdot\frac{3}{2}=6$.

性质 2 若级数 $\displaystyle\sum_{n=1}^{\infty}u_n=S_1$,级数 $\displaystyle\sum_{n=1}^{\infty}v_n=S_2$,则级数 $\displaystyle\sum_{n=1}^{\infty}(u_n\pm v_n)=$
$S_1\pm S_2$.

例 5 判别级数 $\displaystyle\sum_{n=0}^{\infty}\frac{3^n-5}{6^n}$ 的敛散性,若收敛求其和.

解 对于等比级数 $\displaystyle\sum_{n=0}^{\infty}\left(\frac{1}{2}\right)^n$,由于公比 $|q|=\frac{1}{2}<1$,故级数收敛;对于

等比级数 $\displaystyle\sum_{n=0}^{\infty}5\left(\frac{1}{6}\right)^n$,由于 $|q|=\frac{1}{6}<1$,故级数收敛,根据性质 2,可知级数

$\displaystyle\sum_{n=0}^{\infty}\frac{3^n-5}{6^n}$ 收敛. 且有

$$\sum_{n=0}^{\infty}\frac{3^n-5}{6^n}=\sum_{n=0}^{\infty}\left(\frac{1}{2}\right)^n-5\sum_{n=0}^{\infty}\left(\frac{1}{6}\right)^n=\frac{1}{1-\frac{1}{2}}-\frac{5}{1-\frac{1}{6}}=-4.$$

显然,若 $\displaystyle\sum_{n=1}^{\infty}u_n$ 与 $\displaystyle\sum_{n=1}^{\infty}v_n$ 中有一个发散,则 $\displaystyle\sum_{n=1}^{\infty}(u_n\pm v_n)$ 也发散.

性质 3 一个级数增加、减少或改变前有限项,不改变级数的敛散性,但一般会改变收敛级数的和.

本性质也可叙述为:级数 $\displaystyle\sum_{n=1}^{\infty}u_n$ 和 $\displaystyle\sum_{n=k+1}^{\infty}u_n$ 具有相同的敛散性($\displaystyle\sum_{n=1}^{\infty}u_n$ 是由

$\displaystyle\sum_{n=k+1}^{\infty}u_n$ 增加了 k 项, $\displaystyle\sum_{n=k+1}^{\infty}u_n$ 是由 $\displaystyle\sum_{n=1}^{\infty}u_n$ 减少 k 项).例如,因为调和级数 $\displaystyle\sum_{n=1}^{\infty}\frac{1}{n}$

发散,所以 $\displaystyle\sum_{n=10}^{\infty}\frac{1}{n}$ 也发散,因为等比级数 $\displaystyle\sum_{n=1}^{\infty}\frac{1}{2^n}$ 收敛且和为 1,则级数 $1+2+$

$3+\displaystyle\sum_{n=1}^{\infty}\frac{1}{2^n}$ 也收敛且和变为 7.

性质 4 收敛级数加括号后得到的新级数仍收敛于原级数的和.

例如, $1+\frac{1}{5}+\frac{1}{5^2}+\cdots+\frac{1}{5^n}+\cdots$ 与 $\left(1+\frac{1}{5}\right)+\left(\frac{1}{5^2}+\frac{1}{5^3}+\frac{1}{5^4}\right)+\cdots$ 均收敛

于 $\frac{5}{4}$.

说明:任加括号后所成的新级数收敛,原级数不一定收敛.任加括号的级数发散,原级数一定发散.

例如, $1-1+1-1+\cdots$ 是发散的,加括号后 $(1-1)+(1-1)+\cdots+$
$(1-1)\cdots=0$ 收敛.

又如,调和级数,因为

$$1+\left(\frac{1}{2}+\frac{1}{3}\right)+\left(\frac{1}{4}+\frac{1}{5}+\frac{1}{6}+\frac{1}{7}\right)+\cdots$$

$$>1+\left(\frac{1}{4}+\frac{1}{4}\right)+\left(\frac{1}{8}+\frac{1}{8}+\frac{1}{8}+\frac{1}{8}\right)+\cdots$$

$$=1+\frac{1}{2}+\frac{1}{2}+\frac{1}{2}+\cdots,$$

加括号后的级数发散,则原调和级数发散.

练 习 6.1

1.根据定义及性质判定下列级数的敛散性.

(1) $\displaystyle\sum_{n=1}^{\infty}\frac{1}{3n}$;　　 (2) $\displaystyle\sum_{n=1}^{\infty}\cos\frac{\pi}{2n-1}$;

(3) $\displaystyle\sum_{n=1}^{\infty}\frac{1}{(n+2)(n+3)}$.

2.级数 $\displaystyle\sum_{n=1}^{\infty}\frac{2+(-1)^n}{3^n}$ 是否收敛? 若收敛求其和.

【阅读材料】

两个与无穷级数有关的悖论

下面计算无穷级数 $\displaystyle\sum_{n=1}^{\infty}(-1)^{n+1}\frac{1}{n}=1-\frac{1}{2}+\frac{1}{3}-\frac{1}{4}+\frac{1}{5}-\frac{1}{6}+\cdots$,首先需要说明,这个无穷级数是收敛的.从第二项开始,每减去一个数后紧接着都会加上一个比它小的数,因此不管加到哪儿,它的和始终不会超过1;另外,从第三项开始,每加一个数紧接着都会减去一个比它小的数,因此无论加到什么位置,整个和始终大于 $\frac{1}{2}$.这说明,这个级数是收敛的,并且它收敛到 $\frac{1}{2}$ 和 1 之间的某个数 A(以后可以得出这个级数收敛于 $\ln 2$).

令这个无穷级数的和为 S,现在对 S 进行如下变换:

$$S=1-\frac{1}{2}+\frac{1}{3}-\frac{1}{4}+\frac{1}{5}-\frac{1}{6}+\cdots=\left(1+\frac{1}{3}+\frac{1}{5}+\frac{1}{7}+\cdots\right)-\left(\frac{1}{2}+\frac{1}{4}+\frac{1}{6}+\frac{1}{8}+\cdots\right)$$

$$=\left(1+\frac{1}{3}+\frac{1}{5}+\frac{1}{7}+\cdots\right)+\left(\frac{1}{2}+\frac{1}{4}+\frac{1}{6}+\frac{1}{8}+\cdots\right)-2\left(\frac{1}{2}+\frac{1}{4}+\frac{1}{6}+\frac{1}{8}+\cdots\right)$$

$$=\left(1+\frac{1}{2}+\frac{1}{3}+\frac{1}{4}+\cdots\right)-2\left(\frac{1}{2}+\frac{1}{4}+\frac{1}{6}+\frac{1}{8}+\cdots\right)$$

$$=\left(1+\frac{1}{2}+\frac{1}{3}+\frac{1}{4}+\cdots\right)-\left(1+\frac{1}{2}+\frac{1}{3}+\frac{1}{4}+\cdots\right)$$

$$=0,$$

与我们知道的等于 A 矛盾.

再令 　　　　$S=1-\frac{1}{2}+\frac{1}{3}-\frac{1}{4}+\frac{1}{5}-\frac{1}{6}+\frac{1}{7}-\frac{1}{8}+\cdots,$ 　　　　①

两边同乘以 $\frac{1}{2}$ 得 　$\dfrac{S}{2}=\frac{1}{2}-\frac{1}{4}+\frac{1}{6}-\frac{1}{8}+\frac{1}{10}-\cdots$ 　　　　②

将其与式①相加有

$$\frac{3}{2}S=1+\frac{1}{3}-\frac{1}{2}+\frac{1}{5}+\frac{1}{7}-\frac{1}{4}+\frac{1}{9}+\frac{1}{11}-\frac{1}{6}+\cdots.$$ 　　　　③

比较式①和式③，它们的项竟是完全相同的，式①中的所有项在式③里都有，式③里的每一个项也在式①中出现过．你会惊奇地发现，仅仅是交换了项的顺序，整个无穷级数居然变成了原来的 3/2 倍！

这两个悖论告诉我们，在无穷级数里，加法的交换律和结合律是不能乱用的．无穷级数的"和"不是一个普通的和，本质上是一个极限，是一系列"部分和" $S_1, S_2, S_3, \cdots, S_n, \cdots$ 的极限，这显然已经超出了交换律和结合律的适用范围．

§6.2 数项级数及其审敛法

判断级数的收敛性是研究级数的一个中心问题．一般情况下，根据级数收敛的部分和数列是否有极限判定级数敛散性是很困难的，这时就需要探讨借助一些间接的判别方法（称为审敛法）．本节主要讨论正项级数、交错级数及一般项级数的敛散性．

一、正项级数及其审敛法

若级数 $\sum_{n=1}^{\infty} u_n$ 的各项均满足 $u_n \geqslant 0 (n=1,2,3,\cdots)$，则称 $\sum_{n=1}^{\infty} u_n$ 为 **正项级数**．

正项级数非常重要，许多级数的敛散性最后都归结为正项级数的敛散性问题，下面给出正项级数收敛的充要条件．

定理 6.2（正项级数收敛的充要条件） 设 $\sum_{n=1}^{\infty} u_n$ 为正项级数，若其部分和数列 $\{S_n\}$ 有上界，则 $\sum_{n=1}^{\infty} u_n$ 必定收敛．

证 由于 $\sum_{n=1}^{\infty} u_n$ 为正项级数，故 $0 \leqslant S_n \leqslant S_{n+1} (n=1,2,\cdots)$，即部分和数列 $\{S_n\}$ 是单调有上界的，由单调有界数列必有极限的准则知，$\lim\limits_{n\to\infty} S_n$ 存在，即正项级数 $\sum_{n=1}^{\infty} u_n$ 收敛．

由于 $\sum_{n=1}^{\infty} u_n$ 收敛，由级数收敛的定义知，$\lim\limits_{n\to\infty} S_n$ 必定存在，根据数列极限的性质，部分和数列 $\{S_n\}$ 有界，必有上界．

例1 讨论 p 级数 $\sum_{n=1}^{\infty} \dfrac{1}{n^p} (p>0)$ 的敛散性．

解 当 $p=1$ 时，此时 p 级数就是调和级数 $\sum_{n=1}^{\infty} \dfrac{1}{n}$，故发散；

当 $p<1$ 时，由于 $\dfrac{1}{n^p} > \dfrac{1}{n}$ $(n=1,2,\cdots)$，此时 p 级数发散；

当 $p>1$ 时，因为 p 级数前 n 项和为 $S_n = 1 + \dfrac{1}{2^p} + \dfrac{1}{3^p} + \cdots + \dfrac{1}{n^p}$，对于每一个

确定的 $p(p>1)$，它可以看成函数 $y=\dfrac{1}{x^p}$ 在 $x=1,2,3,\cdots$ 各整数点处的函数值之和，因此 $S_n=1+\dfrac{1}{2^p}+\dfrac{1}{3^p}+\cdots+\dfrac{1}{n^p}$ 也可以看成是 n 个以 1 为底、高为 $\dfrac{1}{n^p}$ 逐步递减的小矩形面积之和，如图 6.2 中阴影部分的面积.

由定积分的几何意义知，定积分 $\displaystyle\int_1^n \dfrac{1}{x^p}\mathrm{d}x$ 表示积分区间为 $[1,n]$ 内的曲边梯形的面积，此面积对应的矩形是从第 2 个到第 n 个，即对应的是 $\dfrac{1}{2^p}+\dfrac{1}{3^p}+\cdots+\dfrac{1}{n^p}$，很显然，$\dfrac{1}{2^p}+\dfrac{1}{3^p}+\cdots+\dfrac{1}{n^p}<\displaystyle\int_1^n \dfrac{1}{x^p}\mathrm{d}x$，不等式两边都加上 1，即

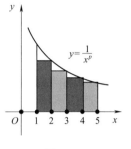

图　6.2

$$S_n=\sum_{k=1}^n \frac{1}{k^p}<1+\int_1^n \frac{1}{x^p}\mathrm{d}x=1+\left[\frac{1}{1-p}x^{1-p}\right]_1^n$$
$$=1-\frac{n^{1-p}}{p-1}+\frac{1}{p-1}<1+\frac{1}{p-1}=\frac{p}{p-1},$$

这表明部分和数列 $\{S_n\}$ 有界，此时 p 级数收敛.

综上所述，可得：当 $p>1$ 时，p 级数收敛；当 $p\leqslant 1$ 时，p 级数发散.

本定理的根本价值在于它指出了：要判断一个正项级数的敛散性，关键是要确定其部分和数列 $\{S_n\}$ 是否有上界，由此产生了一系列正项级数敛散性的判别法，在此介绍常用的两种方法——比较审敛法和比值审敛法.

定理 6.3（比较审敛法）　设 $\displaystyle\sum_{n=1}^{\infty}u_n$ 与 $\displaystyle\sum_{n=1}^{\infty}v_n$ 均为正项级数，且有 $u_n\leqslant v_n$，$(n=1,2,\cdots)$ 成立，则

(1) 若级数 $\displaystyle\sum_{n=1}^{\infty}v_n$ 收敛，则级数 $\displaystyle\sum_{n=1}^{\infty}u_n$ 收敛；

(2) 若级数 $\displaystyle\sum_{n=1}^{\infty}u_n$ 发散，则级数 $\displaystyle\sum_{n=1}^{\infty}v_n$ 发散.

比较审敛法用通俗的话讲就是：通项大的级数收敛，则通项小的级数收敛；通项小的级数发散，则通项大的级数发散.

证　设 $S_n=u_1+u_2+\cdots+u_n$，$\sigma_n=v_1+v_2+\cdots+v_n$.

(1) 若正项级数 $\displaystyle\sum_{n=1}^{\infty}v_n$ 收敛于 σ 时，因为 $u_n\leqslant v_n(n=1,2,\cdots)$，所以

$$S_n=u_1+u_2+\cdots+u_n\leqslant v_1+v_2+\cdots+v_n=\sigma_n<\sigma,$$

即正项级数 $\displaystyle\sum_{n=1}^{\infty}u_n$ 的部分和数列 $\{S_n\}$ 有上界，根据正项级数收敛的充要条件定理知，$\displaystyle\sum_{n=1}^{\infty}u_n$ 收敛.

(2)（反证法）若 $\displaystyle\sum_{n=1}^{\infty}u_n$ 发散，且 $\displaystyle\sum_{n=1}^{\infty}v_n$ 收敛，由 (1) 知，必有 $\displaystyle\sum_{n=1}^{\infty}u_n$ 收敛，与假设矛盾，所以当 $\displaystyle\sum_{n=1}^{\infty}u_n$ 发散时，$\displaystyle\sum_{n=1}^{\infty}v_n$ 必定发散.

例 2 讨论级数 $\sum\limits_{n=1}^{\infty}\dfrac{1}{n^2}$ 与 $\sum\limits_{n=1}^{\infty}\dfrac{1}{\sqrt{n}}$ 的敛散性.

解 对于级数 $\sum\limits_{n=1}^{\infty}\dfrac{1}{n^2}$ ，由于 $p=2>1$，所以级数 $\sum\limits_{n=1}^{\infty}\dfrac{1}{n^2}$ 收敛.

对于级数 $\sum\limits_{n=1}^{\infty}\dfrac{1}{\sqrt{n}}$ ，由于 $p=\dfrac{1}{2}<1$，所以级数 $\sum\limits_{n=1}^{\infty}\dfrac{1}{\sqrt{n}}$ 发散.

例 3 讨论级数 $\sum\limits_{n=1}^{\infty}\dfrac{1}{(n+1)^2}$ 与 $\sum\limits_{n=1}^{\infty}\dfrac{2n}{n^2+1}$ 的敛散性.

解 对于级数 $\sum\limits_{n=1}^{\infty}\dfrac{1}{(n+1)^2}$ ，由于 $\dfrac{1}{(n+1)^2}<\dfrac{1}{n^2}$，而级数 $\sum\limits_{n=1}^{\infty}\dfrac{1}{n^2}$ 收敛，根据比较审敛法，级数 $\sum\limits_{n=1}^{\infty}\dfrac{1}{(n+1)^2}$ 收敛.

对于级数 $\sum\limits_{n=1}^{\infty}\dfrac{2n}{n^2+1}$ ，由于 $\dfrac{2n}{n^2+1}>\dfrac{2n}{n^2+n^2}=\dfrac{1}{n}$，而级数 $\sum\limits_{n=1}^{\infty}\dfrac{1}{n}$ 发散，根据比较审敛法，级数 $\sum\limits_{n=1}^{\infty}\dfrac{n}{n^2+1}$ 发散.

从以上例可知，利用比较审敛法判定正项级数是否收敛时，需要选取一个已知敛散性的级数 $\sum\limits_{n=1}^{\infty}v_n$ 作为比较的基准，常选用等比级数 $\sum\limits_{n=1}^{\infty}aq^n$、$p$ 级数 $\sum\limits_{n=1}^{\infty}\dfrac{1}{n^p}$ ．判断一个级数收敛时找一个比它大的收敛级数为准，判断一个级数发散时找一个比它小的发散级数为准.

当级数的一般项较为复杂时，不容易比较，下面给出比较审敛法的极限形式：

定理 6.4（比较审敛法的极限形式） 设正项级数 $\sum\limits_{n=1}^{\infty}u_n$ 与 $\sum\limits_{n=1}^{\infty}v_n$，其中 $v_n\neq 0(n=1,2,\cdots)$，若 $\lim\limits_{n\to\infty}\dfrac{u_n}{v_n}=l$ 成立，则

(1)当 $l=0$ 时，如果级数 $\sum\limits_{n=1}^{\infty}v_n$ 收敛，则级数 $\sum\limits_{n=1}^{\infty}u_n$ 也收敛；

(2)当 $l=+\infty$ 时，如果级数 $\sum\limits_{n=1}^{\infty}v_n$ 发散，则级数 $\sum\limits_{n=1}^{\infty}u_n$ 也发散；

(3)当 $0<l<+\infty$ 时，级数 $\sum\limits_{n=1}^{\infty}u_n$ 与 $\sum\limits_{n=1}^{\infty}v_n$ 同时收敛或同时发散.

例 4 讨论下列级数的敛散性：

(1) $\sum\limits_{n=1}^{\infty}\ln\left(1+\dfrac{1}{n^2}\right)$；　　　(2) $\sum\limits_{n=1}^{\infty}\sin\dfrac{1}{n}$；　　　(3) $\sum\limits_{n=1}^{\infty}\dfrac{4n}{n^2+1}$.

解 (1)因为 $\lim\limits_{n\to\infty}\dfrac{u_n}{v_n}=\lim\limits_{n\to\infty}\dfrac{\ln\left(1+\dfrac{1}{n^2}\right)}{\dfrac{1}{n^2}}=1$，所以级数 $\sum\limits_{n=1}^{\infty}\ln\left(1+\dfrac{1}{n^2}\right)$ 与 p 级数 $\sum\limits_{n=1}^{\infty}\dfrac{1}{n^2}$ 的敛散性相同，因为 p 级数 $\sum\limits_{n=1}^{\infty}\dfrac{1}{n^2}$ 收敛，故 $\sum\limits_{n=1}^{\infty}\ln\left(1+\dfrac{1}{n^2}\right)$ 收敛.

（2）因为 $\lim\limits_{n\to\infty}\dfrac{u_n}{v_n}=\lim\limits_{n\to\infty}\dfrac{\sin\dfrac{1}{n}}{\dfrac{1}{n}}=1$ 知，级数 $\sum\limits_{n=1}^{\infty}\sin\dfrac{1}{n}$ 与调和级数 $\sum\limits_{n=1}^{\infty}\dfrac{1}{n}$ 的敛

散性相同，因为 $\sum\limits_{n=1}^{\infty}\dfrac{1}{n}$ 发散，故 $\sum\limits_{n=1}^{\infty}\sin\dfrac{1}{n}$ 发散.

（3）因为 $\lim\limits_{n\to\infty}\dfrac{u_n}{v_n}=\lim\limits_{n\to\infty}\dfrac{\dfrac{4n}{n^2+1}}{\dfrac{1}{n}}=\lim\limits_{n\to\infty}\dfrac{4n^2}{n^2+1}=4$，可知，级数 $\sum\limits_{n=1}^{\infty}\dfrac{4n}{n^2+1}$ 与调

和级数 $\sum\limits_{n=1}^{\infty}\dfrac{1}{n}$ 的敛散性相同，因为 $\sum\limits_{n=1}^{\infty}\dfrac{1}{n}$ 发散，故 $\sum\limits_{n=1}^{\infty}\dfrac{4n}{n^2+1}$ 发散.

定理 6.5（比值审敛法） 设 $\sum\limits_{n=1}^{\infty}u_n$ 为正项级数，如果 $\lim\limits_{n\to\infty}\dfrac{u_{n+1}}{u_n}=$
$\rho(0\leqslant\rho<+\infty)$，则

（1）当 $\rho<1$ 时，级数 $\sum\limits_{n=1}^{\infty}u_n$ 收敛；

（2）当 $\rho>1$（或 $\lim\limits_{n\to\infty}\dfrac{u_{n+1}}{u_n}=+\infty$）时，级数 $\sum\limits_{n=1}^{\infty}u_n$ 发散；

（3）$\rho=1$ 时，级数 $\sum\limits_{n=1}^{\infty}u_n$ 可能收敛也可能发散，此时比值审敛法失效.

说明： 利用比值审敛法判定级数的敛散性不必寻找其他级数，当通项中含有 a^n、n^n 或 $n!$ 时，常用比值审敛法. 特别地，当 $\rho=1$ 时比值审敛法失效. 例如，对于 p 级数 $\sum\limits_{n=1}^{\infty}\dfrac{1}{n^p}$，在 $p>1$ 时收敛，在 $p\leqslant1$ 时发散，然而无论 p 为何值，p 级数都满足 $\rho=\lim\limits_{n\to\infty}\dfrac{u_{n+1}}{u_n}=\lim\limits_{n\to\infty}\dfrac{n^p}{(n+1)^p}=1$，由此可见，比值审敛法对于 p 级数 $\sum\limits_{n=1}^{\infty}\dfrac{1}{n^p}$ 敛散性的判定失效，这种情况下，必须利用其他方法讨论，比如可用比较审敛法或比较审敛法的极限形式进行判别.

例 5 讨论级数的敛散性.

（1）$\sum\limits_{n=1}^{\infty}\dfrac{2n-1}{3^n}$；　（2）$\sum\limits_{n=1}^{\infty}\dfrac{n!}{10^n}$.

解 （1）级数 $\sum\limits_{n=1}^{\infty}\dfrac{2n-1}{3^n}$，$u_n=\dfrac{2n-1}{3^n}$，$u_{n+1}=\dfrac{2(n+1)-1}{3^{n+1}}=\dfrac{2n+1}{3^{n+1}}$.
因为

$$\lim_{n\to\infty}\frac{u_{n+1}}{u_n}=\lim_{n\to\infty}\frac{2n+1}{3^{n+1}}\cdot\frac{3^n}{2n-1}=\lim_{n\to\infty}\frac{2n+1}{6n-3}=\frac{1}{3}<1,$$

所以级数 $\sum\limits_{n=1}^{\infty}\dfrac{2n-1}{3^n}$ 收敛.

（2）级数 $\sum\limits_{n=1}^{\infty}\dfrac{n!}{10^n}$，$u_n=\dfrac{1\times2\times3\times\cdots\times n}{10^n}$，

$$u_{n+1} = \frac{1 \times 2 \times 3 \times \cdots \times n \times (n+1)}{10^{n+1}}.$$

因为

$$\lim_{n \to \infty} \frac{u_{n+1}}{u_n} = \lim_{n \to \infty} u_n = \frac{1 \times 2 \times 3 \times \cdots \times n \times (n+1)}{10^{n+1}} \times \frac{10^n}{1 \times 2 \times 3 \times \cdots \times n}$$

$$= \lim_{n \to \infty} \frac{n+1}{10} = +\infty,$$

所以级数 $\sum\limits_{n=1}^{\infty} \dfrac{n!}{10^n}$ 发散.

例 6　讨论级数 $\sum\limits_{n=1}^{\infty} \dfrac{n-1}{n(n+1)}$ 敛散性.

解　级数 $\sum\limits_{n=1}^{\infty} \dfrac{n-1}{n(n+1)}$，$u_n = \dfrac{n-1}{n(n+1)}$，$u_{n+1} = \dfrac{n}{(n+1)(n+2)}$.

因为

$$\lim_{n \to \infty} \frac{u_{n+1}}{u_n} = \lim_{n \to \infty} \frac{n}{(n+1) \cdot (n+2)} \cdot \frac{n(n+1)}{n-1} = \lim_{n \to \infty} \frac{n^2}{(n-1) \cdot (n+2)} = 1,$$

比值审敛法失效，改用比较审敛法判别. 由于 $\lim\limits_{n \to \infty} \dfrac{\dfrac{n-1}{(n+1) \cdot n}}{\dfrac{1}{n}} = \lim\limits_{n \to \infty} \dfrac{n^2-n}{n^2+n} = 1$,

因为调和级数 $\sum\limits_{n=1}^{\infty} \dfrac{1}{n}$ 发散，所以级数 $\sum\limits_{n=1}^{\infty} \dfrac{n-1}{n(n+1)}$ 发散.

一般来说，级数中含有指数、阶乘、幂指型时用比值审敛法较为方便. 其他形式用比较审敛法较为方便.

二、交错级数及其审敛法

级数中的各项若是按正负相间顺序排列的，即通项交错变号的级数，称为**交错级数**，可表示为 $\sum\limits_{n=1}^{\infty} (-1)^{n-1} u_n$ 或 $\sum\limits_{n=1}^{\infty} (-1)^n u_n$，其中 $u_n > 0 (n=1,2,\cdots)$.

定理 6.6（莱布尼茨审敛法）　如果交错级数 $\sum\limits_{n=1}^{\infty} (-1)^{n-1} u_n$ 或 $\sum\limits_{n=1}^{\infty} (-1)^n u_n$ 满足：

(1) $\lim\limits_{n \to \infty} u_n = 0$；(2) $u_n > u_{n+1} (n=1,2,\cdots)$，则交错级数收敛，且其和 $S \leqslant u_1$，其余项 $|r_n| \leqslant u_{n+1}$.

此定理给近似求交错级数的和时估计计算误差带来很大的方便，在近似计算中经常用到它.

说明：莱布尼茨审敛法中的条件(2)可以修改为 $u_n > u_{n+1}$　$(n=N+1,$ $N+2,\cdots)$，即从某一确定的项开始，以后各项都有 $u_n > u_{n+1}$ 成立，这是因为级数收敛与否与所讨论级数的前有限项无关.

例 7　讨论交错级数 $\sum\limits_{n=1}^{\infty} (-1)^n \dfrac{1}{n}$ 的敛散性.

解　对于交错级数 $\sum\limits_{n=1}^{\infty} (-1)^n \dfrac{1}{n}$，$u_n = \dfrac{1}{n}$，因为

$$\lim_{n \to \infty} u_n = \lim_{n \to \infty} \frac{1}{n} = 0,$$

且 $u_n = \dfrac{1}{n} > \dfrac{1}{n+1} = u_{n+1}$ $(n=1,2,\cdots)$,

满足莱布尼茨的条件,所以级数 $\sum\limits_{n=1}^{\infty} (-1)^n \dfrac{1}{n}$ 收敛.

例8 讨论交错级数 $\sum\limits_{n=1}^{\infty} (-1)^n \dfrac{1}{(2n+1) \cdot n!}$ 的敛散性,并求级数的和.(误差不超过0.001)

解 因为 $u_n = \dfrac{1}{(2n+1) \cdot n!}$,显然 $u_n > u_{n+1}$,且 $\lim\limits_{n \to \infty} u_n = \lim\limits_{n \to \infty} \dfrac{1}{(2n+1) \cdot n!} = 0$. 故级数收敛,因为 $|r_4| \leqslant u_5 = \dfrac{1}{11 \cdot 5!} = \dfrac{1}{1\,320} < 0.001$,所以

$$\sum_{n=1}^{\infty} (-1)^n \frac{1}{(2n+1) \cdot n!} \approx \sum_{n=1}^{4} (-1)^n \frac{1}{(2n+1) \cdot n!} \approx -\frac{1}{3} + \frac{1}{10} - \frac{1}{42} +$$

$\dfrac{1}{216} \approx -0.252\,5$.

三、任意项级数及其审敛法

级数中的各项若是任意实数,则称 $\sum\limits_{n=1}^{\infty} u_n (u_n \in \mathbf{R})$ 为**任意项级数**. 正项级数、交错级数均可看作特殊的任意项级数.

交错级数 $\sum\limits_{n=1}^{\infty} (-1)^n \dfrac{1}{n}$ 中各项取绝对值后便是调和级数 $\sum\limits_{n=1}^{\infty} \dfrac{1}{n}$,它是一个发散的级数,由此可知,如果一个任意项级数 $\sum\limits_{n=1}^{\infty} u_n$ 是收敛的,并不能判断其相应的级数 $\sum\limits_{n=1}^{\infty} |u_n|$ 也是收敛的.

由此产生如下新概念:

定义6.3 设 $\sum\limits_{n=1}^{\infty} u_n$ 为任意项级数,如果正项级数 $\sum\limits_{n=1}^{\infty} |u_n|$ 收敛,则称任意项级数 $\sum\limits_{n=1}^{\infty} u_n$ 为**绝对收敛**;如果正项级数 $\sum\limits_{n=1}^{\infty} |u_n|$ 发散,但级数 $\sum\limits_{n=1}^{\infty} u_n$ 收敛,则称级数 $\sum\limits_{n=1}^{\infty} u_n$ 为**条件收敛**.

定理6.7(任意项级数的审敛法) 若级数 $\sum\limits_{n=1}^{\infty} |u_n|$ 收敛,则级数 $\sum\limits_{n=1}^{\infty} u_n$ 收敛.

证 构造数列 $a_n = \dfrac{|u_n| + u_n}{2}$, $b_n = \dfrac{|u_n| - u_n}{2}$ $(n=1,2,\cdots)$,则

$$0 \leqslant a_n \leqslant |u_n|, \quad 0 \leqslant b_n \leqslant |u_n| \quad (n=1,2,\cdots).$$

因为级数 $\sum\limits_{n=1}^{\infty} |u_n|$ 收敛,根据比较审敛法知,正项级数 $\sum\limits_{n=1}^{\infty} a_n$ 与 $\sum\limits_{n=1}^{\infty} b_n$ 均收

敛,所以 $\sum_{n=1}^{\infty}(a_n-b_n)=\sum_{n=1}^{\infty}u_n$ 收敛.

说明:

(1)任意项级数的敛散性的判断问题可借助该定理转化为对一个正项级数敛散性的判定,若级数 $\sum_{n=1}^{\infty}|u_n|$ 发散,则 $\sum_{n=1}^{\infty}u_n$ 可能发散也可能收敛.

(2)判定一个级数是绝对收敛还是条件收敛的步骤为:①判断 $\sum_{n=1}^{\infty}|u_n|$,若收敛则 $\sum_{n=1}^{\infty}u_n$ 绝对收敛;②如果 $\sum_{n=1}^{\infty}|u_n|$ 发散,则要对原级数 $\sum_{n=1}^{\infty}u_n$ 进一步判断,如果 $\sum_{n=1}^{\infty}u_n$ 收敛,则为条件收敛,如果 $\sum_{n=1}^{\infty}u_n$ 发散,则它就是发散级数.

例9 讨论级数 $\sum_{n=1}^{\infty}(-1)^{n-1}\dfrac{1}{n}$ 与 $\sum_{n=1}^{\infty}\dfrac{\sin x}{n^3}$ $(x\in\mathbf{R})$ 是绝对收敛还是条件收敛.

解 对于级数 $\sum_{n=1}^{\infty}(-1)^{n-1}\dfrac{1}{n}$,其绝对值级数 $\sum_{n=1}^{\infty}\left|(-1)^{n-1}\dfrac{1}{n}\right|=\sum_{n=1}^{\infty}\dfrac{1}{n}$ 是调和级数,故 $\sum_{n=1}^{\infty}(-1)^{n-1}\dfrac{1}{n}$ 不是绝对收敛的,由莱布尼茨审敛法知交错级数 $\sum_{n=1}^{\infty}(-1)^{n-1}\dfrac{1}{n}$ 收敛,故原级数 $\sum_{n=1}^{\infty}(-1)^{n-1}\dfrac{1}{n}$ 条件收敛.

对于级数 $\sum_{n=1}^{\infty}\dfrac{\sin x}{n^3}$ $(x\in\mathbf{R})$,对于任意的一个 x,其绝对值级数 $\sum_{n=1}^{\infty}\left|\dfrac{\sin x}{n^3}\right|$ 为正项级数,因为 $\left|\dfrac{\sin x}{n^3}\right|\leqslant\dfrac{1}{n^3}$,而 $\sum_{n=1}^{\infty}\dfrac{1}{n^3}$ 是 $n=3$ 时的 p 级数,收敛,于是 $\sum_{n=1}^{\infty}\left|\dfrac{\sin x}{n^3}\right|$ $(x\in\mathbf{R})$ 收敛,故原级数 $\sum_{n=1}^{\infty}\dfrac{\sin x}{n^3}$ 绝对收敛.

【阅读材料】
正项级数的根值审敛法与积分审敛法

1.根值审敛法

设 $\sum_{n=1}^{\infty}a_n$ 为正项级数,若极限 $\lim\limits_{n\to\infty}\sqrt[n]{a_n}=\rho$ 有确定意义,则有

(1)当 $0\leqslant\rho<1$ 时,级数收敛;

(2)当 $1<\rho\leqslant+\infty$ 时,级数发散;

(3)当 $\rho=1$ 时,级数的敛散性需要另行判定.

当一般项中含有 n^n,a^n 等 $\lim\limits_{n\to\infty}\sqrt[n]{a_n}$ 易求的级数常用根值审敛法.

例1 判定下列级数的敛散性(提示:$\lim\limits_{x\to\infty}x^{\frac{1}{x}}=1$).

(1) $\sum_{n=1}^{\infty}\left(\dfrac{n+1}{3n}\right)^n$;　　(2) $\sum_{n=1}^{\infty}\dfrac{2^n}{n^2}$.

解 (1)因为 $\lim\limits_{n\to\infty}\sqrt[n]{a_n}=\lim\limits_{n\to\infty}\sqrt[n]{\left(\dfrac{n+1}{3n}\right)^n}=\lim\limits_{n\to\infty}\dfrac{n+1}{3n}=\dfrac{1}{3}<1$,所以级数

$\displaystyle\sum_{n=1}^{\infty}\left(\frac{n+1}{3n}\right)^{n}$ 收敛；

(2)因为 $\displaystyle\lim_{n\to\infty}\sqrt[n]{a_n}=\lim_{n\to\infty}\sqrt[n]{\frac{2^n}{n^2}}=\lim_{n\to\infty}\frac{2}{\sqrt[n]{n^2}}=\lim_{n\to\infty}\frac{2}{(\sqrt[n]{n})^2}=\frac{2}{1}=2>1$，所以级数

$\displaystyle\sum_{n=1}^{\infty}\frac{2^n}{n^2}$ 发散.

2.积分审敛法

设 $\displaystyle\sum_{n=1}^{\infty}a_n$ 为正项级数,若存在一个连续函数 $f(x)$,满足(1) $f(x)\geqslant0$;

(2) $f(x)$ 在 $[1,+\infty)$ 上单调减少;(3)使得 $u_n=f(n),(n=1,2,\cdots)$,则级

数 $\displaystyle\sum_{n=1}^{\infty}a_n$ 与反常积分 $\displaystyle\int_{1}^{+\infty}f(x)\mathrm{d}x$ 同时收敛或同时发散.

例 2 判定调和级数 $\displaystyle\sum_{n=1}^{\infty}\frac{1}{n}$ 的敛散性.

解 $u_n=f(n)=\dfrac{1}{n}$,　$f(x)=\dfrac{1}{x}$ 在 $[1,+\infty)$ 上连续,且单调减少非负,又

因为

$$\int_{1}^{+\infty}f(x)\mathrm{d}x=\int_{1}^{+\infty}\frac{1}{x}\mathrm{d}x=\ln x\big|_{1}^{+\infty}=+\infty\ ,$$

所以调和级数 $\displaystyle\sum_{n=1}^{\infty}\frac{1}{n}$ 发散.

练 习 6.2

1.用比较审敛法判定下列级数的敛散性.

(1) $\displaystyle\sum_{n=1}^{\infty}\frac{1}{(n+1)\cdot(n+4)}$;　　(2) $\displaystyle\sum_{n=1}^{\infty}\sin\frac{\pi}{2^n}$;

(3) $\displaystyle\sum_{n=1}^{\infty}\frac{n+1}{3n^3+4}$.

2.用比值审敛法判别下列级数的敛散性.

(1) $\displaystyle\sum_{n=1}^{\infty}\frac{n+2}{3^n}$;　　　　　　(2) $\displaystyle\sum_{n=1}^{\infty}4^n\sin\frac{\pi}{3^n}$;

(3) $\displaystyle\sum_{n=1}^{\infty}\frac{5^n}{n!}$.

3.判别下列级数是绝对收敛还是条件收敛.

(1) $\displaystyle\sum_{n=1}^{\infty}(-1)^n\frac{1}{\sqrt{n}}$;　　　　(2) $\displaystyle\sum_{n=1}^{\infty}\frac{\cos n^3}{n^2}$;

(3) $\displaystyle\sum_{n=1}^{\infty}(-1)^n\frac{n^3}{2^n}$.

§6.3 幂 级 数

前面我们讨论了数项级数,其特点是每一项都是"数",把每一项都是"函数"的级数称为函数项级数.由于函数项级数中自变量在某点的状况就是数项级数,因此可以利用数项级数的知识来研究函数项级数.本节介绍在工程技术中经常用到的形式较为简单的函数项级数——幂级数.

一、幂级数的基本概念

定义 6.4 设 $u_1(x),u_2(x),\cdots,u_n(x),\cdots$ 是定义在区间 I 上的函数列,则下面的和式

$$\sum_{n=1}^{\infty}u_n(x)=u_1(x)+u_2(x)+\cdots+u_n(x)+\cdots \qquad (6.2)$$

称为定义在区间 I 上的**函数项级数**.

取定义区间上一个确定的值 x_0 代入函数项级数,得到一个数项级数 $\sum_{n=1}^{\infty}u_n(x_0)$.如果数项级数 $\sum_{n=1}^{\infty}u_n(x_0)$ 是收敛的,则称点 x_0 为函数项级数 $\sum_{n=1}^{\infty}u_n(x)$ 的**收敛点**;如果数项级数 $\sum_{n=1}^{\infty}u_n(x_0)$ 发散,则称点 x_0 为函数项级数 $\sum_{n=1}^{\infty}u_n(x)$ 的**发散点**.所有收敛点的集合称为函数项级数 $\sum_{n=1}^{\infty}u_n(x)$ 的**收敛域**,所有发散点的集合称为函数项级数 $\sum_{n=1}^{\infty}u_n(x)$ 的**发散域**.

对于收敛域上的任意一个数 x,函数项级数 $\sum_{n=1}^{\infty}u_n(x)$ 是收敛的,因而有一确定的和 S,则在收敛域上,函数项级数的和是 x 的函数 $S(x)$,通常称 $S(x)$ 为函数项级数 $\sum_{n=1}^{\infty}u_n(x)$ 的**和函数**,这个和函数的定义域就是函数项级数 $\sum_{n=1}^{\infty}u_n(x)$ 的收敛域,即 $\sum_{n=0}^{\infty}u_n(x)=S(x),x\in$ 收敛域.

把 $\sum_{n=1}^{\infty}u_n(x)$ 的前 n 项部分和记作 $S_n(x)$,则在收敛域上必有 $\lim_{n\to\infty}S_n(x)=S(x)$,仍然把 $r_n(x)=S(x)-S_n(x)$ 称作函数项级数 $\sum_{n=1}^{\infty}u_n(x)$ 的**余项**,于是有

$$\lim_{n\to\infty}r_n(x)=\lim_{n\to\infty}[S(x)-S_n(x)]=S(x)-S(x)=0.$$

由于一般的函数项级数的收敛域或发散域的结构比较复杂,但其中的幂级数的收敛域或发散域的结构则比较简单,且它在工程技术分析中十分重要,所以下面主要介绍函数项级数中的幂级数.

定义 6.5 形如 $\sum_{n=0}^{\infty}a_nx^n=a_0+a_1x+a_2x^2+\cdots+a_nx^n+\cdots$ 的函数项级数称为关于 x 的**幂级数**,简称幂级数,其中 $a_n(n=0,1,2,\cdots)$ 称为**幂级数的**

系数.

幂级数更一般的形式是：

$$\sum_{n=0}^{\infty} a_n (x-x_0)^n = a_0 + a_1(x-x_0) + a_2(x-x_0)^2 + \cdots + a_n(x-x_0)^n + \cdots.$$

此式称为关于$(x-x_0)$的幂级数.

若将上式各项作变量代换,令$t=x-x_0$,则$\sum_{n=0}^{\infty} a_n(x-x_0)^n = \sum_{n=0}^{\infty} a_n t^n$,从而也是形同幂级数$\sum_{n=0}^{\infty} a_n x^n$形式,因此,下面重点讨论形如$\sum_{n=0}^{\infty} a_n x^n$的幂级数,例如,$1+x+x^2+\cdots+x^n+\cdots$和$1+x+\dfrac{x^2}{2!}+\cdots+\dfrac{x^n}{n!}+\cdots$都是这种类型的幂级数.对于幂级数,我们最关心的问题是其敛散性.

二、幂级数的收敛性

幂级数$1+x+x^2+\cdots+x^n+\cdots$可以看成以变量$x$为公比的等比级数,当$|x|<1$时,收敛于和$\dfrac{1}{1-x}$;当$|x|\geqslant 1$时发散.即$x$在$(-1,1)$内任意取值时,总有

$$1+x+x^2+\cdots+x^n+\cdots=\frac{1}{1-x}, \quad x\in(-1,1.) \tag{6.3}$$

式(6.3)说明,幂级数的收敛域是一个关于原点对称的区间,这虽是个特例,但对所有的幂级数都是成立的,对此有如下定理：

定理 6.8（阿贝尔定理） 若幂级数$\sum_{n=0}^{\infty} a_n x^n$在$x=x_0(x\neq 0)$处收敛,则对一切满足不等式$|x|<|x_0|$的所有$x$,幂级数$\sum_{n=0}^{\infty} a_n x^n$收敛,且为绝对收敛;若幂级数$\sum_{n=0}^{\infty} a_n x^n$在$x=x_0(x\neq 0)$处发散,则对一切满足$|x|>|x_0|$的所有$x$,幂级数$\sum_{n=0}^{\infty} a_n x^n$发散.

本定理可以简记为：收敛点对应的对称区间内的点均为绝对收敛点；发散点对应的对称区间外的点均为发散点.（证明从略）

由定理6.8可知,对于幂级数,会存在一个正常数R,在区间$(-R,R)$内收敛,在区间$[-R,R]$之外发散.称R为幂级数的收敛半径,称$(-R,R)$为幂级数的收敛区间.在讨论收敛区间端点处即$x=\pm R$处的敛散性后,幂级数的收敛域可能为$(-R,R)$,$[-R,R]$,$[-R,R)$或$(-R,R]$.

关于幂级数收敛半径的求法,有下面的定理：

定理 6.9 如果幂级数$\sum_{n=0}^{\infty} a_n x^n$的相邻两项的系数$a_n$,$a_{n+1}$满足$\lim_{n\to\infty}\left|\dfrac{a_{n+1}}{a_n}\right|=\rho$,则$R=\dfrac{1}{\rho}$就是幂级数$\sum_{n=0}^{\infty} a_n x^n$的收敛半径.

证 对于幂级数 $\sum_{n=0}^{\infty} a_n x^n = \sum_{n=0}^{\infty} u_n(x)$,根据比值审敛法

$$\lim_{n\to\infty}\left|\frac{u_{n+1}}{u_n}\right| = \lim_{n\to\infty}\left|\frac{a_{n+1}x^{n+1}}{a_n x^n}\right| = |x| \cdot \lim_{n\to\infty}\left|\frac{a_{n+1}}{a_n}\right| = \rho|x|.$$

若 $0 < \rho < +\infty$,当 $\rho|x| < 1$ 即 $|x| < \frac{1}{\rho}$ 时,幂级数 $\sum_{n=0}^{\infty} a_n x^n$ 收敛;当 $|x| > R$ 时,幂级数 $\sum_{n=0}^{\infty} a_n x^n$ 发散,那么 $R = \frac{1}{\rho}$ 即为幂级数 $\sum_{n=0}^{\infty} a_n x^n$ 的收敛半径.

若 $\rho = 0$,有 $\lim_{n\to\infty}\left|\frac{a_{n+1}x^{n+1}}{a_n x^n}\right| = |x| \cdot \lim_{n\to\infty}\left|\frac{a_{n+1}}{a_n}\right| = 0 < 1$ 成立,即对所有的实数 x,幂级数 $\sum_{n=0}^{\infty} a_n x^n$ 收敛,$R = +\infty$.

若 $\rho = +\infty$,要使 $\lim_{n\to\infty}\left|\frac{a_{n+1}x^{n+1}}{a_n x^n}\right| = |x| \cdot \lim_{n\to\infty}\left|\frac{a_{n+1}}{a_n}\right| < 1$ 成立,只有 $x = 0$,这表明幂级数 $\sum_{n=0}^{\infty} a_n x^n$ 仅有一个收敛点 $x = 0$,则 $R = 0$.

例 1 求幂级数 $\sum_{n=1}^{\infty} \frac{x^n}{n}$ 的收敛域.

解 由于 $a_n = \frac{1}{n}$,于是 $\lim_{n\to\infty}\frac{|a_n|}{|a_{n+1}|} = \lim_{n\to\infty}\frac{n}{n+1} = 1$,从而幂级数 $\sum_{n=1}^{\infty} \frac{x^n}{n}$ 的收敛半径 $R = 1$,

当 $x = 1$ 时,$\sum_{n=1}^{\infty} \frac{x^n}{n} = \sum_{n=1}^{\infty} \frac{1}{n}$ 为调和级数发散;当 $x = -1$ 时,$\sum_{n=1}^{\infty} \frac{x^n}{n} = \sum_{n=1}^{\infty} \frac{(-1)^n}{n}$ 为交错级数收敛,所以幂级数 $\sum_{n=1}^{\infty} \frac{x^n}{n}$ 的收敛域为 $[-1, 1)$.

例 2 求幂级数 $\sum_{n=0}^{\infty} \frac{(x-1)^n}{n^2}$ 的收敛域.

解 设 $x - 1 = t$,则 $\sum_{n=0}^{\infty} \frac{(x-1)^n}{n^2} = \sum_{n=0}^{\infty} \frac{t^n}{n^2}$,其中 $a_n = \frac{1}{n^2}$,由于

$$\lim_{n\to\infty}\frac{|a_n|}{|a_{n+1}|} = \lim_{n\to\infty}\frac{(n+1)^2}{n^2} = 1,$$

所以幂级数 $\sum_{n=0}^{\infty} \frac{t^n}{n^2}$ 的收敛半径 $R = 1$.

当 $t = 1$ 时,级数 $\sum_{n=0}^{\infty} \frac{1}{n^2}$ 收敛,当 $t = -1$ 时,级数 $\sum_{n=0}^{\infty} \frac{(-1)^n}{n^2}$ 收敛,于是幂级数 $\sum_{n=0}^{\infty} \frac{t^n}{n^2}$ 的收敛域是 $-1 \leqslant t \leqslant 1$,而 $x = t + 1$,因此 $\sum_{n=0}^{\infty} \frac{(x-1)^n}{n^2}$ 的收敛域是 $0 \leqslant x \leqslant 2$.

例 3 求幂级数 $\sum_{n=1}^{\infty} \frac{x^{2n}}{n \cdot 4^n}$ 的收敛域.

解 由于所给级数缺少偶次幂项,不能直接利用定理求收敛半径.

当 $x = 0$ 时,幂级数是收敛的;

当 $x\neq 0$ 时,幂级数为正项级数,用比值审敛法来求收敛半径. 由于

$$\lim_{n\to\infty}\left|\frac{u_{n+1}(x)}{u_n(x)}\right|=\lim_{n\to\infty}\left|\frac{x^{2n+2}}{(n+1)4^{n+1}}\cdot\frac{n4^n}{x^{2n}}\right|=x^2\lim_{n\to\infty}\frac{n}{4(n+1)}=\frac{x^2}{4}$$

当 $\frac{x^2}{4}<1$ 即 $|x|<2$ 时,幂级数收敛;当 $\frac{x^2}{4}>1$ 即 $|x|>2$ 时,幂级数发散;

所以幂级数的收敛半径为 $R=2$. 而当 $x=\pm 2$ 时,$\sum_{n=1}^{\infty}\frac{x^{2n}}{n\cdot 4^n}=\sum_{n=1}^{\infty}\frac{1}{n}$,是发散

的,所以原幂级数的收敛域为 $(-2,2)$.

还可以用代换法求解. 令 $x^2=t$,$\sum_{n=0}^{\infty}\frac{x^{2n}}{n\cdot 4^n}$ 化为幂级数 $\sum_{n=0}^{\infty}\frac{t^n}{n\cdot 4^n}$,再讨论.

必须注意:上述所有的方法中,端点都要另行讨论.

三、幂级数的和函数

若幂级数 $\sum_{n=0}^{\infty}a_nx^n$ 的收敛区间为 $(-R,R)$,则对此区间内的任意一点 x,相应数项级数的和都存在,因此对于每一个 x,都会有一个和 $S(x)$ 与之对应,于是产生了一个以收敛区间上点 x 为自变量,以相应数项级数的和为因变量的新函数 $S(x)$,称为**幂级数的和函数**,也称由幂级数确定的函数.

对于一个非等比形式的幂级数,如果要直接求它的和函数,一般来说非常困难,但借助幂级数及其和函数的性质,可以通过间接的方法来求幂级数的和函数. 下面介绍幂级数及其和函数的性质.

性质 1 设幂级数 $\sum_{n=0}^{\infty}a_nx^n$ 的收敛半径为 R_1,和函数为 $S_1(x)$;幂级数 $\sum_{n=0}^{\infty}b_nx^n$ 的收敛半径为 R_2,和函数为 $S_2(x)$,设 $R=\min(R_1,R_2)$,则:

$(1)\sum_{n=0}^{\infty}a_nx^n\pm\sum_{n=0}^{\infty}b_nx^n=\sum_{n=0}^{\infty}(a_n\pm b_n)x^n=S_1(x)\pm S_2(x)$,$x\in(-R,R)$;

$(2)\left(\sum_{n=0}^{\infty}a_nx^n\right)\cdot\left(\sum_{n=0}^{\infty}b_nx^n\right)=\sum_{n=0}^{\infty}\left(\sum_{i=0}^{n}a_ib_{n-i}\right)x^n=S_1(x)\cdot S_2(x)$,$x\in(-R,R)$.

性质 2 设幂级数 $\sum_{n=0}^{\infty}a_nx^n$ 的收敛半径为 $R(R>0)$,和函数为 $S(x)$,则和函数 $S(x)$ 有以下性质成立:

$(1)S(x)$ 在 $(-R,R)$ 内连续,即对任意 $x_0\in(-R,R)$,有

$$\lim_{x\to x_0}S(x)=\lim_{x\to x_0}\left(\sum_{n=0}^{\infty}a_nx^n\right)=\sum_{n=0}^{\infty}\lim_{x\to x_0}(a_nx^n)=\sum_{n=0}^{\infty}a_nx_0^n=S(x_0);\quad(6.4)$$

$(2)S(x)$ 在 $(-R,R)$ 内可导,并有逐项求导公式

$$S'(x)=\left(\sum_{n=1}^{\infty}a_nx^n\right)'=\sum_{n=1}^{\infty}(a_nx^n)'=\sum_{n=1}^{\infty}na_nx^{n-1};\quad(6.5)$$

$(3)S(x)$ 在 $(-R,R)$ 内可积,并有逐项积分公式

$$\int_0^x S(x)\mathrm{d}x = \int_0^x \sum_{n=0}^{\infty} a_n x^n \mathrm{d}x = \sum_{n=0}^{\infty} \int_0^x a_n x^n \mathrm{d}x = \sum_{n=0}^{\infty} \frac{a_n}{n+1} x^{n+1}. \quad (6.6)$$

以上性质表明对幂级数求导或求积分后所得的新级数的收敛半径与原幂级数的收敛半径相同，因而幂级数可以在其收敛区间内任意次地进行求导和积分，但是收敛域端点处的收敛性可能会发生变化. 由于常数的导数为零，所以有些幂级数在逐项求导后要改变下标的起始值. 利用上述性质求幂级数的和函数通常有"先积后微、先微后积、错位相减"等方法. 下面举例说明幂级数和函数的求法.

例 4 求 $\sum_{n=0}^{\infty} (n+1)x^n$ 的和函数，并由此求 $\sum_{n=0}^{\infty} \frac{n+1}{2^n}$ 的值.

解 先求收敛域，由 $\lim\limits_{n\to\infty} \left| \frac{a_n}{a_{n+1}} \right| = \lim\limits_{n\to\infty} \frac{n+1}{n+2} = 1$，得幂级数 $\sum_{n=0}^{\infty} (n+1)x^n$ 的

收敛区间为 $(-1,1)$，由于 $\lim\limits_{n\to\infty}(-1)^n(n+1) \neq 0$，所以幂级数 $\sum_{n=0}^{\infty} (n+1)x^n$ 在

$x = \pm 1$ 时发散，因此幂级数的 $\sum_{n=0}^{\infty} (n+1)x^n$ 的收敛域为 $(-1,1)$.

设 $\sum_{n=0}^{\infty} (n+1)x^n$ 的和函数为 $S(x)$，两边积分，得

$$\int_0^x S(x)\mathrm{d}x = \sum_{n=0}^{\infty} \int_0^x (n+1)x^n \mathrm{d}t = \sum_{n=0}^{\infty} x^{n+1},$$

$\sum_{n=0}^{\infty} x^{n+1}$ 是首项为 x、公比为 x 的等比级数，当 $|x|<1$ 即 $x \in (-1,1)$ 时收敛且

$\sum_{n=0}^{\infty} x^{n+1} = \frac{x}{1-x}$，再对上式两端求导，得

$$S(x) = \left[\int_0^x S(t)\mathrm{d}t \right]' = \left(\frac{x}{1-x} \right)' = \frac{1}{(1-x)^2}, \quad x \in (-1,1).$$

求和函数的主要思想：在收敛区域内通过逐项求导或逐项积分以使幂级数转化为等比（几何）级数，利用等比级数的求和公式求新幂级数的和，再还原即可. 其解题步骤为：

(1) 求幂级数的收敛半径与收敛域.

(2) 对原幂级数经逐项求导（或逐项积分）后转化为等比级数，求和 $S'(x)$

（或 $\int_0^x S(x)\mathrm{d}x$）.

(3) 对 $S'(x)$ 逐项求积分（或对 $\int_0^x S(x)\mathrm{d}x$ 逐项求导）得到和函数 $S(x)$.

四、函数的幂级数展开

前面讨论了幂级数的收敛域及其和函数的性质，但在许多应用中往往遇到的相反的问题：对于给定的函数 $f(x)$，考虑它是否能够在某个区间内展开成幂级数，即能否找到这样一个幂级数，使它在某区间内收敛，且其和恰好就是给定的函数 $f(x)$.

对于函数 $f(x)$，如果能找到一个幂级数 $\sum_{n=0}^{\infty} a_n x^n$，使 $f(x) = \sum_{n=0}^{\infty} a_n x^n (x \in D)$

成立(其中 D 为幂级数 $\sum_{n=0}^{\infty} a_n x^n$ 的收敛域),就说函数 $f(x)$ 在该收敛域内可以展

开为 x 的幂级数,称 $\sum_{n=0}^{\infty} a_n x^n$ 为函数 $f(x)$ 在收敛域 D 上的**幂级数展开式**.

如果函数 $f(x)$ 在点 x_0 处具有任意阶导数,则称级数

$$f(x_0) + \frac{f'(x_0)}{1!}(x-x_0) + \frac{f''(x_0)}{2!}(x-x_0)^2 + \cdots + \frac{f^{(n)}(x_0)}{n!}(x-x_0)^n + \cdots$$

$$(6.7)$$

为函数 $f(x)$ 在点 x_0 处的**泰勒级数**.

特别地,当 $x_0 = 0$ 时,函数 $f(x)$ 的泰勒级数称为函数 $f(x)$ 的**麦克劳林级数**.

$$f(0) + \frac{f'(0)}{1!}x + \frac{f''(0)}{2!}x^2 + \cdots + \frac{f^{(n)}(0)}{n!}x^n + \cdots. \qquad (6.8)$$

需要说明的是,已知一个函数 $f(x)$ 在点 x_0 处具有任意阶导数,则它的泰勒级数就存在,但不是说 $f(x)$ 的泰勒级数一定是收敛于 $f(x)$. 那么,满足什么条件的函数 $f(x)$ 的泰勒级数收敛于 $f(x)$? 这里不给证明地给出以下结论.

如果在开区间 (x_0-R, x_0+R) 内, $f(x)$ 的各阶导数有界,并且 $f(x)$ 的泰勒公式中的余项对于一切的 $x \in (x_0-R, x_0+R)$ 都有 $R_n(x)$ 当 $n \to \infty$ 时的极限为 0,则 $f(x)$ 可以展开成幂级数.

将函数 $f(x)$ 展开为 x 的幂级数,可按下列步骤进行(展开为 $(x-x_0)$ 的幂级数与之类似,只要将点 0 换成点 x_0 即可):

第一步:求出 $f(x)$ 的各阶导数 $f'(x), f''(x), \cdots, f^{(n)}(x), \cdots$;如果在所讨论点处的某阶导数不存在,就停止求解,例如,在 $x=0$ 处, $f(x)=x^{\frac{7}{3}}$ 的三阶导数不存在,所以它不可展开成 x 的幂级数.

第二步:求出函数及其各阶导数在 $x=0$ 处的数值 $f(0), f'(0), f''(0)$, $\cdots, f^{(n)}(0), \cdots$.

第三步:写出相应的幂级数 $f(0) + \frac{f'(0)}{1!}x + \frac{f''(0)}{2!}x^2 + \cdots + \frac{f^{(n)}(0)}{n!}x^n + \cdots$,并求出其收敛半径 R.

第四步:考察 $f(0) + \frac{f'(0)}{1!}x + \frac{f''(0)}{2!}x^2 + \cdots + \frac{f^{(n)}(0)}{n!}x^n + \cdots$ 在 $(-R, R)$ 内是否收敛于 $f(x)$,即考察余项 $R_n(x)$ 是否以零为极限.

用上述步骤把一个函数展开成 x 的幂级数的方法叫做直接展开法,此法计算量大,尤其是第四步计算更加烦琐. 实际上,利用一些已知的函数展开式,通过幂级数的运算以及变量代换等,可将所给函数展开成幂级数,这样做不但计算简单,而且可以避免对于余项的讨论,这种方法称为间接展开法. 为了便于查用,下面给出常用函数的麦克劳林级数展开式:

(1) $e^x = 1 + x + \frac{x^2}{2!} + \frac{x^3}{3!} + \cdots + \frac{x^n}{n!} + \cdots, \quad x \in (-\infty, +\infty)$;

(2) $\sin x = x - \frac{x^3}{3!} + \frac{x^5}{5!} - \cdots + (-1)^n \frac{x^{2n+1}}{(2n+1)!} + \cdots, \quad x \in (-\infty, +\infty)$;

(3) $\cos x = 1 - \dfrac{x^2}{2!} + \dfrac{x^4}{4!} - \cdots + (-1)^n \dfrac{x^{2n}}{2n!} + \cdots, \quad x \in (-\infty, +\infty)$;

(4) $\ln(1+x) = x - \dfrac{x^2}{2} + \dfrac{x^3}{3} - \cdots + (-1)^{n-1} \dfrac{x^n}{n} + \cdots, x \in (-1, 1]$;

(5) $(1+x)^m = 1 + mx + \dfrac{m(m-1)x^2}{2!} + \cdots + \dfrac{m(m-1)\cdots(m-n+1)x^n}{n!} + \cdots,$

$x \in (-1, 1)$.

特别地，当 m 为正整数时公式(5)就是初等代数中的二项式展开定理.

例 5　求函数 $\cos 3x$ 的麦克劳林展开式.

解　因为 $\cos x = \displaystyle\sum_{n=0}^{\infty} (-1)^n \dfrac{x^{2n}}{2n!}$，$x \in (-\infty, +\infty)$，所以

$$\cos 3x = \sum_{n=0}^{\infty} (-1)^n \dfrac{(3x)^{2n}}{2n!} = \sum_{n=0}^{\infty} (-1)^n \dfrac{9^n}{2n!} x^{2n}, \quad x \in (-\infty, +\infty).$$

例 6　求函数 $\ln \dfrac{1+x}{1-x}$ 的麦克劳林展开式.

解　因为 $\ln(1+x) = x - \dfrac{x^2}{2} + \dfrac{x^3}{3} - \cdots + (-1)^{n-1} \dfrac{x^n}{n} + \cdots, x \in (-1, 1]$，

所以

$$\ln(1-x) = -x - \dfrac{x^2}{2} - \dfrac{x^3}{3} - \cdots - \dfrac{x^n}{n} - \cdots, \quad x \in [-1, 1),$$

$$f(x) = \ln \dfrac{1+x}{1-x} = \ln(1+x) - \ln(1-x) = 2 \sum_{n=1}^{\infty} \dfrac{x^{2n-1}}{2n-1}, \quad x \in (-1, 1).$$

令 $x = \dfrac{1}{2n+1} (n \in \mathbf{N})$，得

$$\ln(n+1) = \ln n + 2 \left[\dfrac{1}{2n+1} + \dfrac{1}{3} \left(\dfrac{1}{2n+1} \right)^3 + \dfrac{1}{5} \left(\dfrac{1}{2n+1} \right)^5 + \cdots \right],$$

将 $n=1$ 代入上式，得

$$\ln 2 = 2 \left(\dfrac{1}{3} + \dfrac{1}{3} \cdot \dfrac{1}{3^3} + \dfrac{1}{5} \cdot \dfrac{1}{3^5} + \dfrac{1}{7} \cdot \dfrac{1}{3^7} + \cdots \right),$$

由于 $|r_4| < \dfrac{1}{70\,000}$，于是

$$\ln 2 \approx 2 \left(\dfrac{1}{3} + \dfrac{1}{3} \cdot \dfrac{1}{3^3} + \dfrac{1}{5} \cdot \dfrac{1}{3^5} + \dfrac{1}{7} \cdot \dfrac{1}{3^7} + \cdots \right) \approx 0.693\,1.$$

练 习 6.3

1. 求下列幂级数的收敛区间.

(1) $\displaystyle\sum_{n=1}^{\infty} (-1)^n x^n$;　　　　(2) $\displaystyle\sum_{n=1}^{\infty} \dfrac{(x-1)^n}{n!}$;

(3) $\displaystyle\sum_{n=1}^{\infty} (-1)^n \dfrac{x^{2n+1}}{2n+1}$;　　(4) $\displaystyle\sum_{n=1}^{\infty} \dfrac{x^{2n}}{n \cdot 3^n}$.

2. 求幂级数 $\displaystyle\sum_{n=1}^{\infty} \dfrac{x^{2n-1}}{2n-1}$ 的和函数，并求级数 $\displaystyle\sum_{n=1}^{\infty} \dfrac{1}{(2n-1)2^n}$ 的和.

3.求下列函数的麦克劳林展开式,并指出其收敛区间.

(1)$\ln(2+x)$;　　　　　　　(2)$\sin\dfrac{x}{3}$.

§6.4　傅里叶级数

18世纪中叶,法国数学家和工程师傅里叶 M. Fourier 1768—1830)在研究热传导问题时,找到了用另一类简单函数——三角函数的线性组合表示有限区间上的一般函数 $f(x)$ 的方法,即把 $f(x)$ 展开成**傅里叶级数**.与幂级数展开相比,傅里叶级数对于 $f(x)$ 的要求要宽松许多,并且它的部分和在连续点与 $f(x)$ 相等,它在数学研究以及工程技术等研究领域极具价值,具有广泛的应用.本节只介绍有关傅里叶级数的基本知识,包括:傅里叶级数的基本概念,傅里叶级数的收敛条件,如何将一个函数展开成傅里叶级数.

一、傅里叶级数的概念

在自然界中广泛地存在各种各样的周期性运动,例如,日月星球的运动,电磁波与声波的运动,工厂里机器部件的往复运动,以及人体心脏的跳动等.数学上借助周期函数来描述周期性的运动,但上述运动往往不是最简单的正弦或余弦函数可以表示的.能否将一个周期为 $2l$ 的函数 $f(x)$ 表示成简单的三角函数(周期为 $2l$,如 $\cos\dfrac{k\pi}{l}x$,$\sin\dfrac{k\pi}{l}x$)的线性组合呢? 下面先讨论周期为 2π 的周期函数.

由 $1,\cos x,\sin x,\cos 2x,\sin 2x,\cdots,\cos nx,\sin nx,\cdots$ 组成的函数序列称为**三角函数系**.容易验证,此三角函数系在 $[-\pi,\pi]$ 上满足:任意两个不同的函数之积在 $[-\pi,\pi]$ 上的积分均为零;任意两个相同函数的成绩在区间 $[-\pi,\pi]$ 上的积分不等于零.这一特性称为三角函数系的正交性.即:

$$\int_{-\pi}^{\pi}1\cdot\cos nx\,\mathrm{d}x=0\quad(n=1,2,\cdots);$$

$$\int_{-\pi}^{\pi}1\cdot\sin nx\,\mathrm{d}x=0\quad(n=1,2,\cdots);$$

$$\int_{-\pi}^{\pi}\cos nx\cdot\sin mx\,\mathrm{d}x=0\quad(m,n=1,2,\cdots);$$

$$\int_{-\pi}^{\pi}\cos nx\cdot\cos mx\,\mathrm{d}x=0\quad(m,n=1,2,\cdots,m\neq n);$$

$$\int_{-\pi}^{\pi}\sin nx\cdot\sin mx\,\mathrm{d}x=0\quad(m,n=1,2,\cdots,m\neq n);$$

$$\int_{-\pi}^{\pi}1\cdot1\,\mathrm{d}x=2\pi;$$

$$\int_{-\pi}^{\pi}\cos nx\cdot\cos nx\,\mathrm{d}x=\pi\quad(n=1,2,\cdots);$$

$$\int_{-\pi}^{\pi}\sin nx\cdot\sin nx\,\mathrm{d}x=\pi\quad(n=1,2,\cdots).$$

(6.9)

把由三角函数系 $1,\cos x,\sin x,\cos 2x,\sin 2x,\cdots,\cos nx,\sin nx,\cdots$ 构成的级数

$$\frac{a_0}{2} + \sum_{n=1}^{\infty} (a_n \cos nx + b_n \sin nx)$$

称为**三角级数**,其中,$a_0, a_n, b_n (n=1,2,3,\cdots)$均为常数.

现在讨论上述三角级数的收敛问题,以及如何把给定的级数展开为三角级数.

假设$f(x)$在$[-\pi,\pi]$可以展开为三角级数,即

$$f(x) = \frac{a_0}{2} + \sum_{n=1}^{\infty} (a_n \cos nx + b_n \sin nx) , \tag{6.10}$$

那么三角级数的系数$a_0, a_n, b_n (n=1,2,3,\cdots)$与函数$f(x)$有何关系呢?即如何利用$f(x)$把$a_0, a_n, b_n (n=1,2,3,\cdots)$表达出来?

先假设$f(x)$在$[-\pi,\pi]$上连续且三角级数逐项可积.

先求a_0,式(6.10)两端在$[-\pi,\pi]$上积分,得

$$\int_{-\pi}^{\pi} f(x) \mathrm{d}x = \int_{-\pi}^{\pi} \frac{a_0}{2} \mathrm{d}x + \sum_{n=1}^{\infty} \left(\int_{-\pi}^{\pi} a_n \cos nx \, \mathrm{d}x + \int_{-\pi}^{\pi} b_n \sin nx \, \mathrm{d}x \right) ,$$

根据三角函数系的正交性知,等式右边除第一项外其余各项均为0,所以

$$\int_{-\pi}^{\pi} f(x) \mathrm{d}x = \int_{-\pi}^{\pi} \frac{a_0}{2} \mathrm{d}x = a_0 \pi, a_0 = \frac{1}{\pi} \int_{-\pi}^{\pi} f(x) \mathrm{d}x . \tag{6.11}$$

再求a_n,用$\cos kx$乘式(6.10)的两边后再在$[-\pi,\pi]$上积分,得

$$\int_{-\pi}^{\pi} f(x) \cos kx \, \mathrm{d}x = \int_{-\pi}^{\pi} \frac{a_0}{2} \cos kx \, \mathrm{d}x +$$

$$\sum_{n=1}^{\infty} \left(\int_{-\pi}^{\pi} a_n \cos kx \cos nx \, \mathrm{d}x + \int_{-\pi}^{\pi} b_n \cos kx \sin nx \, \mathrm{d}x \right) ,$$

根据三角函数系的正交性可知,等式右边除$k=n$的一项外,其余各项均为零,所以

$$\int_{-\pi}^{\pi} f(x) \cos kx \, \mathrm{d}x = \int_{-\pi}^{\pi} a_k \cos^2 kx \, \mathrm{d}x = a_k \pi .$$

于是$a_k = \frac{1}{\pi} \int_{-\pi}^{\pi} f(x) \cdot \cos kx \, \mathrm{d}x$,亦即

$$a_n = \frac{1}{\pi} \int_{-\pi}^{\pi} f(x) \cdot \cos nx \, \mathrm{d}x \quad (n=1,2,3,\cdots).$$

类似地,用$\sin kx$乘式(6.10)的两边后,再在$[-\pi,\pi]$上积分,得

$$b_k = \frac{1}{\pi} \int_{-\pi}^{\pi} f(x) \sin kx \, \mathrm{d}x,$$

即 $$b_n = \frac{1}{\pi} \int_{-\pi}^{\pi} f(x) \sin nx \, \mathrm{d}x \quad (n=1,2,3,\cdots).$$

于是得到三角级数的系数与和函数$f(x)$的关系的公式:

$$a_0 = \frac{1}{\pi} \int_{-\pi}^{\pi} f(x) \mathrm{d}x ;$$

$$a_n = \frac{1}{\pi} \int_{-\pi}^{\pi} f(x) \cos nx \, \mathrm{d}x \quad (n=1,2,3,\cdots); \tag{6.12}$$

$$b_n = \frac{1}{\pi} \int_{-\pi}^{\pi} f(x) \sin nx \, \mathrm{d}x \quad (n=1,2,3,\cdots).$$

这组公式给出了由一个已知函数求取相应的三角级数的系数的方法,此公

式组称为**欧拉-傅里叶公式**,在求系数 a_n 的表达式中,令 $n=0$ 就可得到 a_0 的表达式,在求 a_n 的过程中若要求 $n\neq0$ 时,则 a_0 还需要单独求解.

由欧拉-傅里叶公式所确定的系数 a_n,b_n 称为函数 $f(x)$ 在 $[-\pi,\pi]$ 上的**傅里叶系数**,将这些系数代入 $f(x)=\dfrac{a_0}{2}+\sum\limits_{n=1}^{\infty}(a_n\cos nx+b_n\sin nx)$ 中,所确定的相应三角级数称为 $f(x)$ 的**傅里叶级数**.特别地,当 $f(x)$ 为奇函数时,$a_n=0$ $(n=0,1,2,\cdots)$,此时,$f(x)=\sum\limits_{n=1}^{\infty}b_n\sin nx$ 称为**正弦级数**;当 $f(x)$ 为偶函数时,$b_n=0$ $(n=1,2,3,\cdots)$,此时,$f(x)=\dfrac{a_0}{2}+\sum\limits_{n=1}^{\infty}a_n\cos nx$,称为**余弦级数**.

二、函数展开为傅里叶级数

只要函数 $f(x)$ 在 $[-\pi,\pi]$ 上可积,就可以求出其傅里叶级数,但是,函数 $f(x)$ 满足何种条件时它的傅里叶级数收敛? 收敛时是否收敛于 $f(x)$ 本身? 如果 $f(x)$ 的傅里叶级数收敛于 $f(x)$,则 $f(x)$ 的傅里叶级数称为 $f(x)$ 的傅里叶展开式.

下面不加证明地给出一个关于收敛问题的条件.

定理 6.10(狄利克雷(Dirichlet)**收敛定理**) 设 $f(x)$ 是周期为 2π 的周期函数,且满足:(1)在一个周期内 $[-\pi,\pi]$ 上连续或只有有限个第一类间断点;(2)在一个周期内 $[-\pi,\pi)$ 内至多只有有限个极值点,则 $f(x)$ 的傅里叶级数收敛,并且在连续点处收敛于 $f(x)$;在间断点 x_0 处收敛于 $\dfrac{f(x_0-0)+f(x_0+0)}{2}$.

把周期为 2π 的周期函数 $f(x)$ 展开成傅里叶级数,可按下列步骤进行:

第一步:作出 $f(x)$ 一个周期上的图形并进行延拓,并判断函数的奇偶性.

第二步:按照欧拉-傅里叶公式计算 $f(x)$ 的傅里叶系数.

第三步:讨论是否满足狄利克雷收敛条件,并求出在间断点和端点处的收敛值(可省略).

第四步:写出函数在连续点处的傅里叶级数,并注明它的收敛区间.

1. 周期函数的傅里叶级数展开

例1 设锯齿脉冲信号函数 $f(x)$ 的周期为 2π,它在 $[-\pi,\pi]$ 上的表达式为 $f(x)=\begin{cases}0 & \text{当 } \pi\leqslant x<0 \\ x & \text{当 } 0\leqslant x<\pi\end{cases}$,如图 6.3 所示,求它的傅里叶级数展开式.

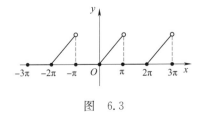

图　6.3

解 函数 $f(x)$ 为非奇非偶函数.

计算傅里叶系数如下

$$a_0 = \frac{1}{\pi} \int_{-\pi}^{\pi} f(x) \mathrm{d}x = \frac{1}{\pi} \int_{0}^{\pi} x \mathrm{d}x = \frac{1}{\pi} \left(\frac{x^2}{2} \right) \Big|_{0}^{\pi} = \frac{\pi}{2} ;$$

$$a_n = \frac{1}{\pi} \int_{-\pi}^{\pi} f(x) \cos nx \, \mathrm{d}x = \frac{1}{\pi} \left(\frac{x}{n} \sin nx + \frac{1}{n^2} \cos nx \right) \Big|_{0}^{\pi}$$

$$= \begin{cases} 0 & \text{当 } n = 2, 4, 6, \cdots \\ -\dfrac{2}{n^2 \pi} & \text{当 } n = 1, 3, 5, \cdots \end{cases},$$

$$b_n = \frac{1}{\pi} \int_{-\pi}^{\pi} f(x) \sin nx \, \mathrm{d}x = \frac{1}{\pi} \left(-\frac{x}{n} \cos nx + \frac{1}{n^2} \sin nx \right) \Big|_{0}^{\pi}$$

$$= \frac{(-1)^{n+1}}{n} \quad (n = 1, 2, 3, \cdots) ,$$

于是,函数 $f(x)$ 的傅里叶级数展开式为

$$f(x) = \frac{\pi}{4} - \sum_{n=1}^{\infty} \frac{2}{(2n-1)^2 \pi} \cos (2n-1)x + \sum_{n=1}^{\infty} \frac{(-1)^{n+1}}{n} \sin nx$$

$$(-\infty < x < +\infty, x \neq \pm\pi, \pm 2\pi, \cdots).$$

例 2 设脉冲信号函数 $f(x)$ 是周期为 4 的函数,它在 $[-2, 2)$ 上的表达式为 $f(x) = \begin{cases} 0 & \text{当} -2 \leqslant x < 0 \\ k & \text{当} 0 \leqslant x < 2 \end{cases}$ $(k \in \mathbf{R}^*)$,如图 6.4 所示,求 $f(x)$ 的傅里叶级数展开式.

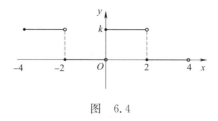

图 6.4

解 作变量代换 $x = \dfrac{2t}{\pi}$,则 $t = \dfrac{\pi x}{2}$,当 $x \in [-2, 2]$ 时,有 $t \in [-\pi, \pi]$. 令 $f(x) = F(t)$,则 $F(t)$ 就是以 2π 为周期且满足收敛条件的函数,因此

$$f(x) = F(t) = \frac{a_0}{2} + \sum_{n=1}^{\infty} (a_n \cos nt + b_n \sin nt)$$

$$= \frac{a_0}{2} + \sum_{n=1}^{\infty} \left(a_n \cos \frac{n\pi x}{2} + b_n \sin \frac{n\pi x}{2} \right) ,$$

其中,

$$a_0 = \frac{1}{2} \int_{-2}^{2} f(x) \mathrm{d}x = k,$$

$$a_n = \frac{1}{2} \int_{-2}^{2} f(x) \cos \frac{n\pi x}{2} \mathrm{d}x = \left(\frac{k}{n\pi} \sin \frac{n\pi x}{2} \right) \Big|_{0}^{2} = 0 \quad (n = 1, 2, 3, \cdots) ,$$

$$b_n = \frac{1}{2} \int_{-2}^{2} f(x) \sin \frac{n\pi x}{2} \mathrm{d}x = \left(-\frac{k}{n\pi} \cos \frac{n\pi x}{2} \right) \Big|_{0}^{2} = \begin{cases} \dfrac{2k}{n\pi} & \text{当 } n = 1, 3, 5, \cdots \\ 0 & \text{当 } n = 2, 4, 6, \cdots \end{cases}.$$

于是,函数 $f(x)$ 的傅里叶级数展开式为

$$f(x) = \frac{k}{2} + \sum_{n=1}^{\infty} \frac{2k}{(2n-1)\pi} \sin \frac{(2n-1)\pi x}{2}$$
$$(-\infty < x < \infty, x \neq 0, \pm\pi, \pm 2\pi, \cdots).$$

2. 非周期函数的傅里叶级数展开

利用周期函数的性质,我们可将定义在 I 上的非周期函数延拓为 R 上的周期函数,常用的周期延拓有偶延拓和奇延拓两种,也即经过偶(奇)延拓后原函数变为偶(奇)函数.

例 3 单脉冲信号函数在 $[0, \pi]$ 上的表达式为 $f(x) = x^2$,如图 6.5 所示. 求此函数的傅里叶级数展开式.

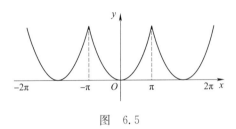

图 6.5

解 在 $[-\pi, \pi]$ 对 $f(x)$ 作偶延拓,得 $F(x) = x^2$,再周期延拓 $F(x)$ 到 $(-\infty, +\infty)$,因为 $F(x)$ 为偶函数,所以 $b_n = 0, (n=1, 2, \cdots)$;

$$a_0 = \frac{2}{\pi} \int_0^\pi f(x) \mathrm{d}x = \frac{2}{\pi} \int_0^\pi x^2 \mathrm{d}x = \frac{2}{\pi} \left(\frac{x}{3} \right)^3 \Big|_0^\pi = \frac{2\pi^2}{3},$$

$$a_n = \frac{2}{\pi} \int_0^\pi F(x) \cos nx \, \mathrm{d}x = \frac{2}{\pi} \int_0^\pi x^2 \cos nx \, \mathrm{d}x = \frac{2}{n\pi} \left(x^2 \sin nx \Big|_0^\pi - 2 \int_0^\pi x \sin nx \, \mathrm{d}x \right)$$

$$= \frac{4}{n^2 \pi} (x \cos nx) \Big|_0^\pi - \frac{4}{n^2 \pi} \int_0^\pi \cos nx \, \mathrm{d}x = \frac{4}{n^2} (-1)^n \qquad (n=1, 2, 3, \cdots),$$

于是,$f(x)$ 的傅里叶级数展开式为

$$\frac{\pi^2}{3} - 4 \sum_{n=1}^{\infty} (-1)^{n+1} \frac{\cos nx}{n^2}, \quad x \in (-\infty, +\infty).$$

若用 $f(x)$ 的傅里叶级数展开式的前 n 项之和 $S_n(x)$ 表示 $f(x)$,必然会出现一个截断误差,即 $\frac{a_0}{2} + \sum_{n=1}^{N} (a_n \cos nx + b_n \sin nx) \approx f(x)$. 例如,电子技术中经常用到的周期方波信号 $f(x) = \begin{cases} -1 & \text{当} -\pi \leqslant x < 0 \\ 1 & \text{当} 0 \leqslant x < \pi \end{cases}$ 在 $(-\pi, \pi)$ 上的傅里叶级数展开式为 $\sum_{n=1}^{\infty} \frac{2[1-(-1)^n]}{n\pi} \sin nx, x \in (-\infty, +\infty)$,图 6.6 中给出了 $n=$ 1, 3, 7 时 $S_n(x)$ 的波形. 由图 6.6 可以看到,随着 n 的增加,$S_n(x)$ 的波形越来越接近于 $f(x)$ 的实际波形. 在研究周期性电动势及周期力对于电路或机械系统所产生的效应时,经常用(复)指数型傅里叶级数,借助欧拉公式或者 Matlab 中的 fsform 命令可以实现三角型傅里叶级数与(复)指数型傅里叶级数之间的转化,

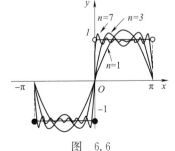

图 6.6

由于涉及太多专业知识,在本书中我们不作进一步研究.

【阅读材料】

傅里叶级数展开的意义

傅里叶(Fourier,1768—1830)是一位法国数学家和物理学家,对热传递很感兴趣.他于 1807 年在法国科学学会上发表了一篇论文,运用正弦曲线来描述温度分布,论文里有个在当时具有争议性的决断:任何连续周期信号可以由一组适当的正弦曲线组合而成.当时审查这个论文的人,其中有两位是历史上著名的数学家拉格朗日(Lagrange,1736—1813)和拉普拉斯(Laplace,1749—1827),当拉普拉斯和其他审查者投票通过并要发表这个论文时,拉格朗日坚决反对,在近 50 年的时间里,拉格朗日坚持认为傅里叶的方法无法表示带有棱角的信号,如在方波中出现非连续变化斜率.法国科学学会屈服于拉格朗日的威望,拒绝了傅里叶的工作.直到拉格朗日死后 15 年该论文才被发表出来.

谁是对的呢? 拉格朗日是对的:正弦曲线无法组合成一个带有棱角的信号.但是,我们可以用正弦曲线来非常逼近地表示它,逼近到两种表示方法不存在能量差别,基于此,傅里叶是对的.分解信号的方法是无穷的,但分解信号的目的是更加简单地处理原来的信号.用正余弦来表示原信号会更加简单,因为正余弦拥有原信号所不具有的性质:正弦曲线保真,一个正弦曲线信号输入后,输出的仍是正弦曲线,只有幅度和相位可能发生变化,但是频率和波的形状仍是一样的.

傅里叶变换是数字信号处理领域一种很重要的算法.傅里叶原理表明:任何连续测量的时序或信号,都可以表示为不同频率的正弦波信号的无限叠加,而根据该原理创立的傅里叶变换算法利用直接测量到的原始信号,以累加方式来计算该信号中不同正弦波信号的频率、振幅和相位.从现代数学的眼光来看,傅里叶变换是一种特殊的积分变换,它能将满足一定条件的某个函数表示成正弦基函数的线性组合或者积分.在不同的研究领域,傅里叶变换具有多种不同的变体形式,如连续傅里叶变换和离散傅里叶变换.在数学领域,尽管最初傅里叶分析时作为热过程的解析分析的工具,但是其思想方法仍然具有典型的换元论和分析主义的特征.

从纯粹数学意义上看,傅里叶变换就是将一个函数转换为一系列周期函数来处理的,傅里叶级数的展开不仅具有严格的数学基础,而且具有真实的物理背景.也可以用实验来证明这种分解过程,例如,将矩形脉冲或半波整流电路的输出波形输入一个筛选放大器中,再将选频放大器的输出端接到示波器上,调整选频放大器的频率,就可以看到示波器上出现各种不同频率的正弦波,这说明举行脉冲或半波整流电路的输出波形可以看作许多不同频率的正弦波的叠加.特别是配备有数字电子计算机的专用仪器相应问世(如频率分析仪、快速傅里叶变换处理机、信号处理机等),使得可以在很短的时间内完成分解过程.

对于线性电路,周期性非正弦信号可以利用傅里叶级数展开把它分解为一系列不同频率的正弦分量,然后用正弦交流电路相量分析方法,分别对不同频率的正弦量单独作用下的电路进行计算,再由线性电路的叠加定理,把各分量叠加,得到非正弦周期信号激励下的响应.这种将非正弦激励分解为一系列不同频率正弦量的分析方法称为谐波分析法.

练　习　6.4

1. 设周期函数在一个周期内的表达式为 $f(x)=\begin{cases}-1 & \text{当} -\pi < x \leqslant 0 \\ 1+x^2 & \text{当} 0 < x \leqslant \pi\end{cases}$，则它的傅里叶级数展开式在 $x=\pi$ 处收敛于＿＿＿＿＿，在 $x=4\pi$ 处收敛于＿＿＿＿＿.

2. 设 $f(x)=\pi x$ 在 $[-\pi,\pi]$ 上的三角形傅里叶级数展开式中的系数 $a_3=$＿＿＿＿＿, $b_2=$＿＿＿＿＿.

3. 将周期为 2π 的函数 $f(x)=3x^2+1$（$-\pi \leqslant x < \pi$）展开成傅里叶级数.

小　结

一、主要知识点

无穷级数的概念、级数的收敛与发散、正项级数、交错级数、任意项级数的审敛法；函数项级数的概念、幂级数的收敛性、幂级数的和函数及其函数的幂级数展开；傅里叶级数的概念，周期函数的傅里叶级数展开.

二、主要数学思想方法

无穷逼近思想：函数的幂级数展开、周期函数的傅里叶级数展开实际上使用级数逼近某个确定的函数的过程，幂级数和函数以及数项级数的和可以用其部分和数列的极限表示，也体现了用有限逼近无限的思想.

三、主要题型及求解

1. 数项级数敛散性的判定

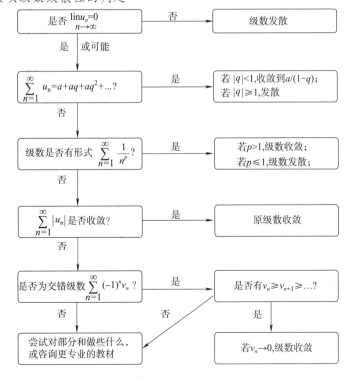

2.幂级数收敛域及和函数的求解

幂级数 $\sum\limits_{n=0}^{\infty} a_n x^n$ 的收敛半径可直接用 $\lim\limits_{n\to\infty}\left|\dfrac{a_n}{a_{n+1}}\right|=R$ 求取；幂级数

$\sum\limits_{n=0}^{\infty} a_n (x-a)^n$ 的收敛半径，可通过变量代换令 $x-a=t$，再用 $\lim\limits_{n\to\infty}\left|\dfrac{a_n}{a_{n+1}}\right|=R$

求取 $\sum\limits_{n=0}^{\infty} a_n t^n$ 的收敛半径，然后回代即得原幂级数 $\sum\limits_{n=0}^{\infty} a_n(x-a)^n$ 的收敛半径；

有缺项的幂级数，通过对它的绝对值级数使用比值审敛法，解关于 x 的不等式

$\lim\limits_{n\to\infty}\left|\dfrac{a_{n+1}x^{n+1}}{a_n x^n}\right|=\rho<1$ 即可.上述所有的方法中，端点都要另行讨论.

求和函数 $S(x)$ 的主要方法：在收敛区域内通过逐项求导或逐项积分以使幂级数转化为等比（几何）级数，利用等比级数的求和公式求新幂级数的和，再还原即可.其解题步骤为：(1)求幂级数的收敛半径和收敛域；(2)对原幂级数逐项求导（或逐项积分），使幂级数转化为等比级数，然后求和 $S'(x)$（或 $\int_0^x S(x)\mathrm{d}x$）；(3)对 $S'(x)$ 逐项求积分（或对 $\int_0^x S(x)\mathrm{d}x$ 逐项求导），得到和函数 $S(x)$.

3.函数的幂级数与傅里叶级数展开

(1)幂级数的间接展开法求解关键：①熟记常用函数的幂级数展开式；②会正确运用幂级数的运算以及变量代换，将所给函数展开成幂级数.

(2)傅里叶级数展开式求解步骤：① 画图形验证是否满足狄氏条件（周期性、奇偶性），必要时可作周期延拓；② 计算傅里叶系数；③ 写出傅里叶展开式并注明收敛域.

自 测 题 6

一、填空题

1.已知级数 $\sum\limits_{n=1}^{\infty} u_n$ 的部分和 $S_n=\dfrac{2n}{n+1}$ ，则 $\lim\limits_{n\to\infty} u_n=$ _____ .

2.级数 $\sum\limits_{n=1}^{\infty}\left(\dfrac{3^n-2}{5^n}\right)$ 的和是_____.

3.级数 $\sum\limits_{n=1}^{\infty}(-1)^{n-1}\dfrac{1}{n^p}$ $(p>0)$，的收敛范围是_____.

4.对仅定义在 $[-\pi,\pi]$ 上的函数 $f(x)$，求其傅里叶级数展开前，需首先对 $f(x)$ 进行_____.

二、选择题

1.级数收敛的充要条件是（　　）.

A. $\lim\limits_{n\to\infty} S_n=0$ 　　　　　　　　B. $\lim\limits_{n\to\infty} u_n=0$

C. $\lim\limits_{n\to\infty} u_n$ 存在且不零 　　　　　D. $\lim\limits_{n\to\infty} S_n$ 存在

2.下列级数中收敛的是（　　）.

A. $\displaystyle\sum_{n=1}^{\infty} \frac{n}{n+1}$

B. $\displaystyle\sum_{n=1}^{\infty} (-1)^n \frac{1}{n}$

C. $\displaystyle\sum_{n=1}^{\infty} (-1)^{n-1}$

D. $\displaystyle\sum_{n=1}^{\infty} \frac{7}{\sqrt{n}}$

3. 周期为 2π 的函数 $f(x)$，在一个周期 $[-\pi, \pi)$ 上的表达式为 $f(x) = \dfrac{e^x - e^{-x}}{2}$，则它的傅里叶级数（　　）.

A. 不含正弦项

B. 既有余弦项，又有正弦项

C. 不含余弦项

D. 不存在

4. 若 $\displaystyle\sum_{n=1}^{\infty} a_n x^n$ 的收敛半径为 $R(R>0)$，则 $\displaystyle\sum_{n=1}^{\infty} a_n (x-1)^{2n}$ 的收敛半径为（　　）.

A. $\sqrt{R}$ 　　　　　B. R^2 　　　　　C. R 　　　　　D. $1 + \sqrt{R}$

5. 幂级数 $\displaystyle\sum_{n=0}^{\infty} \frac{1}{2^n} x^n$ 在 $|x| < 2$ 内收敛，其和函数是（　　）.

A. $\dfrac{1}{1+2x}$ 　　　　B. $\dfrac{1}{1-2x}$ 　　　　C. $\dfrac{2}{2+x}$ 　　　　D. $\dfrac{2}{2-x}$

三、计算题

1. 判断级数 $\displaystyle\sum_{n=1}^{\infty} \frac{(-1)^n n^2}{n!}$ 的敛散性，若收敛指出是绝对收敛还是条件收敛.

2. 求幂级数 $\displaystyle\sum_{n=1}^{\infty} n x^n$ 的和函数，并求级数 $\displaystyle\sum_{n=1}^{\infty} \frac{n}{3^n}$ 之和.

3. 将周期为 2π 的函数 $f(x) = -2x$　（$-\pi < x \leqslant \pi$）展开成傅里叶级数.

第7章

统 计 初 步

【学习目标与要求】

1. 了解样本、统计量,以及样本的均值与方差等概念.

2. 了解常用的统计量及其分布.

3. 了解参数的点估计与区间估计.

4. 了解常见的假设检验方法.

统计在工程技术中有广泛的应用. 本章主要介绍统计的初步知识,包括数据的整理、常用的统计量、常用统计量的概率分布,参数的点估计和区间估计,以及常用的假设检验.

---

§7.1　总体与样本

一、总体与样本

1. 总体

在数理统计中,把研究的对象的全体称为总体. 称组成总体的每一个对象为个体.

例如,一个班级的学生、一批笔记本电脑都可以构成总体,而其中的每一个学生、每一台笔记本电脑都是相应的总体中的一个个体. 在研究一个班级的学生时,不需要研究学生的一切情况,只对我们所关心的有关情况做研究,比如身高和体重,这两个指标是随机变量. 在研究笔记本电脑时可能也是研究其某一个或几个指标,比如电池的使用寿命,它也是一个随机变量. 因此,在数理统计中说到总体的某一个指标 ξ,由于它是随机变量,所以也说总体 ξ 是随机变量.

2. 样本

为了考察总体的某一个指标 ξ,需要从总体中抽出一部分个体 $x_1, x_2, \cdots, x_n$,称为样本,样本中所含的个体个数 n 称为样本容量.

数理统计要完成的工作就是如何根据样本来推断总体的特征,因此从总体中抽取样本必须要求尽可能好地反映总体的信息. 在选取样本时应注意以下几点:

(1)样本抽取的**随机性**,即每一个个体被抽到的可能性相同.

(2)样本抽取的**独立性**,即每一抽取的结果不影响后一次抽取结果.

鉴于样本的这种特性,总是把样本看成几个相互独立的且与总体 ξ 具有相同分布的随机变量列,这样的样本称为**简单样本**.

在一次抽取后,样本 $x_1,x_2,\cdots,x_n$ 就是 n 个具体的数字.称这 n 个数为样本值或者数据(或者观察值),记作 $(x_1,x_2,\cdots,x_n)$.在我们的讨论中 $(x_1,x_2,\cdots,x_n)$ 具有两层意义:在考察一般问题时,它表示 n 个随机变量;在一次抽取后,它表示 n 具体的数值(样本观察值).

二、数据的整理和概率分布

由样本得到的数据较多时,看起来有些杂乱、无规律可言,因此需要对数据进行分析、整理分类,从中找出它们的规律.

数理统计中常用分组、列表和绘直方图的方法对统计对象(数据)进行整理和分类.下面举例说明分组整理的步骤.

例 1 用打包机打包一批皮棉,现抽样测量 100 包皮棉的质量(单位:kg),得数据如下:

```
127  118  121  113  145  125   87   94  118  111  102   72  113   76  101
134  107  118  114  128  118  114  117  121  128   94  124  135   88  105
115  134   89  141  114  119  150  126  107   95  137  108  129  136   98
121   91  141  134  123  138  104  107  121   94  126  108  114  103  132
103  127   93   86  113   97  122   86   94  118  109   84  117  112
112  130   94   73   93   94  102  108  158   89  131  115  112   94  118
114   88  131  104  111  101  129  144  131  142
```

解(1)找出最大值与最小值并求级差.最大值为 $\max\{x_1,x_2,\cdots,x_n\}=158$,最小值为 $\min\{x_1,x_2,\cdots,x_n\}=72$.由此可得级差(最大值与最小值之差)
$$\max\{x_1,x_2,\cdots,x_n\}-\min\{x_1,x_2,\cdots,x_n\}=158-72=86.$$

(2)决定组距和组数.在样本比较多时,通常分成 10～20 组.样本容量少于 50 时,一般分成 5～9 组,组距由级差和组数决定.本题级差为 86,样本 100 个,因此把组距定为 10,共分成 9 组.(并非所有情况下都采用等距分组,要具体情况具体分析).

(3)决定分点.此题可分成 70～80、80～90、90～100、$\cdots$,一般认为 70～80 是 $70\leqslant x_i<80$,这样正好是分点的数可归到下一组,即 80 归到 80～90 这一组.

(4)数出频数.用唱票的办法数出样本落在每组的数.

(5)计算出相应的频率,列出频数和频率分布表,画出频率分布图.

由上面的步骤得到 100 包皮棉质量频数频率分布表,见表 7.1.

表 7.1

组数	组中值 x	频数 f_i	频率 $\dfrac{f_i}{100}$/%	累计频率/%
70～80	75	3	3	3
80～90	85	8	8	11
90～100	95	13	13	24

续表

组数	组中值 x	频数 f_i	频率 $\dfrac{f_i}{100}$/%	累计频率/%
100~110	105	16	16	40
110~120	115	24	24	64
120~130	125	17	17	81
130~140	135	12	12	93
140~150	145	5	5	98
150~160	155	2	2	100

100 包皮棉质量的频率分布图如图 7.1 所示.

从频率分布图可以看出,它具有"两边低、中间高、左右基本对称"的特点,反映了样本统计的规律性.当样本容量增大、分组更细时,频率分布图的形状将逐步趋近于一条曲线,这条曲线大致反映了总体 ξ 的概率分布情况,叫做频率分布曲线,在数理统计中非常重要.若数据的波动规律不同,分布曲线的形状也就不同.在实际中如图 7.1 所示的正态分布曲线最多,应用也最广泛.

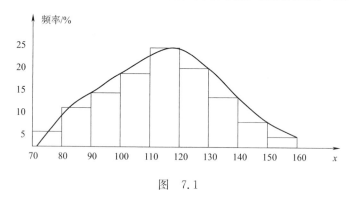

图 7.1

三、统计量

当由总体获得样本后,不能直接就这些样本的观测值去估计推断总体的特征,必须对样本进行"加工和处理".为此,把针对不同的问题所构成的不含总体未知参数的样本的某种函数称为**统计量**.

例 2 设总体 $\xi \sim N(\mu, \sigma^2)$,其中,$\mu$ 已知,σ^2 未知,$(x_1, x_2, \cdots, x_n)$ 为 ξ 的一个样本,那么 $\sum\limits_{i=1}^{n}(x_i - \mu)^2$ 是统计量,而 $\dfrac{1}{\sigma}\sum\limits_{i=1}^{n}x_i$ 不是统计量.

一般地,由样本 $(x_1, x_2, \cdots, x_n)$ 构成的统计量可记为 $\varphi(x_1, x_2, \cdots, x_n)$.

下面介绍两个常用的统计量.

1. 样本均值

在总体中抽取一个容量为 n 的样本 $(x_1, x_2, \cdots, x_n)$,则 $\overline{x} = \dfrac{1}{n}\sum\limits_{i=1}^{n}x_i$ 称为样本均值.$\overline{x}$ 是一个统计量,它反映了总体的平均状态.

2. 样本方差

在总体中抽取一个容量为 n 的样本 $(x_1, x_2, \cdots, x_n)$，则

$$S^2 = \frac{1}{n-1} \sum_{i=1}^{n} (x_i - \overline{x})^2$$

称为**样本方差**. S^2 是一个统计量，它反映了总体在均值附近的波动大小，S^2 的算术平方根 S 称为样本的**均方差**或**标准差**.

例 3 某校办工厂生产了一批轻便的小型扩音器，从销售出的产品中随即跟踪了其中 10 台，得到该产品使用寿命如下（单位：百小时）：

70.1　71.4　73.8　79.4　80.1　80　81.5　81.3　69.2　72.8

试求样本的平均使用寿命和方差.

解 $\overline{x} = \frac{1}{n} \sum_{i=1}^{n} x_i = \frac{1}{10}(70.1 + 71.4 + 73.8 + 79.4 + 80.1 + 81.5 + 81.3 + 69.2 + 72.8)$

$$= 75.96（百小时）$$

$$S^2 = \frac{1}{n-1} \sum_{i=1}^{n} (x_i - \overline{x})^2 = \frac{1}{9} \sum_{i=1}^{10} (x_i - 75.96)^2 = 24.44.$$

练 习 7.1

1. 某学校新生入校查体时，对女生的体重进行容量为 30 的样本抽样，测得体重数据如下（单位：500 克）：

109　101　104　96　93　110　98　109　108　109　112　95　103
108　101　94　100　101　112　110　95　109　110　113　101　110　95
118　104　100

试根据数据做出频率分布表.

2. 总体 ξ 的一组样本观测值为 3，2，2，5，3，7，4，试计算此样本的均值与方差.

3. 从总体 ξ 中抽取一组样本，其观测值为 0.97，1.03，0.89，1.12，1.08，1.38，试求样本均值、样本方差及均方差.

§7.2 常用统计量的分布

由于生产和实践中许多统计量都服从正态分布，所以本节只介绍几个常用的且与正态分布有关的统计量及其分布.

一、样本均值 $\overline{x}$ 的分布

定理 7.1 设总体 $\xi \sim N(\mu, \sigma^2)$，$x_1, x_2, \cdots, x_n$ 为来自总体 ξ 的一个样本，则有：

(1) 统计量 $\overline{x} = \frac{1}{n} \sum_{i=1}^{n} x_i \sim N\left(\mu, \frac{\sigma^2}{n}\right)$；

(2) 统计量 $U = \frac{\overline{x} - \mu}{\sigma / \sqrt{n}} \sim N(0, 1)$.

例1 设总体 $\xi \sim N(0,1), x_1, x_2, \cdots, x_9$ 是来自总体 ξ 的一个样本,求:

(1) $\overline{x} = \dfrac{1}{9} \sum\limits_{i=1}^{9} x_i$ 的分布;

(2) ξ 和 $\overline{x}$ 在 $[-1,1]$ 中取值的概率.

解 (1)因为 $\xi \sim N(0,1)$,即 $\mu=0, \sigma^2=1, n=9$,所以

$$E(\overline{x}) = \mu = 0, \quad D(\overline{x}) = \frac{\sigma^2}{n} = \frac{1}{9},$$

即 $\overline{x} \sim N\left(0, \dfrac{1}{9}\right)$.

(2)因为 $\xi \sim N(0,1)$,所以

$$p(-1 \leqslant \xi \leqslant 1) = \Phi(1) - \Phi(-1) = 2\Phi(1) - 1 = 2 \times 0.841\ 34 - 1 = 0.682\ 68.$$

因为 $\overline{x} \sim N\left(0, \dfrac{1}{9}\right)$,所以 $\dfrac{\overline{x} - \mu}{\sigma/\sqrt{n}} = \dfrac{\overline{x}}{1/3} = 3\overline{x} \sim N(0,1)$,

$$p(-1 \leqslant \overline{x} \leqslant 1) = p(-3 \leqslant 3\overline{x} \leqslant 3) = \Phi(3) - \Phi(-3) = 2\Phi(3) - 1$$
$$= 2 \times 0.998\ 65 - 1 = 0.997\ 30,$$

由此可见,$\overline{x}$ 在 μ 附近取值比 ξ 的取值更集中.

二、T 变量与 t 分布

利用 U 变量作统计推断时,参数 μ, σ 必须是已知的. 当 σ 未知时,变量 U 就不能作为统计量,此时利用样本方差 $S^2 = \dfrac{1}{n-1} \sum\limits_{i=1}^{n} (x_i - \overline{x})^2$ 来代替公式中的总体方差 σ^2,所得的统计量叫 T **变量**,即

$$T = \frac{\overline{x} - \mu}{S/\sqrt{n}}.$$

随机变量 T 的分布叫 t 分布,记作 $T \sim t(n-1)$,其中 $(n-1)$ 叫自由度,自由度可以理解为"相互独立的随机变量的个数".

t 分布的图像如图 7.2 所示. 其图形关于纵轴对称,当 n 趋于无穷大时,t 分布的极限就是标准正态分布.

T 变量的分布可以在附录中 t 分布表中查的,t 分布表只适合查 $P(t > \lambda) = \alpha$ 的这一类型的概率分布,λ 称为临界值.

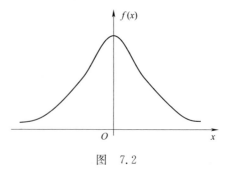

图 7.2

例2 若 $P(|t| > \lambda) = 0.05$,试求自由度为 $7, 10, 14$ 时的 λ 值. (自由度为 7 时参见图 7.3)

解 因为 $P(|t| > \lambda) = 0.05$,所以 $P(t > \lambda) = P(t < -\lambda) = 0.025$,

当自由度 $f = n - 1 = 7$,由 t 分布表查 $P(t > \lambda) = 0.025$,得 $\lambda = 2.365$.

类似地,当 $f = 10$,由 t 分布表查得 $\lambda = 2.228$,当 $f = 14$,由 t 分布表查得 $\lambda = 2.145$.

三、χ^2 变量及其分布

在很多情况下,需要利用样本方差 S^2 来推断总体方差 σ^2,为此构造一个统计量 $\dfrac{(n-1)S^2}{\sigma^2}$,叫做 χ^2 **变量**,即

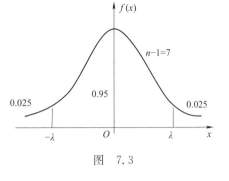

图 7.3

$$\chi^2 = \frac{(n-1)S^2}{\sigma^2} = \frac{\sum_{i=1}^{n}(x_i-\overline{x})^2}{\sigma^2}.$$

当总体方差 σ^2 为已知时,χ^2 变量为一个统计量,其概率分布叫做自由度为 $(n-1)$ 的 χ^2 分布,记作 $\chi^2 \sim \chi^2(n-1)$.

当总体均值 μ 为已知时,可使用 χ^2 变量的另一种形式:

$$\chi^2 = \frac{\sum_{i=1}^{n}(x_i-\mu)^2}{\sigma^2} = \sum_{i=1}^{n}\left|\frac{x_i-\mu}{\sigma}\right|^2,$$

这时 χ^2 变量的自由度是 n,记为 $\chi^2 \sim \chi^2(n)$.

χ^2 变量的概率分布如图 7.4 所示(n 为自由度),可以看出当自由度很大时 χ^2 分布趋于正态分布.

χ^2 变量的分布可在 χ^2 分布查找. χ^2 分布表只适合于查 $P(\chi^2(n)>\lambda)=\alpha$ 这一类型的概率分布,λ 称为临界值.

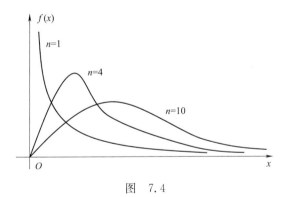

图 7.4

例3 若 $P(\chi^2(9)>\lambda)=0.025$,求临界值 λ.

解 由 χ^2 分布表,可查得 $\lambda=\chi^2_{0.025}(9)=19.023$.(见图 7.5)

例4 若 $P(\lambda_1<\chi^2(7)<\lambda_2)=0.95$,求 λ_1,λ_2.

解 $P(\lambda_1<\chi^2(7)<\lambda_2)=1-P(\chi^2(7)<\lambda_1)-P(\chi^2(7)>\lambda_2)=0.95.$

如图 7.6 所示,满足题设条件的 λ_1,λ_2 有很多组,但是通常要找的是满足

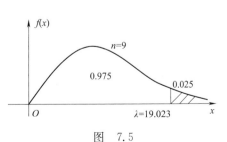

图 7.5

$P(\chi^2(7)<\lambda_1)=P(\chi^2(7)>\lambda_2)=0.025$
的一组值,即使得阴影部分面积(概率)
相等的 λ_1,λ_2.

由 $P(\chi^2(7)>\lambda_2)=0.025$,查 χ^2 分
布表,得 $\lambda_2=\chi^2_{0.025}(7)=16.013$;

由 $P(\chi^2(7)<\lambda_1)=0.025$,则
$P(\chi^2(7)>\lambda_1)=1-P(\chi^2(7)<\lambda_1)=$
$1-0.025=0.975$,查 χ^2 分布表,得 $\lambda_1=$
$\chi^2_{0.975}(7)=1.690.$ 故

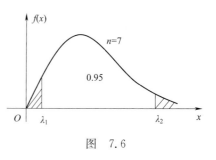

图 7.6

$$P(1.690<\chi^2(7)<16.013)=0.95.$$

定理 7.2 设总体 ξ 服从正态分布 $\xi\sim N(\mu,\sigma^2)$,则:

(1)样本均值 $\bar{x}$ 与样本方差 S^2 相互独立;

(2)已知总体均值 μ,统计量 $\chi^2=\dfrac{1}{\sigma^2}\sum\limits_{i=1}^{n}(x_i-\mu)^2$ 服从自由度为 n 的 χ^2 分布,即 $\chi^2\sim\chi^2(n)$;

(3)已知总体方差 σ^2,统计量 $\chi^2=\dfrac{(n-1)S^2}{\sigma^2}$ 服从自由度为 $(n-1)$ 的 χ^2 分布,即 $\chi^2\sim\chi^2(n-1)$;

(4)统计量 $T=\dfrac{\bar{x}-\mu}{S/\sqrt{n}}$ 服从自由度为 $(n-1)$ 的 t 分布,即 $T=\dfrac{\bar{x}-\mu}{S/\sqrt{n}}\sim t(n-1)$.

例 5 设总体 $\xi\sim N(\mu,3^2)$,随机抽取容量为 16 的样本,求样本方差 S^2 小于 16.5 的概率.

解 已知总体方差 $\sigma^2=3^2=9,n=16$,所以统计量 $\chi^2=\dfrac{(16-1)S^2}{3^2}=\dfrac{5}{3}S^2\sim\chi^2(15)$,因此所求概率

$$P(S^2<16.5)=P\left(\frac{5}{3}S^2<\frac{5}{3}\times16.5\right)=P(\chi^2(15)<27.5)$$
$$=1-P(\chi^2(15)\geqslant27.5),$$

查 χ^2 分布表得 $\chi^2_{0.025}(15)=27.5$,即 $P(\chi^2(15)\geqslant27.5)=0.025$,所以
$$P(S^2<16.5)=P\left(\frac{5}{3}S^2<\frac{5}{3}\times16.5\right)=1-0.025=0.975.$$

练 习 7.2

1.在总体 $\xi\sim N(28,2.5^2)$ 中随机抽取容量为 25 的样本,试求均值 $27.2<\bar{x}<28.2$ 的概率.

2.在总体 $\xi\sim N(100,10^2)$ 中随机抽取容量为 100 的样本,求样本均值与总体均值的差的绝对值大于 2 的概率.

3.查表求下列各分布的临界值 λ.

(1)$P(U>\lambda)=0.25,P(U<\lambda)=0.25,P(|U|<\lambda)=0.25$;

(2)$P(\chi^2(15)>\lambda)=0.01, P(\chi^2(15)<\lambda)=0.01$;

(3)$P(t(8)>\lambda)=0.1.$

§7.3 参数估计

参数估计是统计推断的基本问题之一. 所谓参数估计是指用样本去估计总体的某些未知参数. 参数估计分为两大类:点估计和区间估计.

一、参数的点估计

点估计的基本思想是:总体中含有一个未知参数 θ,需要用样本值对 θ 进行估计,称为**点估计**. 适当选择一个样本$(x_1, x_2, \cdots, x_n)$,构造统计量(估计量)$\hat{\theta}(x_1, x_2, \cdots, x_n)$,根据样本$(x_1, x_2, \cdots, x_n)$,计算出 $\hat{\theta}(x_1, x_2, \cdots, x_n)$ 的值并作为总体未知参数 θ 的近似值(估计值),称$\hat{\theta}(x_1, x_2, \cdots, x_n)$ 为 θ 的**点估计量**. 由于估计量$\hat{\theta}(x_1, x_2, \cdots, x_n)$ 是样本$(x_1, x_2, \cdots, x_n)$ 的函数,它对不同样本值,所对应的估计值是不同的. 所以对估计量有一定评选原则.

1. 估计量的评价原则

(1)**无偏性**:$\hat{\theta}$ 作为一个随机变量,它所取的值应集中在未知参数 θ 的真值附近,即 $E(\hat{\theta})=\theta$,称为无偏估计量.

(2)**有效性**(最小方差性):在一切无偏估计中,应选择最集中的估计量,即方差 $D(\hat{\theta})$ 越小越好.

若$\hat{\theta}_1=\hat{\theta}_1(x_1, x_2, \cdots, x_n)$,$\hat{\theta}_2=\hat{\theta}_2(x_1, x_2, \cdots, x_n)$ 都是未知参数的无偏估计量,且 $D(\hat{\theta}_1)<D(\hat{\theta}_2)$,则称$\hat{\theta}_1$ 比$\hat{\theta}_2$ 更有效.

(3)**一致性**(相合性):对于一个好的估计量$\hat{\theta}$,如果当样本容量无限增大时,它的极限值为 θ,称$\hat{\theta}(x_1, x_2, \cdots, x_n)$ 为一致性估计量.

2. 正态分布的均值和方差的点估计

(1)均值的点估计.

设$(x_1, x_2, \cdots, x_n)$是来自总体 $\xi \sim N(\mu, \sigma^2)$ 的一个样本,其中 μ 未知. 则统计量

$$\bar{x}=\frac{1}{n}\sum_{i=1}^{n} x_i \sim N\left(\mu, \frac{\sigma^2}{n}\right).$$

显然$\bar{x}$较每个 x_i 更集中在均值 μ 的附近. 所以选用$\bar{x}$的值去估计 μ 的值,称 $\bar{x}=\frac{1}{n}\sum_{i=1}^{n} x_i$为 μ 的估计量,可证明该估计量满足以上三个条件. 于是

$$\hat{\mu}=\bar{x}=\frac{1}{n}\sum_{i=1}^{n} x_i.$$

(2)方差的估计.

设$(x_1, x_2, \cdots, x_n)$是来自总体 $\xi \sim N(\mu, \sigma^2)$ 的一个样本,其中 σ^2 未知,从均值的点估计自然会想到选择

$$S^2=\frac{1}{n-1}\sum_{i=1}^{n}(x_i-\bar{x})^2$$

来估计正态分布的方差 σ^2,称 $S^2 = \dfrac{1}{n-1}\sum\limits_{i=1}^{n}(x_i-\overline{x})^2$ 是 σ^2 的估计量,可证明该估计量满足以上三个条件. 于是

$$\hat{\theta}^2 = S^2 = \frac{1}{n-1}\sum_{i=1}^{n}(x_i-\overline{x})^2.$$

例 1 设总体 $\xi \sim N(\mu,\sigma^2)$,其中 μ,σ^2 未知,$3.2,5,3.5,3,4$ 是一组样本的观测值,试估计总体的 μ,σ^2.

解 μ 和 σ^2 的估计值分别是

$$\hat{\mu} = \overline{x} = \frac{1}{n}\sum_{i=1}^{n}x_i = \frac{1}{5}(3.2+5+3.5+3+4) = 3.74 ;$$

$$\hat{\theta}^2 = S^2 = \frac{1}{n-1}\sum_{i=1}^{n}(x_i-\overline{x})^2 = \frac{1}{4}\sum_{i=1}^{5}(x_i-3.74)^2 = 0.638.$$

二、参数的区间估计

前面给出的正态分布的两个参数 μ 与 σ^2 的估计量 $\hat{\mu}$ 与 $\hat{\theta}^2$ 是 μ 与 σ^2 的近似值,无法知道它们与真值的误差,即不知道近似值的精确程度. 因此在实际问题中,往往需要给出参数的某个区间,使它以一定的概率包含未知参数的真值,这种估计称为**区间估计**.

1. 置信区间

设正态总体含有一个待估计的未知参数 θ,如果能从样本出发得出两个估计值 $\theta_1 < \theta_2$,使得参数 θ 的真值在区间 $[\theta_1,\theta_2]$ 上的概率达到 $1-\alpha$,即

$$P(\theta_1 \leqslant \theta \leqslant \theta_2) = 1-\alpha,$$

则称 $[\theta_1,\theta_2]$ 为 θ 值的置信度是 $1-\alpha$ 的**置信区间**,θ_1 为**置信下限**,θ_2 为**置信上限**,$1-\alpha$ 为该区间的**置信度**(或置信水平),α 为**显著性水平**.

置信区间 $[\theta_1,\theta_2]$ 表达了区间估计的准确性,置信水平 $1-\alpha$ 表达了区间估计的可靠性,显著性水平 α 表达了区间估计不可靠的概率,即置信区间不包含参数 θ 的真值的概率. 一般 α 的值取为 $0.05,0.01$ 等.

进行区间估计时,必须兼顾置信区间和置信度两个方面,一般来说:置信度 $1-\alpha$ 越大,置信区间相应也越大(准确性越小),反之亦然. 必要时在一定置信度下,适当增加样本容量,以获得较小的置信区间.

2. 正态总体的置信区间

(1)求 μ 的置信区间.

①已知 σ^2,求 μ 的置信区间.

设 $(x_1,x_2,\cdots,x_n)$ 是来自总体 $\xi \sim N(\mu,\sigma^2)$ 的一个样本,$\overline{x} \sim N\left(\mu,\dfrac{\sigma^2}{n}\right)$,由于 σ^2 已知,于是可利用 U 变量 $U = \dfrac{\overline{x}-\mu}{\sigma/\sqrt{n}}$ 求参数 μ 的置信区间(置信度 $1-\alpha$).

令 $P(|U| \leqslant \lambda) = 1-\alpha$,即

$$P\left(\left|\frac{\overline{x}-\mu}{\sigma/\sqrt{n}}\right| \leqslant \lambda\right) = 1-\alpha, P\left(\overline{x}-\frac{\sigma}{\sqrt{n}}\lambda \leqslant \mu \leqslant \overline{x}+\frac{\sigma}{\sqrt{n}}\lambda\right) = 1-\alpha.$$

由于 $U \sim N(0,1)$,且 $1-\alpha$ 已知,则查标准正态分布表可以确定临界值 λ,故 μ

的置信区间是

$$\left[\bar{x}-\frac{\sigma}{\sqrt{n}}\lambda,\bar{x}+\frac{\sigma}{\sqrt{n}}\lambda\right].$$

我们知道,标准正态分布的图像关于纵轴对称,则 $P(U<-\lambda)=P(U>\lambda)$,那么

$$P(|U|>\lambda)=P(U<-\lambda)+P(U>\lambda)=2P(U>\lambda)=1-P(|U|\leqslant\lambda)=\alpha,$$

即得 $P(U>\lambda)=\frac{1}{2}\alpha$,查表时须查 $P(U\leqslant\lambda)=1-\frac{1}{2}\alpha$,通常把临界值 λ 记为 $\lambda=U_{\frac{\alpha}{2}}$,所以 μ 的置信区间又可记为

$$\left[\bar{x}-\frac{\sigma}{\sqrt{n}}U_{\frac{\alpha}{2}},\bar{x}+\frac{\sigma}{\sqrt{n}}U_{\frac{\alpha}{2}}\right].$$

例 2 某工厂生产一批滚珠,滚珠的直径服从正态分布,并且已知 $\sigma^2=0.05$.现从某一天生产的产品中抽取 20 个,测得直径如下(单位:mm):

10.2 10.5 9.8 9.7 10 11.1 10.3 10.2 10.1 9.5

10.7 10.3 9.6 9.7 9.9 10.2 10.3 9.8 9.8 10

试求滚珠直径的置信度为 0.95 的置信区间.

解 由于 $P(|U|\leqslant\lambda)=0.95$,查标准正态分布表得 $\lambda=U_{\frac{0.05}{2}}=1.96$.

$$\bar{x}=\frac{1}{n}\sum_{i=1}^{n}x_i=\frac{1}{20}(10.2+10.5+\cdots+9.8+10)=10.085,$$

$$\theta_1=\bar{x}-\frac{\sigma}{\sqrt{n}}U_{\frac{\alpha}{2}}=10.085-1.96\sqrt{\frac{0.05}{20}}=9.987,$$

$$\theta_2=\bar{x}+\frac{\sigma}{\sqrt{n}}U_{\frac{\alpha}{2}}=10.085+1.96\sqrt{\frac{0.05}{20}}=10.183,$$

故所求均值的置信度为 0.95 置信区间是 [9.987,10.183].也就是说,直径的均值约有 95% 的概率落在区间 [9.987,10.183] 上.

②未知 σ^2,求 μ 的置信区间.

此时用样本的方差 $S^2=\frac{1}{n-1}\sum_{i=1}^{n}(x_i-\bar{x})^2$ 代替总体方差 σ^2,可利用 T 变量 $T=\frac{\bar{x}-\mu}{S/\sqrt{n}}$ 求参数 μ 的置信区间(置信度 $1-\alpha$).

由于 $T=\frac{\bar{x}-\mu}{S/\sqrt{n}}\sim t(n-1)$,根据自由度 $f=n-1$ 查 t 分布表,可求出临界值 $\lambda=t_{\frac{\alpha}{2}}$.故 μ 的置信区间是

$$\left[\bar{x}-\frac{S}{\sqrt{n}}t_{\frac{\alpha}{2}},\bar{x}+\frac{S}{\sqrt{n}}t_{\frac{\alpha}{2}}\right].$$

(2)求 σ^2 的置信区间.

因为 χ^2 变量 $\chi^2=\frac{(n-1)S^2}{\sigma^2}$ 只含有待估参数 σ^2 和可以根据样本求出的 S^2,所以可用 χ^2 变量求 σ^2 的置信区间.

设总体 $\xi\sim N(\mu,\sigma^2)$,其中 σ^2 未知,$(x_1,x_2,\cdots,x_n)$ 是取自 ξ 一个样本,置信度为 $1-\alpha$.

令 $P(\lambda_1\leqslant\chi^2\leqslant\lambda_2)=1-\alpha$,则由 χ^2 分布表可以查出临界值 $\lambda_1<\lambda_2$,并由

$$P(\lambda_1 \leqslant \chi^2 \leqslant \lambda_2) = P\left(\lambda_1 \leqslant \frac{(n-1)S^2}{\sigma^2} \leqslant \lambda_2\right) = 1 - \alpha,$$

$$P\left(\frac{(n-1)S^2}{\lambda_2} \leqslant \sigma^2 \leqslant \frac{(n-1)S^2}{\lambda_1}\right) = 1 - \alpha,$$

所以 σ^2 的置信区间为 $\left[\dfrac{(n-1)S^2}{\lambda_2}, \dfrac{(n-1)S^2}{\lambda_1}\right]$，其中，$\lambda_1 = \chi^2_{1-\frac{\alpha}{2}}(n-1)$，$\lambda_2 = \chi^2_{\frac{\alpha}{2}}(n-1)$.

例 3 从某医院出院的新生婴儿中随机抽出 16 名，测的体重为(单位:kg)：

3.1	3.25	2.52	3	3.5	3.5	3.6	3.26
3.56	3.75	2.88	2.67	3.42	2.57	3.75	3.62

设新生儿的体重服从正态分布，试根据以上数据对该医院出生的新生儿体重的方差进行区间估计(置信度为 0.95).

解 样本的体重均值为 $\bar{x} = \dfrac{1}{16}\sum\limits_{i=1}^{16} x_i \approx 3.246\ 9$.

样本方差为

$$S^2 = \frac{1}{15}\sum_{i=1}^{16}(x_i - \bar{x})^2 = \frac{1}{15}\sum_{i=1}^{16}(x_i - 3.246\ 9)^2 \approx 0.170\ 9.$$

因为 $1 - \alpha = 0.95$，所以 $\alpha = 0.05$，自由度 $f = 16 - 1 = 15$，查 χ^2 分布表得 $\lambda_1 = 6.27, \lambda_2 = 27.488$，

$$\theta_1 = \frac{(n-1)S^2}{\lambda_2} = \frac{15 \times 0.170\ 9}{27.488} \approx 0.09, \quad \theta_2 = \frac{(n-1)S^2}{\lambda_1} = \frac{15 \times 0.170\ 9}{6.262} \approx 0.41,$$

因此所求 σ^2 的置信度为 0.95 的置信区间为 $[0.09, 0.41]$，即方差 σ^2 约有 95% 的概率落在区间 $[0.09, 0.41]$ 上.

练 习 7.3

1. 以下为从总体 ξ 中抽取的一组样本观测值，计算此样本的平均值与方差.

(1) 3, 2.1, 2.4, 3.6, 3.2, 2.6；

(2) 0.96, 1.01, 0.89, 1.02, 1.06, 0.98.

2. 某种果树的产量服从正态分布 $N(\mu, \sigma^2)$，现随机抽出 10 棵，其产量(单位:kg)为：

248　225　204　266　214　275　196　238　245　254

试估计全部果树产量的均值和方差.

3. 已知某炼铁厂的铁水含碳量在正常状态下服从正态分布，且 $\sigma^2 = 0.108^2$，现在测定了 9 炉铁水，其平均含碳量为 4.048 4%，按此资料估计该厂铁水含碳量的置信区间，要求有 95% 的可信度.

4. 某运动员的跳远成绩服从正态分布 $N(\mu, \sigma^2)$，已知他最近 9 次的成绩(单位:cm)均值 728，标准差为 15. 试求总体均值 μ 与方差 σ^2 的置信度为 0.95 的置信区间.

§7.4 假设检验

统计推断包含两个方面:参数估计和假设检验.参数估计是估计参数的值和参数值的所在的可信区间.而假设检验是对总体的概率分布或参数作出某种"假设",根据抽样得到的样本观察值,运用数理统计的方法,去检验这种"假设"是否合理,从而决定是否接受这种"假设".

一、假设检验的思想方法

1. 假设的提法

为了研究问题的方便,对假设的提法规定如下:

以 H_0 表示基本假设,称为原假设;以 H_1 表示 H_0 的对立假设,称为备择假设.检验的目的就是在原假设 H_0 和备择假设 H_1 二者中选择其一:如果认为原假设 H_0 正确,则接受 H_0;如果认为原假设 H_0 错误,则拒绝 H_0,相信 H_1.

例如,某班学生的身高服从正态分布 $X \sim N(\mu, \sigma^2)$,可提出如下一些假设:

(1)原假设 $H_0: \mu = 175$ cm,备择假设 $H_1: \mu \neq 175$ cm;

(2)原假设 $H_0: \sigma^2 < 0.35$,备择假设 $H_1: \sigma^2 \geq 0.35$.

2. 假设检验的基本思想与方法

我们知道概率发生很小的事件称为小概率事件.那么概率小到什么程度才能称为小概率事件呢? 这个问题需要灵活掌握.通常情况下把发生概率不超过 0.05 的事件作为"小概率事件",也有的时候把发生概率不超过 0.01 的事件作为"小概率事件".

设小概率事件 A 的概率为 α,即 $P(A) = \alpha$,统计上称 α 为信度或显著性水平.实践表明,小概率事件在一次实验中几乎是不可能发生的,称之为**小概率原理**或者**实际不可能发生原则**.如果在一次实验中小概率事件居然发生了,则认为出现了不正常的现象.比如某批次产品,在完全正常的情况下,次品率为 $p_0 \leq 0.001$.按照实际不可能发生原则,从中任取一件不可能是次品.但如果随机抽取一件,该产品是次品,我们就认为这批产品的次品率是大于 0.001 的,那么现在的生产过程就是不正常的.

假设检验的方法类似于反证法,先是在原假设 H_0 为真的条件下,寻找一个已知分布的统计量,由此构造一个小概率事件,再看实际观测结果是否违背了小概率原理.如果小概率事件发生了,这说明原假设是错误的、不合理的,应拒绝原假设,相信备择假设;反之如果小概率事件没有发生,则认为没出现不合理的现象,应接受原假设(之所以接受是因为没有充分的理由拒绝).

以后把用来判断所作假设真伪的规则叫做**检验准则**,简称**检验**.检验的一般步骤是:

(1)根据实际问题和已知信息提出原假设 H_0 和备择假设 H_1,即说明要检验的假设的具体内容.

(2)选择一个适当的统计量,给定显著性水平 α,构造小概率事件.确定 H_0 的接受域和拒绝域.

(3)根据实际观察值,计算统计量的值.

(4)作出判断:若统计量的值落入接受域,则接受原假设 H_0;若统计量的值落入拒绝域,则拒绝原假设 H_0,接受备择假设 H_1.

在现实中正态分布是最常见的一种分布,因此只研究正态分布下的均值和方差的假设检验.

二、几种常见的检验方法

1. U 检验法

U 检验法适用于 σ^2 已知,检验 μ 的值.

检验步骤如下:

(1)提出原假设 $H_0:\mu=\mu_0$ 备择假设 $H_1:\mu\neq\mu_0$;

(2)选取统计量 $\dfrac{\overline{x}-\mu_0}{\sigma/\sqrt{n}}$,并给出显著性水平 $\alpha(0<\alpha<1)$,由 $P(|U|>\lambda)=\alpha$,确定临界值 λ,则接受域为 $[-\lambda,\lambda]$,拒绝域为 $(-\infty,-\lambda)\bigcup(\lambda,+\infty)$;

(3)根据样本计算 U 值,$U_0=\dfrac{\overline{x}-\mu_0}{\sigma/\sqrt{n}}$;

(4)作出判断:(见图 7.7)

当 U_0 落入接受域,则接受原假设 $H_0:\mu=\mu_0$;

当 U_0 落入拒绝域,则接受备择假设 $H_1:\mu\neq\mu_0$.

2. T 检验法

T 检验法适用于 σ^2 未知,检验 μ 的值.

统计量选用 $T=\dfrac{\overline{x}-\mu_0}{S/\sqrt{n}}$.

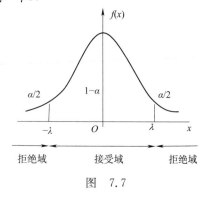

图 7.7

由于 $T\sim t(n-1)$,根据自由度 $f=n-1$,查表求临界值,从而确定接受域和拒绝域,并做出判断.

检验步骤:

(1)提出原假设 $H_0:\mu=\mu_0$,备择假设 $H_1:\mu\neq\mu_0$;

(2)选取统计量 $T=\dfrac{\overline{x}-\mu_0}{S/\sqrt{n}}$,并给出显著性水平 $\alpha(0<\alpha<1)$,由 $P(|T|>\lambda)=\alpha$,自由度 $f=n-1$,确定临界值 λ,则接受域为 $[-\lambda,\lambda]$,拒绝域为 $(-\infty,-\lambda)\bigcup(\lambda,+\infty)$;

(3)根据样本计算 U 值,$T_0=\dfrac{\overline{x}-\mu_0}{\sigma/\sqrt{n}}$;

(4)作出判断:

当 T_0 落入接受域,则接受原假设 $H_0:\mu=\mu_0$;

当 T_0 落入拒绝域,则接受备择假设 $H_1:\mu\neq\mu_0$.

例 1 某工厂用自动包装机包装砂糖,规定每包质量 500 g. 现随机抽取 10 包,测得各包质量(单位:g)为

495 510 505 498 503 492 502 505 497 506

假定每包质量服从正态分布 $N(\mu,\sigma^2)$,显著性水平 $\alpha=0.05$.

(1)已知 $\sigma=5$ g,问包装机工作是否正常;

(2)σ 未知,问包装机工作是否正常.

解 计算得 $$\overline{x}=\frac{1}{10}\sum_{i=1}^{10}x_i=501.3,$$

$$S^2=\frac{1}{9}\sum_{i=1}^{10}(x_i-\overline{x})^2=\frac{1}{9}\sum_{i=1}^{10}(x_i-501.3)^2\approx5.62.$$

因为规定每包质量 500 g,当机器正常时,总体均值 $\mu_0=500$,所以假设 $H_0:\mu=500, H_1:\mu\neq500$.

(1)已知 $\sigma=5$,选取 U 为统计量 $U=\dfrac{\overline{x}-\mu_0}{\sigma/\sqrt{n}}\sim N(0,1)$.

由样本计算 $U=\dfrac{501.3-500}{5/\sqrt{10}}\approx0.822$,由 $\alpha=0.05$ 查表得临界值 $\lambda=U_{0.025}=1.96$,则 $U\approx0.822$ 在接受域 $[-1.96,1.96]$ 内,因此应该接受假设 $H_0:\mu=500$,即认为包装机工作正常.

(2)由于 σ 未知,选取 T 为统计量 $T=\dfrac{\overline{x}-\mu_0}{S/\sqrt{n}}\sim t(10-1)$.

由样本计算 $T=\dfrac{501.3-500}{5.62/\sqrt{10}}\approx0.731$,由 $\alpha=0.05$ 查表得临界值 $\lambda=t_{0.025}(9)=2.26$,则 $T\approx0.731$ 在接受域 $[-2.26,2.26]$ 内,因此应该接受假设 $H_0:\mu=500$,即认为包装机工作正常.

例2 某企业新近通过考试招收一批职工.在文化考试结束后,经办人员汇报说:估计平均分可达 90 分.人事经理随机抽取了 16 份试卷,发现平均分仅为 83 分,标准差为 12 分.如果经理想在显著性为 0.01 的水平下检验经办人员所做推测的准确性,应当如何处置?

解 经理所关心的是真实的平均分是否与经办人员估计的 90 分相符,由于方差未知,因此用 T 检验法.

样本的均值 $\overline{x}=83$,方差 $S^2=12^2$,自由度 $f=16-1=15$,总体均值 $\mu_0=90$.

假设 $H_0:\mu=90, H_1:\mu\neq90$,则统计量 $T=\dfrac{\overline{x}-\mu_0}{S/\sqrt{n}}\sim t(16-1)$.

由样本计算 $T=\dfrac{83-90}{12/\sqrt{16}}=-2.333$,由 $\alpha=0.01$ 查表得临界值 $\lambda=t_{0.005}(15)=2.947$,则 $T=-2.333$ 在接受域 $[-2.947,2.947]$ 内,故此应该接受假设 $H_0:\mu=90$,即可认为该次考试平均分为 90 分.

3. χ^2 检验法

χ^2 检验法适用于 μ 未知,检验 σ^2 的值.

检验步骤如下:

(1)提出原假设 $H_0:\sigma^2=\sigma_0^2$,备择假设 $H_1:\sigma^2\neq\sigma_0^2$;

(2)选取统计量 $\chi^2=\dfrac{(n-1)S^2}{\sigma^2}$,并给出显著性水平 $\alpha(0<\alpha<1)$,由自由度 $f=$

$n-1$, $P(\chi^2(n-1)<\lambda_1)=P(\chi^2(n-1)>\lambda_2)=\dfrac{\alpha}{2}$,确定临界值 $\lambda_1<\lambda_2$,则接受域为 $[\lambda_1,\lambda_2]$,拒绝域为 $(0,\lambda_1)\bigcup(\lambda_2,+\infty)$;

(3)根据样本计算 χ^2 值,$\chi_0^2=\dfrac{(n-1)S^2}{\sigma_0^2}$;

(4)作出判断:

当 χ_0^2 落入接受域,则接受原假设 $H_0:\sigma^2=\sigma_0^2$;

当 χ_0^2 落入拒绝域,则接受 $H_1:\sigma^2\neq\sigma_0^2$.

例3 由某个正态总体中抽出容量为 21 的随机样本,样本方差为 10,试检验原假设 $\sigma^2=15$ 是否成立.$(\alpha=0.05)$

解 提出假设 $H_0:\sigma^2=15$,备择假设 $H_1:\sigma^2\neq15$.

选取 $\chi^2=\dfrac{(n-1)S^2}{\sigma^2}$,由 $P(\chi^2(20)<\lambda_1)=P(\chi^2(20)>\lambda_2)=0.025$,查 χ^2 分布表得 $\lambda_1=9.591$,$\lambda_2=34.170$,那么接受域为 $[9.591,34.170]$,拒绝域为 $(0,9.591)\bigcup(34.170,+\infty)$;

根据样本计算 χ^2 的值:$n=21$,$\sigma_0^2=15$,$S^2=10$,

$$\chi_0^2=\dfrac{(n-1)S^2}{\sigma_0^2}=\dfrac{20\times10}{15}\approx13.333.$$

由于 $\chi_0^2=13.333$ 在接受域 $[9.591,34.170]$,故应当认为 $\sigma^2=15$.

由于假设检验的推理方法是根据小概率事件实际不可能发生原理做出的,但是小概率事件不是一定不会发生的,因此利用假设检验可能会出现错误判断,主要是以下两种错误:

当原假设 H_0 为正确时,却被错误地拒绝了 H_0,这种"弃真错误"是第一种错误.

当原假设 H_0 不正确时,却被错误地接受了 H_0,这种"取伪错误"是第二种错误.

在样本容量一定的情况下,这两种错误不可能同时减少,减少一个错误的发生概率,另一个错误的发生概率就会变大.通常可以采用增加样本容量的方法减少两类错误,但是大量的增加样本容量又不现实.一般控制第一类错误的发生概率,让第一类错误发生的概率在 0.05 甚至 0.01 以下.

练 习 7.4

1. 某食品厂生产的水果罐头,标准规格是每瓶 250 g,标准差 3 g.现从该厂生产的某一批次的罐头中随机抽取 25 瓶,标准差符合规定,每瓶平均质量 249.8 g.问在 5% 的显著性水平下,这批罐头是否符合标准.

2. 因某种片剂药物成分 A 的含量规定为 10%,现在抽验了该药物一批成品中的 5 个片剂,测得其中成分 A 的含量分别为

0.109 0　0.094 5　0.103 8　0.098 1　0.099 2

假设该药物中成分 A 的含量 X 服从正态分布,问在 5% 的显著性水平下,抽验结果是否与片剂中成分 A 的含量为 10% 要求相符.

3.某厂生产的一种产品,由经验知其强力均方差 $\sigma=73.5$ N,且强力服从正态分布.因改变原料,从新产品中抽取 18 件进行强力试验,算得样本标准差为 93.1 N.问新产品的强力标准差是否有显著变化.($\alpha=0.10$)

小　结

一、主要知识点

样本、统计量、样本的均值与方差等概念,常用的统计量及其分布,参数的点估计与区间估计,常见的假设检验方法.

二、主要数学思想和方法

1.数据处理的方法:一组看似杂乱无章的数据,用统计学原理予以处理,可以找出其中的规律,用科学的计算做出科学的评判.

2.归纳方法:把生产生活中的检验问题归纳为几种常见检验方法,以便更好地处理和判断.

3.模型化思想:将实际问题的模型化处理,它是"问题解决"的重要工具,同时又是指导下一步操作的科学依据.

三、重点题型及解法

本章对计算题目要求不高.常见的有如下形式(复杂的计算公式不再重复).

1.样品的均值与方差

样本均值:样本$(x_1,x_2,\cdots,x_n)$,则样本均值 $\overline{x}=\dfrac{1}{n}\sum_{i=1}^{n}x_i$.

样本方差:样本$(x_1,x_2,\cdots,x_n)$,则样本方差 $S^2=\dfrac{1}{n-1}\sum_{i=1}^{n}(x_i-\overline{x})^2$,$S$ 为均方差.

2.常用的统计量及其分布

(1)样本均值 $\overline{x}$ 的分布:设总体 $\xi\sim N(\mu,\sigma^2)$,$x_1,x_2,\cdots,x_n$ 为来自总体 ξ 的一个样本,则有

$$\overline{x}=\frac{1}{n}\sum_{i=1}^{n}x_i\sim N\left(\mu,\frac{\sigma^2}{n}\right);\quad U=\frac{\overline{x}-\mu}{\sigma/\sqrt{n}}\sim N(0,1).$$

(2)T 变量与 t 分布:当 σ 未知时,用样本方差 S^2 来代替总体方差 σ^2,得 T 变量 $T=\dfrac{\overline{x}-\mu}{S/\sqrt{n}}$.随机变量 T 的分布叫 t 分布,记作 $T\sim t(n-1)$,其中 $(n-1)$ 叫自由度.

(3)χ^2 变量及其分布:用样本方差 S^2 来推断总体方差 σ^2,构造 χ^2 变量

$$\chi^2=\frac{(n-1)S^2}{\sigma^2}=\frac{\sum_{i=1}^{n}(x_i-\overline{x})^2}{\sigma^2}.$$

当总体方差 σ^2 为已知时,χ^2 的概率分布叫做自由度为 $(n-1)$ 的 χ^2 分布,记作 $\chi^2\sim\chi^2(n-1)$;

当总体均值 μ 为已知时,则 $\chi^2 = \dfrac{\sum\limits_{i=1}^{n}(x_i-\mu)^2}{\sigma^2} = \sum\limits_{i=1}^{n}\left(\dfrac{x_i-\mu}{\sigma}\right)^2$,自由度是 n,记为 $\chi^2 \sim \chi^2(n)$.

3.点估计与区间估计

(1)正态分布的均值和方差的点估计.

设 $(x_1, x_2, \cdots, x_n)$ 是来自总体 $\xi \sim N(\mu, \sigma^2)$ 的一个样本.

均值的点估计:当 μ 未知.则 $\hat{\mu} = \overline{x} = \dfrac{1}{n}\sum\limits_{i=1}^{n} x_i \sim N\left(\mu, \dfrac{\sigma^2}{n}\right)$.

方差的估计:当 σ^2 未知,用 $S^2 = \dfrac{1}{n-1}\sum\limits_{i=1}^{n}(x_i-\overline{x})^2$ 来估计方差 σ^2,则 $\hat{\theta}^2 = S^2 = \dfrac{1}{n-1}\sum\limits_{i=1}^{n}(x_i-\overline{x})^2$.

(2)正态总体的置信区间

设 $(x_1, x_2, \cdots, x_n)$ 是来自总体 $\xi \sim N(\mu, \sigma^2)$ 的一个样本.

①求 μ 的置信区间(置信度 $1-\alpha$):

当 σ^2 已知,$\overline{x} \sim N\left(\mu, \dfrac{\sigma^2}{n}\right)$,$U = \dfrac{\overline{x}-\mu}{\sigma/\sqrt{n}}$,由于 $U \sim N(0,1)$,查标准正态分布表得临界值 $\lambda = U_{\frac{\alpha}{2}}$,故 μ 的置信区间是 $\left[\overline{x}-\dfrac{\sigma}{\sqrt{n}}\lambda, \overline{x}+\dfrac{\sigma}{\sqrt{n}}\lambda\right] = \left[\overline{x}-\dfrac{\sigma}{\sqrt{n}}U_{\frac{\alpha}{2}}, \overline{x}+\dfrac{\sigma}{\sqrt{n}}U_{\frac{\alpha}{2}}\right]$.

当 σ^2 未知,$T = \dfrac{\overline{x}-\mu}{S/\sqrt{n}} \sim t(n-1)$,查 t 分布表,可得出临界值 $\lambda = t_{\frac{\alpha}{2}}$.故 μ 的置信区间是 $\left[\overline{x}-\dfrac{S}{\sqrt{n}}t_{\frac{\alpha}{2}}, \overline{x}+\dfrac{S}{\sqrt{n}}t_{\frac{\alpha}{2}}\right]$.

②求 σ^2 的置信区间(置信度为 $1-\alpha$).

$\chi^2 = \dfrac{(n-1)S^2}{\sigma^2}$,则由 χ^2 分布表可以查出临界值 $\lambda_1 < \lambda_2$,所以 σ^2 的置信区间为 $\left[\dfrac{(n-1)S^2}{\lambda_2}, \dfrac{(n-1)S^2}{\lambda_1}\right]$,其中 $\lambda_1 = \chi^2_{1-\frac{\alpha}{2}}(n-1)$,$\lambda_2 = \chi^2_{\frac{\alpha}{2}}(n-1)$.

4.几种常见的检验方法

(1)U 检验法:适用于 σ^2 已知,检验 μ 的值.

(2)T 检验法:适用于 σ^2 未知,检验 μ 的值.

(3)χ^2 检验法:适用于 μ 未知,检验 σ^2 的值.

自 测 题 7

一、填空题

1.总体 ξ 的一组样本观测值为 $4, 2, 5, 3, 6, 4$,则样本的均值与方差_____.

2.设 $\xi \sim N(0,1)$，已知 $\phi(2)=0.9772$，则 $P(-2 \leqslant \xi \leqslant 0)=$ _____．

3.设总体 $\xi \sim N(\mu,\sigma^2)$，其中 μ,σ^2 未知，4、3.2、3.5、3、5 是一组样本的观察值，则总体的 $\hat{\mu}=$ _____，$\hat{\theta}=$ _____．

二、计算题

1.设总体 $\xi \sim N(\mu,3^2)$，随机抽取容量为 16 的样本，求样本方差 S^2 小于 15 的概率．

2.某公司用自动包装机包装一批次块糖，规定每包质量 500 g.现随机抽取 10 包，测得质量（单位：g）分别是 502,495,510,505,497,506,498,503,492,505.假定每包质量服从正态分布 $N(\mu,\sigma^2)$，并且要求 $\sigma=3$ g，如果显著性水平 $\alpha=0.05$，问该批次产品的质量是否合格．

附录 A

初等数学常用公式

一、复数

1. 复数的形式

(1)复数的代数形式:$a+bi,a,b\in \mathbf{R}$,其中 a,b 分别称为复数 z 的**实部**和**虚部**,$i=\sqrt{-1}$ 称为**虚数单位**($i^{4n+1}=i,i^{4n+2}=-1,i^{4n+3}=-i,i^{4n}=1,n$ 为整数).

(2)复数的向量形式:$z=a+bi$,其中向量 $\overrightarrow{Oz}$ 的长度叫做**复数** $a+bi$ **的模**. 即模

$$r=|a+bi|=\sqrt{a^2+b^2}.$$

向量 $\overrightarrow{Oz}$ 与实轴正向所夹的角 θ 称为复数的**辐角**,其中,在 $[0,2\pi)$ 上的角 θ_0 称为复数的**辐角主值**,非零复数的辐角主值是唯一的,可由 $\tan \theta=\dfrac{b}{a}$ 及点 (a,b) 所在的象限来确定.

(3)复数的三角函数式:$a+bi=r(\cos \theta+i\sin \theta)$,其中,$r$ 是复数的模,θ 是复数的辐角.

(4)复数的指数式:$a+bi=re^{i\theta}$,其中 r 是复数的模,θ 是复数的辐角.

2. 复数的运算法则

(1)代数式:

加减法:$(a+bi)\pm(c+di)=(a\pm c)+(b\pm d)i$;

乘法:$(a+bi)(c+di)=(ac-bd)+(ad+bc)i$;

除法:$\dfrac{a+bi}{c+di}=\dfrac{(a+bi)(c-di)}{c^2+d^2}=\dfrac{(ac+bd)+(bc-ad)i}{c^2+d^2}$.

(2)三角式:设 $z_1=r_1(\cos \theta_1+i\sin \theta_1),z_2=r_2(\cos \theta_2+i\sin \theta_2)$,则有

$$z_1z_2=r_1r_2[\cos (\theta_1+\theta_2)+i\sin (\theta_1+\theta_2)],$$

$$\frac{z_1}{z_2}=\frac{r_1(\cos \theta_1+i\sin \theta_1)}{r_2(\cos \theta_2+i\sin \theta_2)}=\frac{r_1}{r_2}[\cos (\theta_1-\theta_2)+i\sin (\theta_1-\theta_2)].$$

(3)指数式:设 $z_1=r_1e^{i\theta_1},z_2=r_2e^{i\theta_2}$,则有

$$z_1 \cdot z_2=r_1r_2e^{i(\theta_1+\theta_2)},$$

$$\frac{z_1}{z_2}=\frac{r_1e^{i\theta_1}}{r_2e^{i\theta_2}}=\frac{r_1}{r_2}e^{i(\theta_1-\theta_2)} \quad (z_2\neq 0).$$

二、三角函数

1. 三角函数基本关系和负角、二倍角、半角公式

$\tan\alpha = \dfrac{\sin\alpha}{\cos\alpha}$,　$\cot\alpha = \dfrac{\cos\alpha}{\sin\alpha}$;

$\sin^2\alpha + \cos^2\alpha = 1$,　$\sec^2\alpha = 1 + \tan^2\alpha$,　$\csc^2\alpha = 1 + \cot^2\alpha$;

$\sin\alpha \cdot \csc\alpha = 1$,　$\cos\alpha \cdot \sec\alpha = 1$,　$\tan\alpha \cdot \cot\alpha = 1$;

$\sin(-\alpha) = -\sin\alpha$,　$\cos(-\alpha) = \cos\alpha$,　$\tan(-\alpha) = -\tan\alpha$,　$\cot(-\alpha) = -\cot\alpha$;

$\sin 2\alpha = 2\sin\alpha\cos\alpha$,　$\cos 2\alpha = \cos^2\alpha - \sin^2\alpha = 2\cos^2\alpha - 1 = 1 - 2\sin^2\alpha$;

$\sin^2\dfrac{\alpha}{2} = \dfrac{1-\cos\alpha}{2}$,　$\cos^2\dfrac{\alpha}{2} = \dfrac{1+\cos\alpha}{2}$.

2. 两角和与差的三角函数公式

$\sin(\alpha\pm\beta) = \sin\alpha\cos\beta \pm \cos\alpha\sin\beta$,

$\cos(\alpha\pm\beta) = \cos\alpha\cos\beta \mp \sin\alpha\sin\beta$,

$\tan(\alpha\pm\beta) = \dfrac{\tan\alpha\pm\tan\beta}{1\mp\tan\alpha\tan\beta}$.

三、平面解析几何

1. 直线

斜截式：$y = kx + b$;

截距式：$\dfrac{x}{a} + \dfrac{y}{b} = 1$　$(a, b\neq 0)$;

点斜式：$y - y_0 = k(x - x_0)$;

两点式：$\dfrac{y - y_1}{y_2 - y_1} = \dfrac{x - x_1}{x_2 - x_1}$;

一般式：$Ax + By + C = 0$.

2. 二次曲线

(1) 圆：

标准方程：$(x-a)^2 + (y-b)^2 = R^2$,圆心为 (a, b);半径为 R.

(2) 椭圆：

标准方程：$\dfrac{x^2}{a^2} + \dfrac{y^2}{b^2} = 1(a > b > 0)$,中心为 $O(0, 0)$,顶点为 $(\pm a, 0)$, $(0, \pm b)$,焦点为 $(\pm c, 0)$;

标准方程：$\dfrac{x^2}{b^2} + \dfrac{y^2}{a^2} = 1(a > b > 0)$,中心为 $(0, 0)$,顶点为 $(\pm b, 0)$, $(0, \pm a)$,焦点为 $(0, \pm c)$.

(3) 抛物线：

标准方程：$y^2 = 2px(p > 0)$,顶点为 $O(0, 0)$,开口向右,焦点为 $\left(\dfrac{p}{2}, 0\right)$;

标准方程：$y^2 = -2px(p > 0)$,顶点为 $O(0, 0)$,开口向左,焦点 $\left(-\dfrac{p}{2}, 0\right)$;

标准方程：$x^2 = 2py(p > 0)$,顶点为 $O(0, 0)$,开口向上,焦点为 $\left(0, \dfrac{p}{2}\right)$;

标准方程：$x^2 = -2py\,(p>0)$，顶点为 $O(0,0)$，开口向下，焦点为 $\left(0, -\dfrac{p}{2}\right)$.

（4）双曲线：

标准方程：$\dfrac{x^2}{a^2} - \dfrac{y^2}{b^2} = 1\,(a>0, b>0)$，中心为 $O(0,0)$，顶点为 $(\pm a, 0)$，焦点为 $(\pm c, 0)$；

标准方程：$\dfrac{x^2}{b^2} - \dfrac{y^2}{a^2} = 1\,(a>0, b>0)$，中心为 $O(0,0)$，顶点为 $(0, \pm a)$，焦点为 $(0, \pm c)$.

积 分 表

(一)含有 $ax+b$ 的积分$(a\neq 0)$

1. $\displaystyle\int\frac{\mathrm{d}x}{ax+b}=\frac{1}{a}\ln|ax+b|+C$

2. $\displaystyle\int(ax+b)^{\mu}\mathrm{d}x=\frac{1}{a(\mu+1)}(ax+b)^{\mu+1}+C\quad(\mu\neq-1)$

3. $\displaystyle\int\frac{x}{ax+b}\mathrm{d}x=\frac{1}{a^2}(ax+b-b\ln|ax+b|)+C$

4. $\displaystyle\int\frac{x^2}{ax+b}\mathrm{d}x=\frac{1}{a^3}\left[\frac{1}{2}(ax+b)^2-2b(ax+b)+b^2\ln|ax+b|\right]+C$

5. $\displaystyle\int\frac{\mathrm{d}x}{x(ax+b)}=-\frac{1}{b}\ln\left|\frac{ax+b}{x}\right|+C$

6. $\displaystyle\int\frac{\mathrm{d}x}{x^2(ax+b)}=-\frac{1}{bx}+\frac{a}{b^2}\ln\left|\frac{ax+b}{x}\right|+C$

7. $\displaystyle\int\frac{x}{(ax+b)^2}\mathrm{d}x=\frac{1}{a^2}\left(\ln|ax+b|+\frac{b}{ax+b}\right)+C$

8. $\displaystyle\int\frac{x^2}{(ax+b)^2}\mathrm{d}x=\frac{1}{a^3}\left(ax+b-2b\ln|ax+b|-\frac{b^2}{ax+b}\right)+C$

9. $\displaystyle\int\frac{\mathrm{d}x}{x(ax+b)^2}=\frac{1}{b(ax+b)}-\frac{1}{b^2}\ln\left|\frac{ax+b}{x}\right|+C$

(二)含有 $\sqrt{ax+b}$ 的积分

10. $\displaystyle\int\sqrt{ax+b}\,\mathrm{d}x=\frac{2}{3a}\sqrt{(ax+b)^3}+C$

11. $\displaystyle\int x\sqrt{ax+b}\,\mathrm{d}x=\frac{2}{15a^2}(3ax-2b)\sqrt{(ax+b)^3}+C$

12. $\displaystyle\int x^2\sqrt{ax+b}\,\mathrm{d}x=\frac{2}{105a^3}(15a^2x^2-12abx+8b^2)\sqrt{(ax+b)^3}+C$

13. $\displaystyle\int\frac{x}{\sqrt{ax+b}}\mathrm{d}x=\frac{2}{3a^2}(ax-2b)\sqrt{ax+b}+C$

14. $\displaystyle\int\frac{x^2}{\sqrt{ax+b}}\mathrm{d}x=\frac{2}{15a^3}(3a^2x^2-4abx+8b^2)\sqrt{ax+b}+C$

15. $\displaystyle\int\frac{\mathrm{d}x}{x\sqrt{ax+b}}=\begin{cases}\dfrac{1}{\sqrt{b}}\ln\left|\dfrac{\sqrt{ax+b}-\sqrt{b}}{\sqrt{ax+b}+\sqrt{b}}\right|+C&\text{当 }b>0\\[4mm]\dfrac{2}{\sqrt{-b}}\arctan\sqrt{\dfrac{ax+b}{-b}}+C&\text{当 }b<0\end{cases}$

16. $\int \dfrac{\mathrm{d}x}{x^2 \sqrt{ax+b}} = -\dfrac{\sqrt{ax+b}}{bx} - \dfrac{a}{2b}\int \dfrac{\mathrm{d}x}{x \sqrt{ax+b}}$

17. $\int \dfrac{\sqrt{ax+b}}{x}\mathrm{d}x = 2\sqrt{ax+b} + b\int \dfrac{\mathrm{d}x}{x \sqrt{ax+b}}$

18. $\int \dfrac{\sqrt{ax+b}}{x^2}\mathrm{d}x = -\dfrac{\sqrt{ax+b}}{x} + \dfrac{a}{2}\int \dfrac{\mathrm{d}x}{x \sqrt{ax+b}}$

（三）含有 $x^2 \pm a^2$ 的积分

19. $\int \dfrac{\mathrm{d}x}{x^2+a^2} = \dfrac{1}{a}\arctan \dfrac{x}{a} + C$

20. $\int \dfrac{\mathrm{d}x}{(x^2+a^2)^n} = \dfrac{x}{2(n-1)a^2(x^2+a^2)^{n-1}} + \dfrac{2n-3}{2(n-1)a^2}\int \dfrac{\mathrm{d}x}{(x^2+a^2)^{n-1}}$

21. $\int \dfrac{\mathrm{d}x}{x^2-a^2} = \dfrac{1}{2a}\ln \left| \dfrac{x-a}{x+a} \right| + C$

（四）含有 $ax^2+b(a>0)$ 的积分

22. $\int \dfrac{\mathrm{d}x}{ax^2+b} = \begin{cases} \dfrac{1}{\sqrt{ab}}\arctan \sqrt{\dfrac{a}{b}}x + C & \text{当 } b>0 \\[3mm] \dfrac{1}{2\sqrt{-ab}}\ln \left| \dfrac{\sqrt{a}x - \sqrt{-b}}{\sqrt{a}x + \sqrt{-b}} \right| + C & \text{当 } b<0 \end{cases}$

23. $\int \dfrac{x}{ax^2+b}\mathrm{d}x = \dfrac{1}{2a}\ln |ax^2+b| + C$

24. $\int \dfrac{x^2}{ax^2+b}\mathrm{d}x = \dfrac{x}{a} - \dfrac{b}{a}\int \dfrac{\mathrm{d}x}{ax^2+b}$

25. $\int \dfrac{\mathrm{d}x}{x(ax^2+b)} = \dfrac{1}{2b}\ln \dfrac{x^2}{|ax^2+b|} + C$

26. $\int \dfrac{\mathrm{d}x}{x^2(ax^2+b)} = -\dfrac{1}{bx} - \dfrac{a}{b}\int \dfrac{\mathrm{d}x}{ax^2+b}$

27. $\int \dfrac{\mathrm{d}x}{x^3(ax^2+b)} = \dfrac{a}{2b^2}\ln \dfrac{|ax^2+b|}{x^2} - \dfrac{1}{2bx^2} + C$

28. $\int \dfrac{\mathrm{d}x}{(ax^2+b)^2} = \dfrac{x}{2b(ax^2+b)} + \dfrac{1}{2b}\int \dfrac{\mathrm{d}x}{ax^2+b}$

（五）含有 $ax^2+bx+c(a>0)$ 的积分

29. $\int \dfrac{\mathrm{d}x}{ax^2+bx+c} = \begin{cases} \dfrac{2}{\sqrt{4ac-b^2}}\arctan \dfrac{2ax+b}{\sqrt{4ac-b^2}} + C & \text{当 } b^2<4ac \\[3mm] \dfrac{1}{\sqrt{b^2-4ac}}\ln \left| \dfrac{2ax+b-\sqrt{b^2-4ac}}{2ax+b+\sqrt{b^2-4ac}} \right| + C & \text{当 } b^2>4ac \end{cases}$

30. $\int \dfrac{x}{ax^2+bx+c}\mathrm{d}x = \dfrac{1}{2a}\ln |ax^2+bx+c| - \dfrac{b}{2a}\int \dfrac{\mathrm{d}x}{ax^2+bx+c}$

（六）含有 $\sqrt{x^2+a^2}\ (a>0)$ 的积分

31. $\int \dfrac{\mathrm{d}x}{\sqrt{x^2+a^2}} = \operatorname{arsh} \dfrac{x}{a} + C_1 = \ln (x + \sqrt{x^2+a^2}) + C$

32. $\int \dfrac{\mathrm{d}x}{\sqrt{(x^2+a^2)^3}} = \dfrac{x}{a^2 \sqrt{x^2+a^2}} + C$

33. $\displaystyle\int \frac{x}{\sqrt{x^2+a^2}}\mathrm{d}x = \sqrt{x^2+a^2}+C$

34. $\displaystyle\int \frac{x}{\sqrt{(x^2+a^2)^3}}\mathrm{d}x =- \frac{1}{\sqrt{x^2+a^2}}+C$

35. $\displaystyle\int \frac{x^2}{\sqrt{x^2+a^2}}\mathrm{d}x = \frac{x}{2}\sqrt{x^2+a^2}-\frac{a^2}{2}\ln(x+\sqrt{x^2+a^2})+C$

36. $\displaystyle\int \frac{x^2}{\sqrt{(x^2+a^2)^3}}\mathrm{d}x =- \frac{x}{\sqrt{x^2+a^2}}+\ln(x+\sqrt{x^2+a^2})+C$

37. $\displaystyle\int \frac{\mathrm{d}x}{x\sqrt{x^2+a^2}} = \frac{1}{a}\ln\frac{\sqrt{x^2+a^2}-a}{|x|}+C$

38. $\displaystyle\int \frac{\mathrm{d}x}{x^2\sqrt{x^2+a^2}} =- \frac{\sqrt{x^2+a^2}}{a^2x}+C$

39. $\displaystyle\int \sqrt{x^2+a^2}\,\mathrm{d}x = \frac{x}{2}\sqrt{x^2+a^2}+\frac{a^2}{2}\ln(x+\sqrt{x^2+a^2})+C$

40. $\displaystyle\int \sqrt{(x^2+a^2)^3}\,\mathrm{d}x = \frac{x}{8}(2x^2+5a^2)\sqrt{x^2+a^2}+\frac{3}{8}a^4\ln(x+\sqrt{x^2+a^2})+C$

41. $\displaystyle\int x\sqrt{x^2+a^2}\,\mathrm{d}x = \frac{1}{3}\sqrt{(x^2+a^2)^3}+C$

42. $\displaystyle\int x^2\sqrt{x^2+a^2}\,\mathrm{d}x = \frac{x}{8}(2x^2+a^2)\sqrt{x^2+a^2}-\frac{a^4}{8}\ln(x+\sqrt{x^2+a^2})+C$

43. $\displaystyle\int \frac{\sqrt{x^2+a^2}}{x}\mathrm{d}x = \sqrt{x^2+a^2}+a\ln\frac{\sqrt{x^2+a^2}-a}{|x|}+C$

44. $\displaystyle\int \frac{\sqrt{x^2+a^2}}{x^2}\mathrm{d}x =- \frac{\sqrt{x^2+a^2}}{x}+\ln(x+\sqrt{x^2+a^2})+C$

(七)含有$\sqrt{x^2-a^2}\,(a>0)$的积分

45. $\displaystyle\int \frac{\mathrm{d}x}{\sqrt{x^2-a^2}} = \frac{x}{|x|}\operatorname{arch}\frac{|x|}{a}+C_1 = \ln|x+\sqrt{x^2-a^2}|+C$

46. $\displaystyle\int \frac{\mathrm{d}x}{\sqrt{(x^2-a^2)^3}} =- \frac{x}{a^2\sqrt{x^2-a^2}}+C$

47. $\displaystyle\int \frac{x}{\sqrt{x^2-a^2}}\mathrm{d}x = \sqrt{x^2-a^2}+C$

48. $\displaystyle\int \frac{x}{\sqrt{(x^2-a^2)^3}}\mathrm{d}x =- \frac{1}{\sqrt{x^2-a^2}}+C$

49. $\displaystyle\int \frac{x^2}{\sqrt{x^2-a^2}}\mathrm{d}x = \frac{x}{2}\sqrt{x^2-a^2}+\frac{a^2}{2}\ln|x+\sqrt{x^2-a^2}|+C$

50. $\displaystyle\int \frac{x^2}{\sqrt{(x^2-a^2)^3}}\mathrm{d}x =- \frac{x}{\sqrt{x^2-a^2}}+\ln|x+\sqrt{x^2-a^2}|+C$

51. $\displaystyle\int \frac{\mathrm{d}x}{x\sqrt{x^2-a^2}} = \frac{1}{a}\arccos\frac{a}{|x|}+C$

52. $\displaystyle\int \frac{\mathrm{d}x}{x^2\sqrt{x^2-a^2}} = \frac{\sqrt{x^2-a^2}}{a^2x}+C$

53. $\displaystyle\int \sqrt{x^2-a^2}\,\mathrm{d}x = \frac{x}{2}\sqrt{x^2-a^2} - \frac{a^2}{2}\ln\left|x+\sqrt{x^2-a^2}\right| + C$

54. $\displaystyle\int \sqrt{(x^2-a^2)^3}\,\mathrm{d}x = \frac{x}{8}(2x^2-5a^2)\sqrt{x^2-a^2} + \frac{3}{8}a^4\ln\left|x+\sqrt{x^2-a^2}\right| + C$

55. $\displaystyle\int x\sqrt{x^2-a^2}\,\mathrm{d}x = \frac{1}{3}\sqrt{(x^2-a^2)^3} + C$

56. $\displaystyle\int x^2\sqrt{x^2-a^2}\,\mathrm{d}x = \frac{x}{8}(2x^2-a^2)\sqrt{x^2-a^2} - \frac{a^4}{8}\ln\left|x+\sqrt{x^2-a^2}\right| + C$

57. $\displaystyle\int \frac{\sqrt{x^2-a^2}}{x}\,\mathrm{d}x = \sqrt{x^2-a^2} - a\arccos\frac{a}{|x|} + C$

58. $\displaystyle\int \frac{\sqrt{x^2-a^2}}{x^2}\,\mathrm{d}x = -\frac{\sqrt{x^2-a^2}}{x} + \ln\left|x+\sqrt{x^2-a^2}\right| + C$

（八）含有 $\sqrt{a^2-x^2}\,(a>0)$ 的积分

59. $\displaystyle\int \frac{\mathrm{d}x}{\sqrt{a^2-x^2}} = \arcsin\frac{x}{a} + C$

60. $\displaystyle\int \frac{\mathrm{d}x}{\sqrt{(a^2-x^2)^3}} = \frac{x}{a^2\sqrt{a^2-x^2}} + C$

61. $\displaystyle\int \frac{x}{\sqrt{a^2-x^2}}\,\mathrm{d}x = -\sqrt{a^2-x^2} + C$

62. $\displaystyle\int \frac{x}{\sqrt{(a^2-x^2)^3}}\,\mathrm{d}x = \frac{1}{\sqrt{a^2-x^2}} + C$

63. $\displaystyle\int \frac{x^2}{\sqrt{a^2-x^2}}\,\mathrm{d}x = -\frac{x}{2}\sqrt{a^2-x^2} + \frac{a^2}{2}\arcsin\frac{x}{a} + C$

64. $\displaystyle\int \frac{x^2}{\sqrt{(a^2-x^2)^3}}\,\mathrm{d}x = \frac{x}{\sqrt{a^2-x^2}} - \arcsin\frac{x}{a} + C$

65. $\displaystyle\int \frac{\mathrm{d}x}{x\sqrt{a^2-x^2}} = \frac{1}{a}\ln\frac{a-\sqrt{a^2-x^2}}{|x|} + C$

66. $\displaystyle\int \frac{\mathrm{d}x}{x^2\sqrt{a^2-x^2}} = -\frac{\sqrt{a^2-x^2}}{a^2x} + C$

67. $\displaystyle\int \sqrt{a^2-x^2}\,\mathrm{d}x = \frac{x}{2}\sqrt{a^2-x^2} + \frac{a^2}{2}\arcsin\frac{x}{a} + C$

68. $\displaystyle\int \sqrt{(a^2-x^2)^3}\,\mathrm{d}x = \frac{x}{8}(5a^2-2x^2)\sqrt{a^2-x^2} + \frac{3}{8}a^4\arcsin\frac{x}{a} + C$

69. $\displaystyle\int x\sqrt{a^2-x^2}\,\mathrm{d}x = -\frac{1}{3}\sqrt{(a^2-x^2)^3} + C$

70. $\displaystyle\int x^2\sqrt{a^2-x^2}\,\mathrm{d}x = \frac{x}{8}(2x^2-a^2)\sqrt{a^2-x^2} + \frac{a^4}{8}\arcsin\frac{x}{a} + C$

71. $\displaystyle\int \frac{\sqrt{a^2-x^2}}{x}\,\mathrm{d}x = \sqrt{a^2-x^2} + a\ln\frac{a-\sqrt{a^2-x^2}}{|x|} + C$

72. $\displaystyle\int \frac{\sqrt{a^2-x^2}}{x^2}\,\mathrm{d}x = -\frac{\sqrt{a^2-x^2}}{x} - \arcsin\frac{x}{a} + C$

(九)含有 $\sqrt{\pm ax^2+bx+c}\,(a>0)$ 的积分

73. $\displaystyle\int \frac{\mathrm{d}x}{\sqrt{ax^2+bx+c}} = \frac{1}{\sqrt{a}}\ln\left|2ax+b+2\sqrt{a}\,\sqrt{ax^2+bx+c}\right|+C$

74. $\displaystyle\int \sqrt{ax^2+bx+c}\,\mathrm{d}x = \frac{2ax+b}{4a}\sqrt{ax^2+bx+c}+$

$\dfrac{4ac-b^2}{8\sqrt{a^3}}\ln\left|2ax+b+2\sqrt{a}\,\sqrt{ax^2+bx+c}\right|+C$

75. $\displaystyle\int \frac{x}{\sqrt{ax^2+bx+c}}\,\mathrm{d}x =$

$\dfrac{1}{a}\sqrt{ax^2+bx+c}-\dfrac{b}{2\sqrt{a^3}}\ln\left|2ax+b+2\sqrt{a}\,\sqrt{ax^2+bx+c}\right|+C$

76. $\displaystyle\int \frac{\mathrm{d}x}{\sqrt{c+bx-ax^2}} = -\frac{1}{\sqrt{a}}\arcsin\frac{2ax-b}{\sqrt{b^2+4ac}}+C$

77. $\displaystyle\int \sqrt{c+bx-ax^2}\,\mathrm{d}x = \frac{2ax-b}{4a}\sqrt{c+bx-ax^2}+\frac{b^2+4ac}{8\sqrt{a^3}}\arcsin\frac{2ax-b}{\sqrt{b^2+4ac}}+C$

78. $\displaystyle\int \frac{x}{\sqrt{c+bx-ax^2}}\,\mathrm{d}x = -\frac{1}{a}\sqrt{c+bx-ax^2}+\frac{b}{2\sqrt{a^3}}\arcsin\frac{2ax-b}{\sqrt{b^2+4ac}}+C$

(十)含有 $\sqrt{\pm\dfrac{x-a}{x-b}}$ 或 $\sqrt{(x-a)(b-x)}$ 的积分

79. $\displaystyle\int \sqrt{\frac{x-a}{x-b}}\,\mathrm{d}x = (x-b)\sqrt{\frac{x-a}{x-b}}+(b-a)\ln\left(\sqrt{|x-a|}+\sqrt{|x-b|}\right)+C$

80. $\displaystyle\int \sqrt{\frac{x-a}{b-x}}\,\mathrm{d}x = (x-b)\sqrt{\frac{x-a}{b-x}}+(b-a)\arcsin\sqrt{\frac{x-a}{b-x}}+C$

81. $\displaystyle\int \frac{\mathrm{d}x}{\sqrt{(x-a)(b-x)}} = 2\arcsin\sqrt{\frac{x-a}{b-x}}+C \quad (a<b)$

82. $\displaystyle\int \sqrt{(x-a)(b-x)}\,\mathrm{d}x =$

$\dfrac{2x-a-b}{4}\sqrt{(x-a)(b-x)}+\dfrac{(b-a)^2}{4}\arcsin\sqrt{\dfrac{x-a}{b-x}}+C \quad (a<b)$

(十一)含有三角函数的积分

83. $\displaystyle\int \sin x\,\mathrm{d}x = -\cos x+C$

84. $\displaystyle\int \cos x\,\mathrm{d}x = \sin x+C$

85. $\displaystyle\int \tan x\,\mathrm{d}x = -\ln|\cos x|+C$

86. $\displaystyle\int \cot x\,\mathrm{d}x = \ln|\sin x|+C$

87. $\displaystyle\int \sec x\,\mathrm{d}x = \ln\left|\tan\left(\frac{\pi}{4}+\frac{x}{2}\right)\right|+C = \ln|\sec x+\tan x|+C$

88. $\displaystyle\int \csc x\,\mathrm{d}x = \ln\left|\tan\frac{x}{2}\right|+C = \ln|\csc x-\cot x|+C$

89. $\displaystyle\int \sec^2 x \mathrm{d}x = \tan x + C$

90. $\displaystyle\int \csc^2 x \mathrm{d}x = -\cot x + C$

91. $\displaystyle\int \sec x \tan x \mathrm{d}x = \sec x + C$

92. $\displaystyle\int \csc x \cot x \mathrm{d}x = -\csc x + C$

93. $\displaystyle\int \sin^2 x \mathrm{d}x = \dfrac{x}{2} - \dfrac{1}{4}\sin 2x + C$

94. $\displaystyle\int \cos^2 x \mathrm{d}x = \dfrac{x}{2} + \dfrac{1}{4}\sin 2x + C$

95. $\displaystyle\int \sin^n x \mathrm{d}x = -\dfrac{1}{n}\sin^{n-1}x\cos x + \dfrac{n-1}{n}\int \sin^{n-2}x \mathrm{d}x$

96. $\displaystyle\int \cos^n x \mathrm{d}x = \dfrac{1}{n}\cos^{n-1}x\sin x + \dfrac{n-1}{n}\int \cos^{n-2}x \mathrm{d}x$

97. $\displaystyle\int \dfrac{\mathrm{d}x}{\sin^n x} = -\dfrac{1}{n-1}\cdot\dfrac{\cos x}{\sin^{n-1}x} + \dfrac{n-2}{n-1}\int \dfrac{\mathrm{d}x}{\sin^{n-2}x}$

98. $\displaystyle\int \dfrac{\mathrm{d}x}{\cos^n x} = \dfrac{1}{n-1}\cdot\dfrac{\sin x}{\cos^{n-1}x} + \dfrac{n-2}{n-1}\int \dfrac{\mathrm{d}x}{\cos^{n-2}x}$

99. $\displaystyle\int \cos^m x \sin^n x \mathrm{d}x = \dfrac{1}{m+n}\cos^{m-1}x\sin^{n+1}x + \dfrac{m-1}{m+n}\int \cos^{m-2}x\sin^n x \mathrm{d}x$

$$= -\dfrac{1}{m+n}\cos^{m+1}x\sin^{n-1}x + \dfrac{n-1}{m+n}\int \cos^m x \sin^{n-2}x \mathrm{d}x$$

100. $\displaystyle\int \sin ax \cos bx \mathrm{d}x = -\dfrac{1}{2(a+b)}\cos(a+b)x - \dfrac{1}{2(a-b)}\cos(a-b)x + C$

101. $\displaystyle\int \sin ax \sin bx \mathrm{d}x = -\dfrac{1}{2(a+b)}\sin(a+b)x + \dfrac{1}{2(a-b)}\sin(a-b)x + C$

102. $\displaystyle\int \cos ax \cos bx \mathrm{d}x = \dfrac{1}{2(a+b)}\sin(a+b)x + \dfrac{1}{2(a-b)}\sin(a-b)x + C$

103. $\displaystyle\int \dfrac{\mathrm{d}x}{a+b\sin x} = \dfrac{2}{\sqrt{a^2-b^2}}\arctan\dfrac{a\tan\frac{x}{2}+b}{\sqrt{a^2-b^2}} + C \quad (a^2 > b^2)$

104. $\displaystyle\int \dfrac{\mathrm{d}x}{a+b\sin x} = \dfrac{1}{\sqrt{b^2-a^2}}\ln\left|\dfrac{a\tan\frac{x}{2}+b-\sqrt{b^2-a^2}}{a\tan\frac{x}{2}+b+\sqrt{b^2-a^2}}\right| + C \quad (a^2 < b^2)$

105. $\displaystyle\int \dfrac{\mathrm{d}x}{a+b\cos x} = \dfrac{2}{a+b}\sqrt{\dfrac{a+b}{a-b}}\arctan\left(\sqrt{\dfrac{a-b}{a+b}}\tan\dfrac{x}{2}\right) + C \quad (a^2 > b^2)$

106. $\displaystyle\int \dfrac{\mathrm{d}x}{a+b\cos x} = \dfrac{1}{a+b}\sqrt{\dfrac{a+b}{b-a}}\ln\left|\dfrac{\tan\frac{x}{2}+\sqrt{\frac{a+b}{b-a}}}{\tan\frac{x}{2}-\sqrt{\frac{a+b}{b-a}}}\right| + C \quad (a^2 < b^2)$

107. $\displaystyle\int \dfrac{\mathrm{d}x}{a^2\cos^2 x + b^2\sin^2 x} = \dfrac{1}{ab}\arctan\left(\dfrac{b}{a}\tan x\right) + C$

108. $\displaystyle\int \dfrac{\mathrm{d}x}{a^2\cos^2 x - b^2\sin^2 x} = \dfrac{1}{2ab}\ln\left|\dfrac{b\tan x + a}{b\tan x - a}\right| + C$

109. $\int x \sin ax \, dx = \dfrac{1}{a^2} \sin ax - \dfrac{1}{a} x \cos ax + C$

110. $\int x^2 \sin ax \, dx = -\dfrac{1}{a} x^2 \cos ax + \dfrac{2}{a^2} x \sin ax + \dfrac{2}{a^3} \cos ax + C$

111. $\int x \cos ax \, dx = \dfrac{1}{a^2} \cos ax + \dfrac{1}{a} x \sin ax + C$

112. $\int x^2 \cos ax \, dx = \dfrac{1}{a} x^2 \sin ax + \dfrac{2}{a^2} x \cos ax - \dfrac{2}{a^3} \sin ax + C$

(十二)含有反三角函数的积分（其中 $a > 0$）

113. $\int \arcsin \dfrac{x}{a} \, dx = x \arcsin \dfrac{x}{a} + \sqrt{a^2 - x^2} + C$

114. $\int x \arcsin \dfrac{x}{a} \, dx = \left(\dfrac{x^2}{2} - \dfrac{a^2}{4} \right) \arcsin \dfrac{x}{a} + \dfrac{x}{4} \sqrt{a^2 - x^2} + C$

115. $\int x^2 \arcsin \dfrac{x}{a} \, dx = \dfrac{x^3}{3} \arcsin \dfrac{x}{a} + \dfrac{1}{9} (x^2 + 2a^2) \sqrt{a^2 - x^2} + C$

116. $\int \arccos \dfrac{x}{a} \, dx = x \arccos \dfrac{x}{a} - \sqrt{a^2 - x^2} + C$

117. $\int x \arccos \dfrac{x}{a} \, dx = \left(\dfrac{x^2}{2} - \dfrac{a^2}{4} \right) \arccos \dfrac{x}{a} - \dfrac{x}{4} \sqrt{a^2 - x^2} + C$

118. $\int x^2 \arccos \dfrac{x}{a} \, dx = \dfrac{x^3}{3} \arccos \dfrac{x}{a} - \dfrac{1}{9} (x^2 + 2a^2) \sqrt{a^2 - x^2} + C$

119. $\int \arctan \dfrac{x}{a} \, dx = x \arctan \dfrac{x}{a} - \dfrac{a}{2} \ln (a^2 + x^2) + C$

120. $\int x \arctan \dfrac{x}{a} \, dx = \dfrac{1}{2} (a^2 + x^2) \arctan \dfrac{x}{a} - \dfrac{a}{2} x + C$

121. $\int x^2 \arctan \dfrac{x}{a} \, dx = \dfrac{x^3}{3} \arctan \dfrac{x}{a} - \dfrac{a}{6} x^2 + \dfrac{a^3}{6} \ln (a^2 + x^2) + C$

(十三)含有指数函数的积分

122. $\int a^x \, dx = \dfrac{1}{\ln a} a^x + C$

123. $\int e^{ax} \, dx = \dfrac{1}{a} e^{ax} + C$

124. $\int x e^{ax} \, dx = \dfrac{1}{a^2} (ax - 1) e^{ax} + C$

125. $\int x^n e^{ax} \, dx = \dfrac{1}{a} x^n e^{ax} - \dfrac{n}{a} \int x^{n-1} e^{ax} \, dx$

126. $\int x a^x \, dx = \dfrac{x}{\ln a} a^x - \dfrac{1}{(\ln a)^2} a^x + C$

127. $\int x^n a^x \, dx = \dfrac{1}{\ln a} x^n a^x - \dfrac{n}{\ln a} \int x^{n-1} a^x \, dx$

128. $\int e^{ax} \sin bx \, dx = \dfrac{1}{a^2 + b^2} e^{ax} (a \sin bx - b \cos bx) + C$

129. $\int e^{ax} \cos bx \, dx = \dfrac{1}{a^2 + b^2} e^{ax} (b \sin bx + a \cos bx) + C$

130. $\int e^{ax} \sin^n bx \, dx = \dfrac{1}{a^2 + b^2 n^2} e^{ax} \sin^{n-1} bx (a \sin bx - nb \cos bx) +$

$$\frac{n(n-1)b^2}{a^2+b^2n^2}\int e^{ax}\sin^{n-2}bx\,dx$$

131. $\displaystyle\int e^{ax}\cos^n bx\,dx = \frac{1}{a^2+b^2n^2}e^{ax}\cos^{n-1}bx(a\cos bx+nb\sin bx)+$

$$\frac{n(n-1)b^2}{a^2+b^2n^2}\int e^{ax}\cos^{n-2}bx\,dx$$

（十四）含有对数函数的积分

132. $\displaystyle\int \ln x\,dx = x\ln x-x+C$

133. $\displaystyle\int \frac{dx}{x\ln x} = \ln|\ln x|+C$

134. $\displaystyle\int x^n\ln x\,dx = \frac{1}{n+1}x^{n+1}\left(\ln x-\frac{1}{n+1}\right)+C$

135. $\displaystyle\int (\ln x)^n\,dx = x(\ln x)^n-n\int(\ln x)^{n-1}\,dx$

136. $\displaystyle\int x^m(\ln x)^n\,dx = \frac{1}{m+1}x^{m+1}(\ln x)^n-\frac{n}{m+1}\int x^m(\ln x)^{n-1}\,dx$

（十五）含有双曲函数的积分

137. $\displaystyle\int \mathrm{sh}\,x\,dx = \mathrm{ch}\,x+C$

138. $\displaystyle\int \mathrm{ch}\,x\,dx = \mathrm{sh}\,x+C$

139. $\displaystyle\int \mathrm{th}\,x\,dx = \ln\mathrm{ch}\,x+C$

140. $\displaystyle\int \mathrm{sh}^2x\,dx = -\frac{x}{2}+\frac{1}{4}\mathrm{sh}\,2x+C$

141. $\displaystyle\int \mathrm{ch}^2x\,dx = \frac{x}{2}+\frac{1}{4}\mathrm{sh}\,2x+C$

（十六）定积分

142. $\displaystyle\int_{-\pi}^{\pi}\cos nx\,dx = \int_{-\pi}^{\pi}\sin nx\,dx = 0$

143. $\displaystyle\int_{-\pi}^{\pi}\cos mx\sin nx\,dx = 0$

144. $\displaystyle\int_{-\pi}^{\pi}\cos mx\cos nx\,dx = \begin{cases} 0 & 当\ m\neq n \\ \pi & 当\ m=n \end{cases}$

145. $\displaystyle\int_{-\pi}^{\pi}\sin mx\sin nx\,dx = \begin{cases} 0 & 当\ m\neq n \\ \pi & 当\ m=n \end{cases}$

146. $\displaystyle\int_{0}^{\pi}\sin mx\sin nx\,dx = \int_{0}^{\pi}\cos mx\cos nx\,dx = \begin{cases} 0 & 当\ m\neq n \\ \pi/2 & 当\ m=n \end{cases}$

147. $\displaystyle I_n = \int_{0}^{\frac{\pi}{2}}\sin^n x\,dx = \int_{0}^{\frac{\pi}{2}}\cos^n x\,dx$ （n 为自然数）

$$I_n = \frac{n-1}{n}I_{n-2},\ I_1=1,\ I_0=\frac{\pi}{2}$$

附录 C

标准正态分布函数数值表

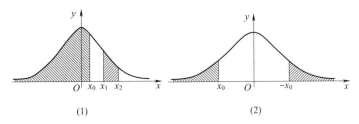

图 C-1

$$\Phi(x) = \frac{1}{\sqrt{2\pi}} \int_{-\infty}^{x} e^{-\frac{t^2}{2}} dt \quad (x \geqslant 0), \Phi(-x) = 1 - \Phi(x)$$

x	0.00	0.01	0.02	0.03	0.04	0.05	0.06	0.07	0.08	0.09
0	0.5000	0.5040	0.5080	0.5120	0.516	0.5199	0.5239	0.5279	0.5319	0.5359
0.1	0.5398	0.5438	0.5478	0.5517	0.5557	0.5596	0.5636	0.5675	0.5714	0.5753
0.2	0.5793	0.5832	0.5871	0.5910	0.5948	0.5987	0.6026	0.6064	0.6103	0.6141
0.3	0.6179	0.6217	0.6255	0.6293	0.6331	0.6368	0.6406	0.6443	0.6480	0.6517
0.4	0.6554	0.6591	0.6628	0.6664	0.6700	0.6736	0.6772	0.6808	0.6844	0.6879
0.5	0.6915	0.6950	0.6985	0.7019	0.7054	0.7088	0.7123	0.7157	0.7190	0.7224
0.6	0.7257	0.7291	0.7324	0.7357	0.7389	0.7422	0.7454	0.7486	0.7517	0.7549
0.7	0.7580	0.7611	0.7642	0.7673	0.7703	0.7734	0.7764	0.7794	0.7823	0.7852
0.8	0.7881	0.7910	0.7939	0.7967	0.7995	0.8023	0.8051	0.8078	0.8106	0.8133
0.9	0.8159	0.8186	0.8212	0.8238	0.8264	0.8289	0.8315	0.8340	0.8365	0.8389
1.0	0.8413	0.8438	0.8461	0.8485	0.8508	0.8531	0.8554	0.8577	0.8599	0.8621
1.1	0.8643	0.8665	0.8686	0.8708	0.8729	0.8749	0.8770	0.8790	0.881	0.8830
1.2	0.8849	0.8869	0.8888	0.8907	0.8925	0.8944	0.8962	0.8980	0.8997	0.9015
1.3	0.9032	0.9049	0.9066	0.9082	0.9099	0.9115	0.9131	0.9147	0.9162	0.9177
1.4	0.9192	0.9207	0.9222	0.9236	0.9251	0.9265	0.9278	0.9292	0.9306	0.9319
1.5	0.9332	0.9345	0.9357	0.9370	0.9382	0.9394	0.9406	0.9418	0.9430	0.9441
1.6	0.9452	0.9463	0.9474	0.9484	0.9495	0.9505	0.9515	0.9525	0.9535	0.9545
1.7	0.9554	0.9564	0.9573	0.9582	0.9591	0.9599	0.9608	0.9616	0.9625	0.9633
1.8	0.9641	0.9648	0.9656	0.9664	0.9671	0.9678	0.9686	0.9693	0.9700	0.9706
1.9	0.9713	0.9719	0.9726	0.9732	0.9738	0.9744	0.9750	0.9756	0.9762	0.9767
2.0	0.9772	0.9778	0.9783	0.9788	0.9793	0.9798	0.9803	0.9808	0.9812	0.9817

续表

x	0.00	0.01	0.02	0.03	0.04	0.05	0.06	0.07	0.08	0.09
2.1	0.9821	0.9826	0.9830	0.9834	0.9838	0.9842	0.9846	0.9850	0.9854	0.9857
2.2	0.9861	0.9864	0.9868	0.9871	0.9874	0.9878	0.9881	0.9884	0.9887	0.9890
2.3	0.9893	0.9896	0.9898	0.9901	0.9904	0.9906	0.9909	0.9911	0.9913	0.9916
2.4	0.9918	0.9920	0.9922	0.9925	0.9927	0.9929	0.9931	0.9932	0.9934	0.9936
2.5	0.9938	0.9940	0.9941	0.9943	0.9945	0.9946	0.9948	0.9949	0.9951	0.9952
2.6	0.9953	0.9955	0.9956	0.9957	0.9959	0.9960	0.9961	0.9962	0.9963	0.9964
2.7	0.9965	0.9966	0.9967	0.9968	0.9969	0.9970	0.9971	0.9972	0.9973	0.9974
2.8	0.9974	0.9975	0.9976	0.9977	0.9977	0.9978	0.9979	0.9979	0.9980	0.9981
2.9	0.9981	0.9982	0.9982	0.9983	0.9984	0.9984	0.9985	0.9985	0.9986	0.9986
3	0.9987	0.9990	0.9993	0.9995	0.9997	0.9998	0.9998	0.9999	0.9999	1.0000

注：本表最后一行自左至右依次是 $\Phi(3.0)$,$\cdots$,$\Phi(3.9)$ 的值.

附录 D

t 分 布 表

$$P(t(n) > \lambda) = \alpha$$

λ＼α＼n	0.25	0.2	0.15	0.1	0.05	0.025	0.01	0.005	0.0025	0.001	0.0005
1	1	1.376	1.963	3.078	6.314	12.71	31.82	63.66	127.3	318.3	636.6
2	0.816	1.061	1.386	1.886	2.92	4.303	6.965	9.925	14.09	22.33	31.6
3	0.765	0.978	1.25	1.638	2.353	3.182	4.541	5.841	7.453	10.21	12.92
4	0.741	0.941	1.19	1.533	2.132	2.776	3.747	4.604	5.598	7.173	8.61
5	0.727	0.92	1.156	1.476	2.015	2.571	3.365	4.032	4.773	5.893	6.869
6	0.718	0.906	1.134	1.44	1.943	2.447	3.143	3.707	4.317	5.208	5.959
7	0.711	0.896	1.119	1.415	1.895	2.365	2.998	3.499	4.029	4.785	5.408
8	0.706	0.889	1.108	1.397	1.86	2.306	2.896	3.355	3.833	4.501	5.041
9	0.703	0.883	1.1	1.383	1.833	2.262	2.821	3.25	3.69	4.297	4.781
10	0.7	0.879	1.093	1.372	1.812	2.228	2.764	3.169	3.581	4.144	4.587
11	0.697	0.876	1.088	1.363	1.796	2.201	2.718	3.106	3.497	4.025	4.437
12	0.695	0.873	1.083	1.356	1.782	2.179	2.681	3.055	3.428	3.93	4.318
13	0.694	0.87	1.079	1.35	1.771	2.16	2.65	3.012	3.372	3.852	4.221
14	0.692	0.868	1.076	1.345	1.761	2.145	2.624	2.977	3.326	3.787	4.14
15	0.691	0.866	1.074	1.341	1.753	2.131	2.602	2.947	3.286	3.733	4.073
16	0.69	0.865	1.071	1.337	1.746	2.12	2.583	2.921	3.252	3.686	4.015
17	0.689	0.863	1.069	1.333	1.74	2.11	2.567	2.898	3.222	3.646	3.965
18	0.688	0.862	1.067	1.33	1.734	2.101	2.552	2.878	3.197	3.61	3.922
19	0.688	0.861	1.066	1.328	1.729	2.093	2.539	2.861	3.174	3.579	3.883
20	0.687	0.86	1.064	1.325	1.725	2.086	2.528	2.845	3.153	3.552	3.85
21	0.686	0.859	1.063	1.323	1.721	2.08	2.518	2.831	3.135	3.527	3.819
22	0.686	0.858	1.061	1.321	1.717	2.074	2.508	2.819	3.119	3.505	3.792
23	0.685	0.858	1.06	1.319	1.714	2.069	2.5	2.807	3.104	3.485	3.767
24	0.685	0.857	1.059	1.318	1.711	2.064	2.492	2.797	3.091	3.467	3.745
25	0.684	0.856	1.058	1.316	1.708	2.06	2.485	2.787	3.078	3.45	3.725
26	0.684	0.856	1.058	1.315	1.706	2.056	2.479	2.779	3.067	3.435	3.707
27	0.684	0.855	1.057	1.314	1.703	2.052	2.473	2.771	3.057	3.421	3.69
28	0.683	0.855	1.056	1.313	1.701	2.048	2.467	2.763	3.047	3.408	3.674

α λ n	0.25	0.2	0.15	0.1	0.05	0.025	0.01	0.005	0.0025	0.001	0.0005
29	0.683	0.854	1.055	1.311	1.699	2.045	2.462	2.756	3.038	3.396	3.659
30	0.683	0.854	1.055	1.31	1.697	2.042	2.457	2.75	3.03	3.385	3.646
40	0.681	0.851	1.05	1.303	1.684	2.021	2.423	2.704	2.971	3.307	3.551
50	0.679	0.849	1.047	1.299	1.676	2.009	2.403	2.678	2.937	3.261	3.496
60	0.679	0.848	1.045	1.296	1.671	2	2.39	2.66	2.915	3.232	3.46
80	0.678	0.846	1.043	1.292	1.664	1.99	2.374	2.639	2.887	3.195	3.416
100	0.677	0.845	1.042	1.29	1.66	1.984	2.364	2.626	2.871	3.174	3.39
120	0.677	0.845	1.041	1.289	1.658	1.98	2.358	2.617	2.86	3.16	3.373
infty	0.674	0.842	1.036	1.282	1.645	1.96	2.326	2.576	2.807		

注:本表第一行自左至右依次是显著性水平 α 的值,第一列为自由度的值.

附录 E

χ^2 分布临界值表

$$P(\chi^2(n) > \lambda) = \alpha$$

n \ α	0.995	0.99	0.975	0.95	0.9	0.75	0.5	0.25	0.1	0.05	0.025	0.01	0.005
1	...	...	...	...	0.02	0.1	0.45	1.32	2.71	3.84	5.02	6.63	7.88
2	0.01	0.02	0.02	0.1	0.21	0.58	1.39	2.77	4.61	5.99	7.38	9.21	10.6
3	0.07	0.11	0.22	0.35	0.58	1.21	2.37	4.11	6.25	7.81	9.35	11.34	12.84
4	0.21	0.3	0.48	0.71	1.06	1.92	3.36	5.39	7.78	9.49	11.14	13.28	14.86
5	0.41	0.55	0.83	1.15	1.61	2.67	4.35	6.63	9.24	11.07	12.83	15.09	16.75
6	0.68	0.87	1.24	1.64	2.2	3.45	5.35	7.84	10.64	12.59	14.45	16.81	18.55
7	0.99	1.24	1.69	2.17	2.83	4.25	6.35	9.04	12.02	14.07	16.01	18.48	20.28
8	1.34	1.65	2.18	2.73	3.4	5.07	7.34	10.22	13.36	15.51	17.53	20.09	21.96
9	1.73	2.09	2.7	3.33	4.17	5.9	8.34	11.39	14.68	16.92	19.02	21.67	23.59
10	2.16	2.56	3.25	3.94	4.87	6.74	9.34	12.55	15.99	18.31	20.48	23.21	25.19
11	2.6	3.05	3.82	4.57	5.58	7.58	10.34	13.7	17.28	19.68	21.92	24.72	26.76
12	3.07	3.57	4.4	5.23	6.3	8.44	11.34	14.85	18.55	21.03	23.34	26.22	28.3
13	3.57	4.11	5.01	5.89	7.04	9.3	12.34	15.98	19.81	22.36	24.74	27.69	29.82
14	4.07	4.66	5.63	6.57	7.79	10.17	13.34	17.12	21.06	23.68	26.12	29.14	31.32
15	4.6	5.23	6.27	7.26	8.55	11.04	14.34	18.25	22.31	25	27.49	30.58	32.8
16	5.14	5.81	6.91	7.96	9.31	11.91	15.34	19.37	23.54	26.3	28.85	32	34.27
17	5.7	6.41	7.56	8.67	10.09	12.79	16.34	20.49	24.77	27.59	30.19	33.41	35.72
18	6.26	7.01	8.23	9.39	10.86	13.68	17.34	21.6	25.99	28.87	31.53	34.81	37.16
19	6.84	7.63	8.91	10.12	11.65	14.56	18.34	22.72	27.2	30.14	32.85	36.19	38.58
20	7.43	8.26	9.59	10.85	12.44	15.45	19.34	23.83	28.41	31.41	34.17	37.57	40
21	8.03	8.9	10.28	11.59	13.24	16.34	20.34	24.93	29.62	32.67	35.48	38.93	41.4
22	8.64	9.54	10.98	12.34	14.04	17.24	21.34	26.04	30.81	33.92	36.78	40.29	42.8
23	9.26	10.2	11.69	13.09	14.85	18.14	22.34	27.14	32.01	35.17	38.08	41.64	44.18
24	9.89	10.86	12.4	13.85	15.66	19.04	23.34	28.24	33.2	36.42	39.36	42.98	45.56
25	10.52	11.52	13.12	14.61	16.47	19.94	24.34	29.34	34.38	37.65	40.65	44.31	46.93
26	11.16	12.2	13.84	15.38	17.29	20.84	25.34	30.43	35.56	38.89	41.92	45.64	48.29
27	11.81	12.88	14.57	16.15	18.11	21.75	26.34	31.53	36.74	40.11	43.19	46.96	49.64
28	12.46	13.56	15.31	16.93	18.94	22.66	27.34	32.62	37.92	41.34	44.46	48.28	50.99

续表

λ \ n \ α	0.995	0.99	0.975	0.95	0.9	0.75	0.5	0.25	0.1	0.05	0.025	0.01	0.005
29	13.12	14.26	16.05	17.71	19.77	23.57	28.34	33.71	39.09	42.56	45.72	49.59	52.34
30	13.79	14.95	16.79	18.49	20.6	24.48	29.34	34.8	40.26	43.77	46.98	50.89	53.67
40	20.71	22.16	24.43	26.51	29.05	33.66	39.34	45.62	51.8	55.76	59.34	63.69	66.77
50	27.99	29.71	32.36	34.76	37.69	42.94	49.33	56.33	63.17	67.5	71.42	76.15	79.49
60	35.53	37.48	40.48	43.19	46.46	52.29	59.33	66.98	74.4	79.08	83.3	88.38	91.95
70	43.28	45.44	48.76	51.74	55.33	61.7	69.33	77.58	85.53	90.53	95.02	100.42	104.22
80	51.17	53.54	57.15	60.39	64.28	71.14	79.33	88.13	96.58	101.88	106.63	112.33	116.32
90	59.2	61.75	65.65	69.13	73.29	80.62	89.33	98.64	107.56	113.14	118.14	124.12	128.3
100	67.33	70.06	74.22	77.93	82.36	90.13	99.33	109.14	118.5	124.34	129.56	135.81	140.17

注:本表第一行自左至右依次是显著性水平 α 的值,第一列为自由度的值.

练习和自测题参考答案

第 1 章

练习 1.1

1. (1) $\{x \mid x \geqslant -2\}$； (2) $\{x \mid -4 \leqslant x \leqslant 4, x \neq 3\}$； (3) $\{x \mid x > 3$ 或 $x < -1\}$.

2. (1) $y = \sqrt[3]{x+1}, x \in (-\infty, +\infty)$； (2) $y = \dfrac{1-x}{1+x}, x \in (-\infty, -1) \cup (-1, +\infty)$；

(3) $y = x^2 - 1, x \in [0, +\infty)$.

练习 1.2

1. (1) $0, 0, 1, \infty, 1, \pi$； (2) 1,不存在,1.

2. (1) $\lim\limits_{x \to 0} f(x) = 0$； (2) $\lim\limits_{x \to 1} f(x)$ 不存在.

练习 1.3

(1) 4； (2) 4； (3) $\dfrac{3}{2}$； (4) 0； (5) $\dfrac{1}{4}$.

练习 1.4

(1) $\dfrac{5}{3}$； (2) $\dfrac{3}{2}$； (3) $\dfrac{3}{2}$； (4) e^6； (5) $e^{-\frac{1}{2}}$； (6) e^3； (7) $-\dfrac{2}{3}$； (8) $\dfrac{3}{2}$.

练习 1.5

1. (1) 8； (2) $(-\infty, -5), (-5, 1), (1, +\infty)$；$x_1 = -5, x_2 = 1$；$x_1 = -5$；$x_2 = 1$.

2. 18.

自测题 1

一、1. $y = e^u; u = \sin v; v = 2x$； 2. $(-1,1)$； 3. 偶； 4. e^{-3}； 5. $9, 3$；

6. $x = 3, x = -1; x = -1; x = 3$. 7. 2.

二、1. C； 2. B； 3. A； 4. D； 5. D； 6. B.

三、1. e^{-5}； 2. $\dfrac{5}{6}$； 3. $-\dfrac{1}{4}$； 4. 6.

第 2 章

练习 2.1

1. (1) $-\dfrac{1}{x^2}$； (2) $\dfrac{5}{6} x^{-\frac{1}{6}}$； (3) $\dfrac{1}{2} x^{\frac{1}{2}}$； (4) $-2x^{-3}$.

2. $2, 2$.

3. (1) $2A$； (2) $2A$.

4. (1) 切线方程:$y - 9 = -6(x+3)$;法线方程:$y - 9 = \dfrac{1}{6}(x+3)$.

(2) 切线方程:$y = 1$;法线方程:$x = 0$.

5. 连续可导.

练习 2.2

1.(1)$9x^2+3^x\ln 3+\dfrac{1}{x\ln 3}$; (2)$e^x(\sin x+\cos x)$; (3)$\dfrac{1-2\ln x-x}{x^3}$;

(4)$\dfrac{x\cos\sqrt{x^2+1}}{\sqrt{x^2+1}}$.

2.(1)$\dfrac{1-x-y}{x-y}$; (2)$-\dfrac{e^y}{xe^y+1}$.

3.(1)$x-y+4=0$; (2)$(1+e)x-2y+2=0$.

4.(1)$y=a^n e^{ax}$; (2)$(-1)^{n-1}\dfrac{(n-1)!}{(1+x)^n}$.

练习 2.3

1.(1)$\dfrac{1}{1+x^2}\mathrm{d}x$; (2)$\dfrac{1}{5}\mathrm{d}x$; (3)$0.01$.

2.(1)$(2x\ln x+x)\mathrm{d}x$; (2)$\dfrac{1-2x-x^2}{(x^2+1)^2}\mathrm{d}x$; (3)$-e^{\cos x}\sin x\mathrm{d}x$;

(4)$\dfrac{2x\cos[\ln(1+x^2)]}{1+x^2}\mathrm{d}x$.

3.(1)$\dfrac{\mathrm{d}y}{\mathrm{d}x}=\dfrac{t-1}{t+1}$; (2)$-1$.

4.$0.628\ 3\ \mathrm{cm}^2$.

练习 2.4

1.(1)1; (2)$-\dfrac{3}{5}$; (3)∞; (4)1; (5)1; (6)$\dfrac{1}{2}$; (7)1; (8)e^{-1}; (9)1.

2.1.

练习 2.5

1.(1)在$(-\infty,0)$和$(2,+\infty)$内单调增加,在$(0,2)$内单调减少;

(2)在$(-1,0)$内单调减少,在$(0,+\infty)$内单调增加.

2.(1)$f(0)=-27$是极大值,$f(6)=-135$是极小值;

(2)$f(0)=0$是极大值,$f(1)=-1/2$是极小值.

3.(1)$f(-1)=f(3)=-12$是最小值,$f(-2)=f(4)=13$是最大值;

(2)$f(2)=1$是最大值,$f(0)=1-\dfrac{2}{3}\sqrt[3]{4}$是最小值.

4.池底半径$r=\sqrt[3]{\dfrac{150}{\pi}}\ \mathrm{m}$,高$h=\sqrt[3]{\dfrac{1\ 200}{\pi}}\ \mathrm{m}$.

5.长$1.5\ \mathrm{m}$,宽$1\ \mathrm{m}$,最大面积$\dfrac{3}{2}\ \mathrm{m}^2$.

练习 2.6

1.(1)在$(-\infty,2/3)$凹,在$(2/3,+\infty)$凸,拐点$(2/3,16/27)$;

(2)在$(-\infty,-1),(1,+\infty)$凸,在$(-1,-1)$凹,拐点$(-1,\ln 2)$和$(1,\ln 2)$.

2.(1)$\dfrac{3}{5\sqrt{10}}$; (2)$\dfrac{e}{(e^2+1)^{\frac{3}{2}}}$.

3.$(2,-1)$,$R=\dfrac{1}{2}$.

自测题 2

一、1.A; 2.D; 3.B; 4.C; 5.A.

二、1. $y=2x-2$；ᅠ2. $(\alpha+\beta)A$；ᅠ3. $(-2,0),(0,2)$；$(-\infty,0)$；ᅠ4. $x=0,x=2$；4.

三、1. $5(x^3-x)^4(3x^2-1)$；ᅠ2. $\dfrac{1}{\sqrt{1+x^2}}$.

四、1. 1/6；ᅠ2. 2.

五、1. $\dfrac{2x+y}{3y^2-x}$.ᅠ2. $a=1,b=1$.ᅠ3. $a=-1,b=0,c=3,y=-x^3+3x$.

4. 长、宽均为 a 时,造价最小.

第 3 章

练习 3.1

1. (1) $\sin x-\cos x+C$；ᅠ(2) $\mathrm{e}^{-x}+C$；ᅠ(3) $x\sin x\ln x\mathrm{d}x$.

2. (1) $3x+\dfrac{1}{4}x^4+\dfrac{3^x}{\ln 3}+\arctan x+C$；ᅠ(2) $\dfrac{3^x\mathrm{e}^x}{1+\ln 3}+C$；

ᅠᅠ(3) $\dfrac{2}{3}x^3-2x+2\arctan x+C$；ᅠ(4) $\tan x+C$.

3. $f(x)=x^3+C,f(x)=x^3+2$.

练习 3.2

1. (1) $-\dfrac{1}{2}$；ᅠ(2) $\dfrac{1}{2}$；ᅠ(3) 2.

2. (1) $\dfrac{1}{18}(3x+1)^6+C$；ᅠ(2) $\dfrac{1}{2}\cos(1-2x)+C$；ᅠ(3) $\dfrac{1}{2}\ln(x^2+4)+C$；

ᅠᅠ(4) $\arcsin \mathrm{e}^x+C$；ᅠ(5) $-\dfrac{1}{2\ln^2 x}+C$；ᅠ(6) $\dfrac{1}{3}\sin^3 x+C$.

3. (1) $2\sqrt{x}-2\arctan\sqrt{x}+C$；ᅠ(2) $-\dfrac{\sqrt{x^2+4}}{4x}+C$.

练习 3.3

1. (1) $\dfrac{1-2\ln x}{x}+C$；ᅠ(2) $x\ln x-x+C$.

2. (1) $\dfrac{1}{2}x\sin 2x+\dfrac{1}{4}\cos 2x+C$；ᅠ(2) $-(x+1)\cos x+\sin x+C$；

ᅠᅠ(3) $-\dfrac{1}{x}\ln x-\dfrac{1}{x}+C$；ᅠ(4) $-x\mathrm{e}^{-x}-\mathrm{e}^{-x}+C$.

练习 3.4

1. 略.

2. (1) $\leqslant$；ᅠ(2) $\geqslant$.

3. (1) $\dfrac{5}{2}$；ᅠ(2) $\dfrac{1}{2}+\dfrac{\pi}{4}$.

4. $\dfrac{1}{\mathrm{e}}\leqslant\displaystyle\int_0^1\mathrm{e}^{-x^2}\mathrm{d}x\leqslant 1$.

练习 3.5

1. (1) 0,1；ᅠ(2) $x\sin^2 x$.

2. (1) $4\dfrac{\ln x}{x}$；ᅠ(2) $-x^2\sqrt{x+1}$.

3. (1) 1；ᅠ(2) 2.

4. (1) $1-\dfrac{\pi}{4}$；ᅠ(2) $\ln 2$.

练习 3.6

1.(1)$2-\dfrac{\pi}{2}$; (2)$\dfrac{4}{3}\sqrt{2}-\dfrac{2}{3}$.

2.(1)$\pi-2$; (2)$\dfrac{1}{4}(e^2+1)$.

3.2.

练习 3.7

1.(1)$\dfrac{1}{2}$; (2)2.

2.(1)1; (2)1; (3)-1; (4)π.

练习 3.8

1.(1)$\dfrac{1}{12}$; (2)$\dfrac{1}{2}+2\ln 2$; (3)$\dfrac{16}{3}$.

2.(1)4π; (2)$\dfrac{\pi^2}{2}$.

3.(1)$\dfrac{1}{2}\pi$; (2)$\dfrac{1}{6}\pi$.

4.$\dfrac{64}{3}$.

5.30 J.

6.$\dfrac{2}{3}a^3 \cdot 10^4$ N.

自测题 3

一、1.B; 2.D; 3.C; 4.C; 5.A; 6.D.

二、1.$\sqrt{x}+C$; 2.$\dfrac{1}{3}e^{3x}+C$; 3.4; 4.$\dfrac{1}{2}$.

三、1.$\ln|\ln x|+C$; 2.$-\dfrac{1}{9}(5-3x^2)^{\frac{3}{2}}+C$; 3.$-\sin\dfrac{1}{x}+C$; 4.$2\sqrt{x}+2\ln|\sqrt{x}-1|+C$;

5.$2-2\ln 2$; 6.$\arctan e-\dfrac{\pi}{4}$; 7.$-\dfrac{4}{3}$; 8.$\dfrac{1}{4}(e^2+1)$.

四、(1)$\dfrac{32}{3}$; (2)$\dfrac{3}{10}\pi$.

第 4 章

练习 4.1

1.$\dfrac{-1}{6},\dfrac{2x}{x^2-y^2}$.

2.(1)$D=\{(x,y)\,|\,y>0\}$;(2)$D=\{(x,y)\,|\,1\leqslant x^2+y^2<9\}$.

3.(1)e^2; (2)0.

4.(1)间断点$(0,0)$,连续区域$D=\{(x,y)\,|\,(x,y)\neq(0,0)\}$;

　(2)间断线$y=\pm x$,连续区域$D=\{(x,y)\,|\,y\neq\pm x\}$.

练习 4.2

1.(1)$z'_x=-2y^2\sin 2x,z'_y=2y\cos 2x$; (2)$z'_x=20x^3y+20xy^3,z'_y=5x^4+30x^2y^2$.

2.(1)0,1; (2)$\dfrac{1}{2}$,1,$\dfrac{1}{2}$.

3.(1)$z''_{xx}=12x^2-8y^2,z''_{xy}=z''_{yx}=-16xy$, $z''_{yy}=12y^2-8x^2$;

$(2)z''_{xx}=y(y-1)x^{y-2},z''_{xy}=z''_{yx}=x^{y-1}+yx^{y-1}\ln x,z''_{yy}=x^y(\ln x)^2;$

$(3)z''_{xx}=0,z''_{xy}=z''_{yx}=-\dfrac{1}{y^2},\quad z''_{yy}=\dfrac{2x}{y^3}.$

4.$(1)\mathrm{d}z=\left(y+\dfrac{1}{y}\right)\mathrm{d}x+x\left(1-\dfrac{1}{y^2}\right)\mathrm{d}y;$ $(2)\mathrm{e}^2(\mathrm{d}x+2\mathrm{d}y).$

练习 4.3

1.$(1)\dfrac{\mathrm{d}z}{\mathrm{d}t}=\mathrm{e}^t(\cos t-\sin t)+\cos t;$

$(2)z'_x=\mathrm{e}^{xy}[y\cos(x+y)-\sin(x+y)],z'_y=\mathrm{e}^{xy}[x\cos(x+y)-\sin(x+y)].$

2.$(1)\dfrac{2x+y}{\mathrm{e}^y-x};(2)0.$

3.$(1)z'_x=\dfrac{2z}{3z^2-2x},z'_y=\dfrac{-1}{3z^2-2x};$ $(2)z'_x=\dfrac{y\mathrm{e}^{-xy}}{\mathrm{e}^z-2},z'_y=\dfrac{x\mathrm{e}^{-xy}}{\mathrm{e}^z-2}.$

练习 4.4

1.大;$\dfrac{1}{4}.$

2.(1)极大值:$f(3,2)=36;$ (2)极大值:$f(0,0)=2,$极小值:$f(0,2)=-2.$

3.底半径$r=\sqrt[3]{\dfrac{1}{2\pi}},$高$h=2r=2\sqrt[3]{\dfrac{1}{2\pi}}.$

练习 4.5

1.$\displaystyle\iint_D\ln(x+y)\mathrm{d}\sigma<\iint_D[\ln(x+y)]^2\mathrm{d}\sigma.$

2.$\dfrac{2}{3}\pi a^3.$

3.$8\leqslant\displaystyle\iint_D\sqrt{a^2-x^2-y^2}\mathrm{d}\sigma\leqslant 8\sqrt{2}.$

练习 4.6

1.$(1)\displaystyle\int_{-1}^0\mathrm{d}x\int_0^{x+1}f(x,y)\mathrm{d}y+\int_0^1\mathrm{d}x\int_0^{x+1}f(x,y)\mathrm{d}y=\int_0^1\mathrm{d}y\int_{y-1}^{1-y}f(x,y)\mathrm{d}x;$

$(2)\displaystyle\int_0^1\mathrm{d}x\int_{-\sqrt{x}}^{\sqrt{x}}f(x,y)\mathrm{d}y+\int_1^4\mathrm{d}x\int_{x-2}^{\sqrt{x}}f(x,y)\mathrm{d}y=\int_{-1}^2\mathrm{d}y\int_{y^2}^{y+2}f(x,y)\mathrm{d}x.$

2.$(1)\displaystyle\int_0^4\mathrm{d}x\int_{\frac{x}{2}}^{\sqrt{x}}f(x,y)\mathrm{d}y;$ $(2)\displaystyle\int_0^1\mathrm{d}y\int_{\mathrm{e}^y}^{\mathrm{e}}f(x,y)\mathrm{d}x.$

3.$(1)\dfrac{9}{4};$ $(2)\dfrac{1}{8};$ $(3)-6\pi^2.$

自测题 4

一、1.2; 2.定义域为$D=\{(x,y)\mid 1<x^2+y^2\leqslant 4\};$ 3.$\dfrac{\partial z}{\partial x}=yx^{y-1};$ $\dfrac{\partial z}{\partial y}=x^y\ln x.$

4.$\mathrm{d}z=\dfrac{\partial z}{\partial x}\mathrm{d}x+\dfrac{\partial z}{\partial y}\mathrm{d}y=y\ln y\cdot\mathrm{d}x+x(\ln y+1)\mathrm{d}y;$ 5.$\dfrac{\partial z}{\partial x}=\dfrac{yz}{\mathrm{e}^z-xy},\dfrac{\partial z}{\partial y}=\dfrac{xz}{\mathrm{e}^z-xy}.$

6.驻点和偏导数不存在的点.

7.$6\pi.$ 8.$2\pi\displaystyle\int_1^2rf(r)\mathrm{d}r.$ 9.$3\cos(2x+3y)-6x\sin(2x+3y).$

10.$\displaystyle\int_0^1\mathrm{d}y\int_{\sqrt{y}}^1f(x,y)\mathrm{d}x.$

二、1.D; 2.C; 3.C; 4.C; 5.D; 6.A; 7.B; 8.D.

三、1.$\mathrm{d}z=[3x^2y^4+(y+xy^2)\mathrm{e}^{xy}]\mathrm{d}x+[4x^3y^3+(x+x^2y)\mathrm{e}^{xy}]\mathrm{d}y.$

2.(1)极大值为$z(0,0)=1;$ (2)在$(0,2)$处取得极大值$-3.$

3. $\frac{1}{6}(e^{14}-e^{13}-e^{-4}+e^{-5})$. 　4. $(101\ln 101-100\ln 100-1)\pi$.

5. $\int_0^4 dx\int_0^{\sqrt{4x-x^2}} f(x,y)dy$. 　6. 最大值为 $u_{max}=6^3\cdot 4^2\cdot 2=6\,912$.

第 5 章

练习 5.1

1. 一阶线性微分方程：(1)(2)(5)；二阶线性常系数微分方程：(4)(6).

2. (1)是解也是特解；(2)是解也是通解；(3)不是解；(4)是解，不是通解也不是特解.

3. 能.

练习 5.2

1. (1)是可分离变量微分方程；　(2)是一阶线性齐次方程也是可分离变量微分方程；
　(3)是齐次型微分方程；　(4)是一阶线性非齐次方程也是可分离变量微分方程；
　(5)是一阶线性非齐次方程.

2. (1)$y=C\cdot e^{x^3}$, $y^*=2\cdot e^{x^3}$;　(2)$y=e^{x^2}(x+C)$.

练习 5.3

1. (1)$y=C_1e^{-x}+C_2e^{4x}$;　(2)$y=C_1+C_2e^{-x}$;　(3)$y=C_1\cos x+C_2\sin x$.

2. (1)$y=C_1+C_2e^{-x}+x^2-x$;　(2)$y=-2+e^{-x}+e^x$.

练习 5.4

1. 50 s, 500 m;　2. 40 min;　3. $v(t)=\frac{mg}{k}(1-e^{-\frac{k}{m}t})$,极限速度为 $\lim\limits_{t\to\infty}v(t)=\frac{mg}{k}$.

自测题 5

一、1. B;　2. C;　3. D;　4. A;　5. C.

二、1. $y=Cx$ $(C\in\mathbf{R})$;　2. $y=e^{-2x}+\frac{1}{2}$;　3. $y=(C_1+C_2x)e^x$ $(C_1,C_2\in\mathbf{R})$;

　4. $y=C_1e^{3x}+C_2e^{-x}-x+1$ $(C_1,C_2\in\mathbf{R})$.

三、1. $y'+\frac{k}{V}y=\frac{ka}{100V}$, $y\big|_{t=0}=0$;

　2. (1)减速伞的阻力系数 $k=4.5\times 10^6$ kg/h.

提示：$m\dfrac{dv}{dt}=-kv(t)$,　$v(t)=v_0\cdot e^{-\frac{k}{m}t}$, $s(t)=\dfrac{mv_0}{k}(1-e^{-\frac{k}{m}t})$, $v_0=v\big|_{t=0}=600$, $m=$
4.5×10^3 kg, $s\big|_{v=100}=500$,代入上述方程即得阻力系数.

　　(2)轰炸机能安全着陆.

提示：将 $v_0=v\big|_{t=0}=700$, $m=9\times 10^3$ kg, $s\big|_{v=0}=1\,400$ $m<1\,500$ m.

第 6 章

练习 6.1

1. (1)发散；　(2)发散；　(3)收敛.

2. 收敛且和为 $-\dfrac{1}{4}$.

练习 6.2

1. (1)收敛；　(2)收敛；　(3)发散.

2.(1)收敛； (2)发散； (3)收敛.

3.(1)条件收敛； (2)绝对收敛； (3)绝对收敛.

练习 6.3

1.(1)$(-1,1)$； (2)$(-\infty,+\infty)$； (3)$(-1,1)$； (4)$(-\sqrt{3},\sqrt{3})$.

2.$\dfrac{1}{2}\ln\dfrac{1+x}{1-x}$，$x\in(-1,1)$； $\dfrac{\sqrt{2}}{2}\ln(1+\sqrt{2})$.

3.(1)$\ln 2+\displaystyle\sum_{n=1}^{\infty}\dfrac{(-1)^{n-1}}{n}\left(\dfrac{x}{2}\right)^{n}$，$x\in(-2,2]$；

(2)$\displaystyle\sum_{n=0}^{\infty}(-1)^{n-1}\dfrac{1}{(2n-1)!}\left(\dfrac{x}{3}\right)^{2n-1}$，$x\in(-\infty,+\infty)$.

练习 6.4

1.$\dfrac{\pi^2}{2}$；0.   2.0；$-\pi$.   3.$f(x)=\pi^2+1+12\displaystyle\sum_{n=1}^{\infty}\dfrac{(-1)^n}{n^2}\cos nx$，$x\in(-\infty,+\infty)$

自测题 6

一、1.0； 2.1； 3.$p>0$； 4.周期延拓.

二、1.D； 2.B； 3.C； 4.A； 5.D.

三、1.绝对收敛； 2.$\displaystyle\sum_{n=1}^{\infty}nx^n=\dfrac{x}{(1-x)^2}$，$\dfrac{3}{4}$；

3.$f(x)=\displaystyle\sum_{n=1}^{\infty}\dfrac{4}{n}(-1)^n\sin nx$，$(-\pi<x\leqslant\pi)$.

第 7 章

练习 7.1

1.略.

2.3.714 3   3.238 1.

3.1.078 3   0.028 5   0.168 8.

练习 7.2

1.0.600 6.

2.0.045 6.

3.(1)0.68 -0.68 0.32； (2)22.31   5.23； (3)1.397.

练习 7.3

1.(1)2.816 7   0.305 7； (2)0.986 7   0.003 4.

2.236.5   688.94.

3.$[3.977\ 8,4.119\ 0]$.

4.$[716.47,739.53]$ $[102.681\ 1,825.681\ 1]$.

练习 7.4

1.平均质量符合标准 $U=-0.333\ 3\in[-1.96,1.96]$.

2.片剂成分 A 含量符合标准 $T=-0.1620\in[-2.776,2.776]$.

3.新产品的标准差无显著变化 $\chi_0^2=27.275\ 6\in[10.09,33.41]$.

自测题 7

一、1.4；2.   2.0.4772；   3.$\hat{\mu}=3.74$；$\hat{\theta}^2=0.638$.

二、1. $P(S^2 < 15) = P\left(\dfrac{5}{3}S^2 < \dfrac{5}{3} \times 15\right) = 1 - 0.05 = 0.95.$

2. 合格. $U = \dfrac{501.3 - 500}{3/\sqrt{10}} \approx 1.37$，在接受域 $[-1.96, 1.96]$ 内，因此应该接受假设 $H_0 : \mu = 500$，即认为包装机工作正常，该批次产品质量合格.

参 考 文 献

［1］R L 芬尼.托马斯微积分［M］.10 版.叶其孝,等译.北京:高等教育出版社,2003.

［2］天津中德职业技术学院数学教研室.高等数学简明教程［M］.北京:机械工业出版社,2003.

［3］金路.微积分(上、下)［M］.北京:北京大学出版社,2006.

［4］同济大学数学系.高等数学(上、下)［M］.6 版.北京:高等教育出版社,2007.

［5］刘书田,冯翠莲,侯明华.高等数学［M］.2 版.北京:北京大学出版社,2010.

［6］吕同富.高等数学及应用［M］.2 版.北京:高等教育出版社,2012.

［7］宋金丽,尹树国.高等数学［M］.北京:中国铁道出版社,2012.

［8］符云锦.拉普拉斯变换及其应用［M］.哈尔滨:哈尔滨工业大学出版社,2015.